高等学校教材

物理化学实验

第三版

王军 杨冬梅 刘敏 张丽君 主编

WULI
HUAXUE
SHIYAN

化学工业出版社

·北京·

内容简介

　　《物理化学实验》(第三版)是根据工科课程体系的特点编写的物理化学实验教材。全书共分为九章,含50个实验项目。主要实验内容包括:物质热力学性质的测定、电解质溶液性质和电化学性质的测定、化学反应动力学性质的测定、界面与胶体性质的测定、综合性及设计性实验、结构化学实验等。此外,为了提升学生科学分析和处理实验数据的能力,本书第1章详细介绍了实验误差的分析和数据的处理方法。在第8章中还介绍了与实验相关的仪器设备的使用知识。为了使用方便,本书最后一章收录了有关的物理化学参考数据。

　　本书可作为高等院校化学、化工、材料科学、环境科学、环境工程、生物工程、冶金等专业本科学生的实验教学用书,也可供从事相关工作的读者参考使用。

图书在版编目(CIP)数据

物理化学实验/王军等主编. — 3 版. —北京:
化学工业出版社,2024.8. —(高等学校教材).
ISBN 978-7-122-45825-4

Ⅰ.O64-33

中国国家版本馆 CIP 数据核字第 2024BZ7782 号

责任编辑:汪　靓　宋林青　　　　　　文字编辑:葛文文
责任校对:宋　夏　　　　　　　　　　装帧设计:史利平

出版发行:化学工业出版社(北京市东城区青年湖南街13号　邮政编码100011)
印　　装:河北延风印务有限公司
787mm×1092mm　1/16　印张15　字数369千字　2024年10月北京第3版第1次印刷

购书咨询:010-64518888　　　　　　售后服务:010-64518899
网　　址:http://www.cip.com.cn
凡购买本书,如有缺损质量问题,本社销售中心负责调换。

定　　价:38.00元

前言

本书第一版和第二版分别于 2010 年和 2015 年正式出版发行，得到了国内广大同行的认可，并被全国多所高等院校选作本科物理化学实验教材。随着高校实验教学改革的不断深入，加之近年来物理化学实验技术的迅速发展，该教材的形态和内容已无法满足目前的实验教学需求。在保持前两版教材的特色和实用性基础上，《物理化学实验》第三版增加了新的内容，并对原内容进行了完善和修订。

书中各章相关内容的执笔人与第一版和第二版不同。书中第 1 章由王军和刘敏修订及编写，第 2 章～第 5 章由王军、刘敏、杨冬梅修订及编写，第 6 章由王军、杨冬梅、边立君编写，第 7 章由王军、刘敏修订及编写，第 8 章由杨冬梅、刘敏、王军编写及修订，第 9 章及参考文献由王军修订及整理。王军负责统稿、定稿。与第一版和第二版相比，第三版中增加了第 6 章综合性及设计性实验，在第 1 章中补充了物理化学实验安全的相关内容，并对许多实验项目内容进行了深度更新和调整。在修订过程中，我们也仔细审阅了每一章的内容，修改了前两版中的一些错误。

本书自出版以来收到许多读者的积极意见和建议，指出了可进一步改进的内容。在此笔者谨代表全体编写人员对所有提出这些反馈信息的读者表示衷心感谢！这也是我们继续优化本书内容的动力。如第一、二版前言所述，本书的出版，凝聚着东北大学物理化学教研室几代教师的心血，对他们表示由衷的敬意，也诚挚感谢参与本书第一版和第二版编写工作的同事。本书出版过程中得到了东北大学的支持，也得到许多同行、朋友的关注，在此谨向他们表示衷心感谢。

由于编者水平所限，疏漏不妥之处在所难免，欢迎各位专家和广大读者批评指正。

王军

2024 年 4 月

前言

第一版前言

物理化学经过许多年的发展和积累，已经形成了其特有的理论和实践知识体系，并与化工、冶金、材料、资源、信息、生物制药、轻工等多学科交叉发展。

物理化学实验是物理化学的重要组成部分，包含研究化学热力学、化学动力学、电化学、界面与胶体化学等的基本实验方法，对巩固和加深对物理化学基本原理的理解，提高对物理化学知识的灵活运用能力，培养科学研究素质，并逐步建立科学的世界观和方法论都起到十分重要的作用。在强调现代科技人才的素质教育与创新能力培养的今天，高超的实验技能更是适应知识快速更新、科学技术多学科交叉发展的基本需求。

本书是在东北大学物理化学实验讲义的基础上编制而成的。原实验讲义曾沿用多年，凝聚了东北大学物理化学教研室全体教师的心血，编者对他们表示由衷的敬意。书中保留了原实验讲义中的部分内容，同时，为了适应当前课程体系的新特点，也对实验内容进行了较全面的更新和修订，实验项目也由原来的 22 个增加到 45 个。书中第 1、8 章由王军编写，第2、4、5 章由杨冬梅、王军、张丽君编写，第 3、6 章由王军、张丽君、刘晓霞编写，第 7章由刘晓霞、王军编写。王军负责全书的统稿工作，何荣桓、王淑兰、邵忠宝审阅了书稿。

本书在出版过程中得到了东北大学的支持，孟飞、栾峰、闻玉凤、闻洋、姜海飞、孔令师等同学参加了部分书稿的录入工作，历届使用过本书初稿的学生也曾提出过许多宝贵意见，在此谨向他们表示衷心感谢。

由于水平所限，疏漏不妥之处在所难免，敬请各位专家和广大读者批评指正。

编者

于东北大学

2009 年 8 月

第二版前言

自 2010 年 1 月第一版出版发行以来，本书得到了国内广大同行的认可，并被多所高等院校选作本科物理化学实验教材。但是，随着高校实验教学改革的不断深入，加之近年来物理化学实验技术的迅速发展，第一版内容已无法满足目前的教学需求，因此亟须进行修订。

与第一版相比，虽然第二版中的实验项目并未做增减，但多个实验项目中的具体内容变化较大，包括第 2 章的实验 2.2、2.3、2.4、2.7、2.8、2.10，第 3 章的实验 3.4、3.5、3.7，第 4 章的实验 4.6，以及上述实验所涉及的第 7 章相关内容。书中各章相关内容的执笔人与第一版略有不同。其中第 1、8 章由王军编写，第 2、4、5 章由杨冬梅、王军、张丽君编写，第 3、6 章由张丽君、王军、刘晓霞编写，第 7 章由杨冬梅、张丽君、王军、刘晓霞编写，王军负责统稿、定稿。

如第一版前言所述，本书是在东北大学沿用数十年之久的物理化学实验讲义的基础上编写而成的，凝聚着东北大学物理化学教研室几代教师的心血，编者对他们表示由衷的敬意和诚挚的感谢。

由于编者水平有限，书中的不足和疏漏在所难免，尚请各位同仁和广大读者提出宝贵意见。

编者
2015 年 6 月

目　录

第1章 绪 论

1.1 物理化学实验的目的和要求

物理化学实验是继普通化学实验、分析化学实验、普通物理实验和电工学实验之后的又一门基础实验课。物理化学实验综合了化学领域中各分支所需要的基本研究工具和方法，是化学学科的重要组成部分。物理化学实验采用实验手段，研究物质的物理化学性质以及这些物理化学性质与化学反应之间的关系，使实验者从中形成规律性的认识。

1.1.1 物理化学实验课程的主要目的

① 通过实验验证所学理论，巩固和加深对物理化学原理的理解，提高学生对物理化学知识的灵活运用能力。

② 使学生掌握物理化学实验的基本方法和技能，能够根据理论课中所学原理设计实验，根据需要选择和使用仪器。

③ 培养学生观察实验现象、正确记录和处理实验数据、分析实验结果的能力，培养学生严肃认真、实事求是的科学态度和作风。

1.1.2 物理化学实验课程的要求

（1）实验预习

实验前须仔细研读实验教材，预先了解实验目的和原理、所用仪器的构造和使用方法以及实验操作过程和步骤。在预习的基础上，总结预习的实验内容并写出实验预习报告，其中包括实验目的、实验原理、实验操作步骤、注意事项以及实验数据记录表等相关内容。

（2）实验操作

实际操作时，要仔细观察实验现象，严格控制实验条件，详细记录原始数据，及时发现并妥善解决实验中出现的各种问题。

（3）实验记录

原始数据的记录必须如实、准确。不准使用铅笔，不能随意涂改数据。如果发现某个实验数据确有问题，应该舍弃时，可用笔轻轻圈去。实验结束后应将每次实验的原始记录交给实验指导教师签字，并附在实验报告后面，一并上交。

（4）实验报告

实验结束后，学生应根据实验过程及实验原始数据出具一份完整的实验报告。实验报告的质量在很大程度上反映了学生实验操作的实际水平和数据分析处理能力，因此要求字迹工整、纸面清洁。数据处理、作图、误差分析、问题归纳等内容应严谨、认真，有理有据。实验报告是实验考核中非常重要的一部分，应予以高度重视。

物理化学实验报告的内容包括：①实验目的；②实验原理、实验装置示意图和实验条件；③实验步骤；④实验数据及处理；⑤结果讨论、实验误差分析及思考题的解答。实验数据的处理和作图的要求应按本书第 1 章 1.3 节中的各项规定进行，手工作图必须使用坐标纸。也可以用相关数据处理软件在计算机上进行实验数据处理，但应上交纸质文档。

1.2　物理化学实验的安全防护

　　物理化学实验是一门使用中小型仪器设备较多的综合性基础实验课程，实验过程中涉及多种化学试剂及测量仪器，实验过程中存在着一定的安全隐患，具有一定的风险（表 1-1）。因此，本节主要结合物理化学实验特点，就实验中的人身防护、安全用水、安全用电、防火防爆、使用压力容器的安全防护和辐射安全等防护要点进行介绍。

表 1-1　部分物理化学实验危险源排查表

实验序号	实验项目	危险源	危险性	风险等级
2.1	酸碱中和热的测定	盐酸	腐蚀	高风险
		氢氧化钠	腐蚀	高风险
2.2	量热法测定萘的燃烧热	氧气钢瓶	高压	高风险
		氧弹式量热计	高压	高风险
		萘	有毒	高风险
2.3	静态法测定液体的饱和蒸气压	真空泵	机械损伤	低风险
2.4	凝固点降低法测定物质的摩尔质量	乙二醇	有毒	低风险
2.5	循环法测定碳的气化反应平衡常数	管式电阻炉	烫伤	高风险
		一氧化碳	易燃、有毒	中等风险
		二氧化碳钢瓶	高压	中等风险
2.6	多相平衡反应——一氧化碳还原铁矿石的热力学分析	管式电阻炉	烫伤	高风险
		一氧化碳	易燃、有毒	中等风险
		浓硫酸	腐蚀	高风险
		二氧化碳钢瓶	高压	中等风险
2.7	差热分析实验	差热分析仪	烫伤	高风险
2.8	热分析法绘制 Bi-Sn 二组分体系的相图	多孔电炉	烫伤	高风险
2.9	环己烷-乙醇完全互溶双液系气-液平衡相图的绘制	无水乙醇	易燃	中等风险
		环己烷	有毒	高风险
2.10	溶解度法绘制苯酚-水部分互溶双液系相图	苯酚	有毒	高风险
2.11	苯-乙酸-水三组分体系恒温相图的绘制	苯	有毒	中等风险
3.2	电解质水溶液导电性质的分析	硫酸铜	腐蚀	低风险
3.4	补偿法测定原电池的电动势	盐酸	腐蚀	高风险
		氢氧化钠	腐蚀	高风险
		硫酸	腐蚀	高风险
		硝酸亚汞	有毒	高风险
3.5	电化学法测定化学反应的热力学函数	硝酸亚汞	有毒	高风险
4.1	电导法测定乙酸乙酯皂化反应的速率常数	恒温槽	高温	中等风险
		氢氧化钠	腐蚀性	中等风险
		乙酸乙酯	易燃	中等风险
4.2	量气法测定过氧化氢分解反应的速率常数	过氧化氢	易制爆、腐蚀性	高风险
4.3	分光光度法推测丙酮碘化反应的速率常数	丙酮	易燃、易制毒	中等风险
		碘酸钾	易燃	中等风险
		盐酸	腐蚀性	中等风险
4.6	旋光光度法测定蔗糖水解反应的速率常数	盐酸	腐蚀性	中等风险

实验序号	实验项目	危险源	危险性	风险等级
4.8	复相催化甲醇分解反应的动力学分析	马弗炉	烫伤	高风险
		甲醇	有毒	中等风险
5.4	气泡最大压力法研究溶液界面上的吸附作用	正丁醇	易燃	中等风险
6.5	全钒氧化还原液流电池基本性能的测试	钒离子的硫酸溶液	有毒、腐蚀性	高风险
7.3	红外吸收光谱法分析物质的结构	盐酸、溴化氢	腐蚀性	高风险
7.4	X 射线粉末衍射法测定晶胞参数	铜靶	放射性	高风险

注：本表并未列出本书全部实验项目涉及的危险源，仅将相关实验中涉及的部分典型危险源列出。使用者应严格按照实验安全要求进行相关操作。

1.2.1 实验者人身安全防护要点

① 做好个人防护。进入实验室要穿实验服，根据实验需求，选择合适的防护用品，如护目镜、手套、防护口罩等，并确保其完好性和适用性。

② 遵守实验室安全规定。进入实验室前，应了解并遵守实验室的安全规定，如禁止吸烟、禁止饮食、饮用食具不得带到实验室等。

③ 接受实验室安全培训。进入实验室前应先接受安全培训，了解实验室安全知识和应急处理措施；熟悉各项急救设备的存放地点和使用方法；了解所处位置的楼梯和安全出口，以及实验室内的电气总开关等，以便一旦发生事故能及时采取相应的防护措施。

1.2.2 安全用水

水是物理化学实验中最常见的基础溶剂，使用场合非常多。物理化学实验室同时提供了两种水即自来水和纯水，后者比前者纯度和制造成本都高很多。物理化学实验室配备智能中央纯水系统，制备的纯水电阻率达 $9.8M\Omega \cdot cm$。凡是要加入实验体系或恒温用途的水都应选择纯水，自来水主要用于卫生清洁和作冷凝水。物理化学实验用水过程应特别注意以下几点：

① 实验中被高温烫伤、化合物灼烧皮肤或溅入眼睛后应及时用大量的水冲洗。

② 冷凝水和恒温水接口不能面对仪器设备，开水前应仔细检查管路，水管不能搭在仪器设备上，管路应贴桌面或支架，接口应紧固，以防开水后水管喷水引起仪器设备短路。同时要定期检查冷凝水和恒温水的连接胶管管口和老化情况，及时更换以防漏水。

③ 停水后要检查水龙头是否拧紧，打开水龙头发现停水要立即关上开关。

④ 水槽和排水渠道必须保持畅通。

1.2.3 安全用电

由于化学实验室自身的特性，以及用电设备在化学实验室分布的广泛性，电气事故在化学实验室较为常见。尤其在物理化学实验室，实验中使用的仪器设备较多，应特别注意用电安全。

① 不能用潮湿的手接触仪器设备，不用湿抹布擦拭仪器设备。

② 电线不能离高温热源过近。

③ 仪器设备使用完毕后应拔掉电源插头；插拔电源插头时不要用力拉拽电线，以防电线的绝缘层受损造成触电；已损坏的接头、插座、插头或绝缘不良的电线应及时申请更换。

④ 所有仪器设备的金属外壳都应有接地措施。

⑤ 实验时必须先接好电路，经老师检查同意后才可接通电源，实验结束后，必须先切断电源再拆电线。

⑥ 如遇电线或仪器设备起火，切勿用水灭火。应立即切断电源，可用沙土或灭火毯覆盖着火处，必要时使用二氧化碳或四氯化碳灭火器灭火。

⑦ 仪器设备在使用过程中若出现高热、异味、异响、打火、接触不良等异常情况，必须立即停止操作，关闭电源，及时报告老师查找原因。

⑧ 如遇人触电，应迅速切断电源，然后进行抢救。

1.2.4　防火防爆

可燃气体与空气均匀混合，形成组成达到爆炸极限的预混气，当遇到火源就会发生爆炸。表 1-2 列出了物理化学实验室常见气体的爆炸极限。物理化学实验中常用有机试剂如丙酮、乙醇、环己烷等非常容易挥发形成可燃气体，使用时应注意以下几点：

① 实验室内不宜存放过多此类试剂，使用后应及时回收处理，不能倒入下水道，以免引起火灾。

② 使用该类试剂时应尽量防止可燃气体逸出，保持良好通风。

③ 严禁产生电火花和撞击火花，严禁使用明火，禁穿鞋底有金属的鞋子等。

④ 有机试剂着火后切勿用水灭火。火势较小时可用沙土或灭火毯覆盖灭火，火势较大时可用二氧化碳或干粉灭火器灭火。

表 1-2　物理化学实验室常见气体的爆炸极限

爆炸极限	环己烷	乙醇	丙酮	乙酸乙酯	正丁醇
爆炸高限(体积分数)/%	8.3	19.0	12.8	11.4	11.3
爆炸低限(体积分数)/%	1.3	3.3	2.6	4.1	1.4

1.2.5　使用压力容器的安全防护

物理化学实验中的压力容器主要指高压储气瓶、真空系统以及供气流稳压用的玻璃仪器等。相较于常规容器，这些压力容器具有较大的危险性。

(1) 高压气体钢瓶的使用及注意事项

气体钢瓶是储存压缩气体的特制耐压钢瓶，容积一般为 40～60L，工作压力介于 0.6～15MPa 之间，使用时通过减压阀（气压表）有控制地放出气体。为避免各类气瓶使用时发生混淆，《气瓶颜色标志》（GB/T 7144—2016）中规定了各类气瓶的色标（见表 1-3）。

表 1-3　物理化学实验室常用气体钢瓶标志

气体类别	瓶身颜色	字样	标字颜色	色环
乙炔	白	乙炔不可近火	大红	
氢气	淡绿	氢	大红	大红
氧气	淡(酞)蓝	氧	黑	白
氮气	黑	氮	白	白
空气	黑	空气	白	白
二氧化碳	铝白	液化二氧化碳	黑	黑

合格的气瓶在其肩部必须刻有生产厂家、制造日期、气瓶型号、瓶身净重、气体容积、公称工作压力、水压试验压力以及检测单和下次检验日期等重要信息。使用气体钢瓶有以下注意事项：

　　① 气瓶使用时，应立放，必须用铁环等固定器材将气瓶固定在稳固的支架、实验桌或墙壁上。不要放在容易跌落或者容易受到外来撞击的地方。

　　② 使用易燃气体气瓶和氧气瓶时，与明火的距离一般不应小于 10m。氢气瓶最好放在远离实验室的小屋内，然后用专门的导管引入，并加装防止回火的装置。盛装易起聚合反应或分解反应气体的气瓶，应避开射线、电磁波等放射线源和振动源。采暖期间，气瓶和暖气片的距离应该不小于 1m。

　　③ 使用氧气瓶时，氧气瓶及其专用工具严禁沾污油脂。使用者的手上、衣服上或工具上沾有油脂时，禁止接触氧气瓶。因为高压氧气与油脂相遇会燃烧，甚至引起爆炸。

　　④ 除二氧化碳等气体外，气体钢瓶的使用一般要用到减压阀。各种减压阀中，只有氮气和氧气的减压阀可以相互通用，其他减压阀要分类专用，不可混用。安装减压阀时螺扣要上紧，不得漏气。使用人员在开闭气瓶的瓶阀时，应该站在气阀接管的侧面，使用适当的工具慢开慢闭，以减少气流摩擦，防止产生静电。注意操作顺序，开启瓶阀应轻而缓，关闭瓶阀应轻而严，不能用力过大，避免关得太紧、太死。

　　⑤ 要保护瓶外油漆防护层，防止误用和混装。瓶帽、防震圈、瓶阀等附件都要妥善维护、合理使用。

　　⑥ 气瓶内的气体不应全部用净，必须留有剩余压力或重量，永久气体气瓶的剩余压力应不小于 0.05MPa，可燃性气体为 0.2～0.3MPa［2～3kg/cm^2（表压）］，其中氢气应为 2MPa，达到此气压后应标上"用完"的记号。

　　⑦ 气瓶在使用中发生故障时，应该立即采取妥善措施处理，不要继续冒险使用。气瓶使用完毕，要送回气瓶库或妥善保管。

　　（2）压力玻璃仪器的安全防护

　　压力下的玻璃仪器包括供高压或真空试验用的玻璃仪器和装液态空气、液态氮气及液态氧气的杜瓦瓶等。使用压力下的玻璃仪器时应注意以下几点：

　　① 压力下玻璃仪器的器壁应足够坚固，不能用薄壁材料或平底烧瓶之类的器皿。

　　② 使用高真空玻璃系统时，在开启或关闭活塞时，应两手进行操作，一手握活塞套，一手缓缓旋动内塞。确保玻璃系统各部分不产生力矩以防折裂。任何一个活塞的开闭，都要避免影响系统的其他部分，禁止形成高温爆鸣气混合物或爆鸣气混合物进入高温区。

　　③ 负压下的玻璃容器或系统，在拆卸或打开之前，必须冷到室温，并且小心缓慢地放入空气。

　　④ 供气流稳压用的玻璃稳压瓶，其外壳应用布套或细网套包裹。

1.2.6　辐射安全

　　物理化学实验中所遇到的辐射主要是指 X 射线和紫外线、红外线、微波等电磁波辐射。重点介绍使用 X 射线衍射仪的注意事项。

　　① 进入 XRD 仪器室进行测试时，必须佩戴个人剂量计，专人专用，不得混用。同时要经常检测工作地点 X 射线的剂量，发现泄漏时，要及时加以屏蔽。

　　② X 射线管和探测器窗口都是铍制造的。使用时不要触摸这些铍窗口，也要尽量避免站在 X 射线射出口的位置。

　　③ 实验前必须认真研究实验步骤，做好充分的准备工作。将实验所需的工具、器皿和试剂放在取用方便、安全稳固处，尽量缩短发射 X 射线的时间。

④ 打开 X 射线前需要检查循环水是否正常工作。

⑤ 测量过程中切勿随意打开防护罩门！谨防 X 射线直射人体。

⑥ 严格注意开关机顺序。仪器出现异常或发生事故时，要立刻停止发射 X 射线，并向仪器负责人报告。

1.3　误差分析和数据处理

误差理论和科学实验、精密测量等的关系非常密切。例如，实验数据如何处理、产品质量是否合格、仪器性能如何评价等，都需要借助误差理论作出科学、正确的研判。随着科学技术的飞速发展，误差理论愈来愈受到科技工作者的重视，应用也愈来愈广泛。在物理化学实验课中，也要求学生能根据误差理论来科学地分析和处理实验数据，并能正确表达实验结果。这也是衡量学生掌握实验技能的一项重要指标。下面仅对误差的基本概念、偶然误差与正态分布、间接测量中误差的传递、有效数字的运算和实验数据的表示方法等作简要介绍。

1.3.1　误差的基本概念

1.3.1.1　误差存在的普遍性和研究误差的意义

在科学实验过程中，往往需要进行大量的物理量的测量工作。实践证明，每项测量都有误差，误差总是存在的。对同一物理量重复多次测量时，经常发现各次测量值并不相同，而且实验值与真值之间也有差异，这是一种必然现象，是人的认识能力和科学水平的限制等原因造成的。随着科学技术水平的提高，人们对自然界认识的深入，实验中的误差可以逐渐减小，实验结果可以更接近实际值，但不可能使误差降低为零。误差始终存在于一切科学实验之中，这一公理已为实践所证实，并为人们所公认。对误差的研究，有利于正确认识客观规律，使实验做得既快又好，还能节省人力和物力，其重要意义在于：

① 正确处理实验数据，使人们在一定的条件下能得到更接近真实值的结果。

② 科学地选取结果的误差，使实验结果具有所需的准确度。不准确的结果分析有可能会导致产品不合格，甚至得出错误的结论。而对准确度不切实际的、过高的要求，也会造成人力与资源的浪费。

③ 合理地选择实验方法、实验仪器和实验条件等，以期能够最经济、快速地得到预期的实验结果。

1.3.1.2　误差的定义

对一切物理量进行测量后，测量结果与该物理量的真值之差称为误差，即

$$误差＝测量值－真值 \tag{1-1}$$

一般来说，真值是未知的，因此误差也是未知的。有些情况下，真值是可知的。例如，测量三角形的三个角，180°就是三角之和的理论真值。又有些情况下，从相对意义上来说，真值可看作是已知的。一般标准器的指示值，可以认为是相对真值。例如，测量液体在某一温度的蒸气压时，手册上记录的该液体在同一温度下的蒸气压值，可看作相对真值。另外，国际计量大会定义的基本量，也可看作是相对真值。

式(1-1) 表示的误差反映了测量值偏离真值的大小，因此又称为绝对误差。但有些情况下，为了描述测量的准确程度，也使用误差的另外一种表达方式——相对误差。误差与真值之比称为相对误差，用式(1-2) 表示。

$$相对误差 = \frac{误差}{真值} \tag{1-2}$$

当误差很小时，相对误差也可通过误差与测量值之比进行计算，如式(1-3) 所示。

$$相对误差 = \frac{误差}{测量值} \tag{1-3}$$

对于仪器仪表的误差，常常用示值误差、示值相对误差等名词表达，其计算如式(1-4)、式(1-5) 所示。

$$示值误差 = 指示值 - 计量检定值 \tag{1-4}$$

$$示值相对误差 = \frac{示值误差}{指示值} \tag{1-5}$$

为了表示仪器仪表的准确度等级，常应用"最大引用误差"的概念。如 2.5 级电压表的含义是合格电压表的最大引用误差不能超过 2.5%。一个上限为 100V 的电压表，在 50V 刻度点的示值误差为 2V，并且较其他各刻度点的误差为大，所以该电压表的最大引用误差等于 2/100（即 2%），作为 2.5 级电压表，该电压表是合格的。一般来说，若仪表为 S 级，则说明合格仪表的最大引用误差不会超过 S%。但并不能认为它在各刻度上的示值相对误差都不会超过 S%。

1.3.1.3 误差的分类

按照误差的性质，误差可分为三类：系统误差、偶然误差、粗差。

（1）系统误差

在同一条件下多次测量同一量时，误差的大小和符号不变，或当条件改变时，误差的变化服从某一确定的规律。这种误差称为系统误差或恒定误差。

误差按确定规律变化，就是说，原则上误差是某一个因素或几个因素的函数。例如，尺子的长度是温度的函数等。这种函数一般可用数学式或曲线等来表达。

系统误差是由某些经常性的原因造成的，产生系统误差的主要原因有：

① 仪器误差　测量仪器本身不够精确，或使用未校正的砝码或刻度仪表（如温度计、滴定管等）所造成的。

② 试剂误差　来源于试剂纯度不准确。

③ 方法误差　由于对理论探讨不充分，或受知识不足限制，实验方法本身带有误差。或对已验证过的方法作了不科学的简化而引起的误差。

④ 计算误差　值得注意的是，计算误差并不是由计算错误造成的，而是由所使用的计算公式的限制性引起的。例如，测定蒸气的分子量时，用理想气体状态方程计算蒸气的分子量，由于实际气体并非理想气体，测定结果产生误差。

系统误差可根据不同的来源分别加以校正或消除。例如，将未校正的砝码进行校正，从而消除称量误差；由于试剂和器皿带进杂质所造成的系统误差，一般可用空白试验来消除等。为了使实验结果正确，要尽力校正或消除系统误差。开发一个新的实验研究方法，或设计制造一台先进的仪器，都应尽可能减小系统误差。

（2）偶然误差

单次测量时，误差可大可小，可正可负，但多次测量时，误差的算术平均值趋近于零。具有这种属性的误差称为偶然误差。

偶然误差是由一些难以控制的原因造成的。例如，在测量时，环境温度、气压和湿度的微小波动，仪器性能的微小变化，仪器灵敏度的限制，操作人员读数的不一致等，都可能带来偶然误差。仔细控制操作条件，可以减少偶然误差，但无法完全避免。

（3）粗差

明显歪曲测量结果的误差称为粗差。

粗差是由各种不合理的原因造成的，如看错砝码、配错溶液、加错试剂、记录错误等。粗差属于实验中不应出现的过失，在测量中不应该存在，若发现含有粗差的测量值，应予弃去，不能参加计算平均值。

1.3.1.4 准确度与精密度

准确度是指实验结果与真值符合的程度。在实际分析工作中，实验人员在同一条件下平行测定几次，几次测定值之间相互接近的程度就是精密度（或称精确度）。精密度是指测量数值重复性的大小。分析工作中，重复性和再现性表示不同情况下分析结果的精密度。同一实验人员在同一条件所得的精密度用重复性表示；不同实验人员或不同实验室之间所得结果的精密度用再现性表示。

系统误差影响数据的准确度，偶然误差影响数据的精密度。换句话说，准确度表示系统误差大小的程度，精密度表示偶然误差大小的程度。在科学实验中，必须同时考虑系统误差与偶然误差，在一组测量中，如果存在系统误差，虽有很高的精密度，并不能说明准确度高，只有在校正或消除系统误差后，精密度高的实验结果才是准确的结果。

1.3.2 偶然误差与正态分布

1.3.2.1 偶然误差的特点

如前所述，在实验过程中系统误差可以设法消除或校正，但偶然误差是不能避免的。偶然误差单次出现时可正可负，可大可小，没有明显的规律性，但多次出现时，则具有统计规律。若对某已知的真值进行直接测量，将测量的结果作一统计，就会发现偶然误差的一些规律性特征。

对钟摆的摆动周期进行 n 次测量后会发现一些有用的统计规律。在表 1-4 中，下角标 i 表示第 i 次测量，中心值 x_i 代表钟摆摆动周期的第 i 次测量值，Δn_i 代表在 n 次测量结果中某个测量值 x_i 出现的次数，$\Delta n_i/n$ 表示某个测量值 x_i 出现的相对次数。这里已知真值为 3.01s，相邻两个测量值之间的区间间隔 $\Delta x_i = \Delta \delta_i = 0.01$s，总的测定次数 $n = \sum \Delta n_i = 150$ 次。

表 1-4 钟摆摆动周期的测量结果

中心值 x_i/s	误差 δ_i	出现次数 Δn_i	$\Delta n_i/n$	中心值 x_i/s	误差 δ_i	出现次数 Δn_i	$\Delta n_i/n$
2.95	-0.06	4	0.027	3.02	0.01	17	0.113
2.96	-0.05	6	0.040	3.03	0.02	12	0.080
2.97	-0.04	6	0.040	3.04	0.03	12	0.080
2.98	-0.03	11	0.073	3.05	0.04	10	0.067
2.99	-0.02	14	0.093	3.06	0.05	8	0.053
3.00	-0.01	20	0.133	3.07	0.06	4	0.027
3.01	0.00	24	0.160	3.08	0.07	2	0.013

在测量工作中，常要作误差（或测量值）的分布曲线。在表 1-4 的数据中，误差 δ_i 出现的概率为 $\Delta n_i/n$。令 $y_i = \dfrac{\Delta n_i}{n \Delta \delta_i}$，则 y_i 是对应区间为单位长度时的概率，称为概率密度。

以 δ_i 为横坐标，y_i 为纵坐标作图，可得图 1-1。小矩形的面积等于

$$y_i \Delta \delta_i = \frac{\Delta n_i}{n \Delta \delta_i} \times \Delta \delta_i = \frac{\Delta n_i}{n}$$

即 $\frac{\Delta n_i}{n} = y_i \Delta \delta_i$，故小矩形的面积表示误差落在 $\Delta \delta_i$ 间的概率。

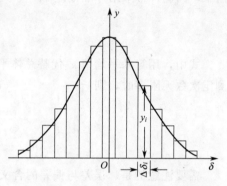

当 $n \to \infty$ 时，即测量次数无限多时，则 $\Delta \delta_i \to$ $\mathrm{d}\delta$，$\Delta n_i \to \mathrm{d}n$（趋于无穷小），此时图 1-1 的边缘就成为一条光滑连续的曲线。该曲线称为偶然误差的概率密度分布曲线，又称误差正态分布曲线。这时

$$y = \frac{\mathrm{d}n}{n \mathrm{d}\delta} \tag{1-6}$$

即

$$\frac{\mathrm{d}n}{n} = y \mathrm{d}\delta \tag{1-7}$$

$y\mathrm{d}\delta$ 代表误差介于 a、b 之间的概率 p，可用式(1-8)表示。

图 1-1　偶然误差的正态分布曲线

$$p = \int_a^b f(\delta) \mathrm{d}\delta \tag{1-8}$$

偶然误差通常服从正态分布，从表 1-4 中的数据和误差正态分布曲线图 1-1 可以看出偶然误差有以下特点：

① 单峰性　绝对值小的误差比绝对值大的误差出现的概率大。

② 对称性　绝对值相等的正误差与负误差出现的概率相近。

③ 有界性　在一定条件下的有限次测量中，误差的绝对值实际上不超过一定的界限。

④ 抵偿性　在相同的条件下，对同一量进行 n 次测量，各误差 δ_i 的算术平均值随着测量次数 n 的无限增多而趋于零，即

$$\lim_{n \to \infty} \frac{1}{n} \sum_{i=1}^{n} \delta_i = 0$$

抵偿性是偶然误差最本质的统计特性。凡是具有抵偿性的误差，原则上都可按偶然误差处理。

1.3.2.2　正态分布

正态分布也称高斯（Gauss）分布。在讨论正态分布之前，先介绍平均值与标准偏差的概念。

（1）平均值和标准偏差

在处理一组数据时，一般都要计算其平均值。但在实际工作中只提供一个平均值通常无法满足数据处理要求。例如，对某一物理量进行重复测定，得下列两组数据：

Ⅰ　97　98　100　102　103

Ⅱ　85　95　100　105　115

两组数据的平均值都是 100，但这两个平均值的可靠程度相差很大。若只提供一个平均值，那么这个数据的参考价值就很小，因为平均值通常是一组数据中心倾向的衡量，它并不表明数据的分散程度，也不能表示测量精密度。用数理统计方法处理数据时，最好的方法是用标准偏差来衡量精密度。设有无限个测量值 x_1，x_2，x_3，$\cdots$，x_n 所组成的一个无限总体，假设 μ 是无限个测量值的平均值，称为总体平均值或母体平均值，而 $\delta_i = x_i - \mu$ 表示个别测量值对总体平均值的偏差，则总体标准偏差 σ（一般简称标准偏差）的定义为：

$$\sigma = \sqrt{\frac{\sum(x_i - \mu)^2}{n}} \qquad (n \to \infty) \tag{1-9}$$

σ 是各偏差平方和除以测定次数再开方，故又称均方根偏差或均方差。若某个测量值的偏差大一些，经过平方后数值更大，也就是说，σ 能将测量偏差大的偏差充分反映出来，因而可以作为测量质量的代表值，也是测量精密度的代表值。在有限次测量中，σ 实际测定不出来，因此，常采用标准偏差 s：

$$s = \sqrt{\frac{\sum(x_i - \overline{x})^2}{n-1}} \tag{1-10}$$

式中，用算术平均值 $\overline{x}$ 代替总体平均值 μ，用 $n-1$ 代替 n。s 又称为子样标准偏差。当测定次数无限多时，则

$$\lim_{n \to \infty} \overline{x} = \mu$$

$$\lim_{n \to \infty} \frac{\sum(x_i - \overline{x})^2}{n-1} = \frac{\sum(x_i - \mu)^2}{n}$$

需要注意的是，误差与偏差的含义不同，误差表示实验结果与真值之差，偏差则表示测定值与平均值之差。误差以真值为标准，偏差则以平均值为标准。但是，一般物理量的真值是未知的，通常采用的也是相对真值，测定值与相对真值之差严格来说仍然是偏差。

（2）高斯正态分布

根据式（1-7）和式（1-8）可知，$y\mathrm{d}\delta = f(\delta)\mathrm{d}\delta$，$y\mathrm{d}\delta$ 代表误差介于 δ 和 $\delta + \mathrm{d}\delta$ 之间的概率。在使用中，经常要求出某一给定误差介于某一范围的概率，因此需要知道上式中函数 y 的具体形式。高斯于 1975 年给出服从正态分布的概率密度的函数形式为：

$$y = \frac{1}{\sigma\sqrt{2\pi}} \mathrm{e}^{-\frac{(x-\mu)^2}{2\sigma^2}} \tag{1-11}$$

式（1-11）称为高斯误差分布定律，又称为误差方程或概率方程。式中，μ 为总体平均值，若测量已无系统误差，则 μ 为真值，σ 为总体标准偏差，$\delta = x - \mu$。根据式（1-11），以概率密度 y 为纵轴，误差 σ 为横轴作图，得到图 1-2 所示的高斯正态分布曲线，或误差分布曲线。

正态分布具有有界（用极限误差去限制曲线）、单峰、对称、抵偿等特性，很好地描述了偶然误差的客观规律，因此高斯正态分布曲线在误差理论中占有非常重要的地位。

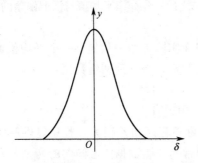

图 1-2　高斯正态分布曲线（误差分布曲线）

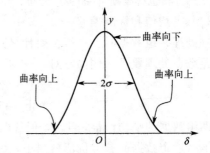

图 1-3　高斯正态分布曲线的曲率变化特征

（3）标准偏差 σ 的意义

误差方程可以用来讨论 σ 的重要意义。由误差分布曲线可以看出，曲线中部曲率向下，曲线两端曲率向上（如图 1-3 所示），曲率的符号相反，因此曲线上必有两个转折点。根据

数学原理，转折点在极值点 $\dfrac{d^2 y}{dx^2}=0$ 处，即 $\dfrac{d^2 y}{d\delta^2}=0$，因为

$$y = \frac{1}{\sigma\sqrt{2\pi}}e^{-\frac{(x-\mu)^2}{2\sigma^2}} = \frac{1}{\sigma\sqrt{2\pi}}e^{-\frac{\delta^2}{2\sigma^2}}$$

令

$$\frac{1}{\sigma\sqrt{2\pi}} = c$$

则

$$y = c\,e^{-\frac{\delta^2}{2\sigma^2}}$$

$$\frac{dy}{d\delta} = \frac{-c\delta}{\sigma^2}e^{-\frac{\delta^2}{2\sigma^2}}$$

令

$$\frac{d^2 y}{d\delta^2} = 0$$

则

$$\frac{d^2 y}{d\delta^2} = -\left[\frac{c\delta}{\sigma^2}\left(-\frac{\delta}{\sigma^2}\right)e^{-\frac{\delta^2}{2\sigma^2}} + e^{-\frac{\delta^2}{2\sigma^2}}\left(\frac{c}{\sigma^2}\right)\right] = \frac{c}{\sigma^2}e^{-\frac{\delta^2}{2\sigma^2}}\left(\frac{\delta^2}{\sigma^2}-1\right)$$

$$\frac{\delta^2}{\sigma^2}-1 = 0$$

得

$$\delta = \pm\sigma$$

故曲线上的转折点 $\delta = \pm\sigma$。而曲线两个转折点之间的宽度等于 2σ，也就是说，标准偏差 σ 可以决定误差分布曲线的转折点，并决定两个转折点之间的宽度。

另外，根据误差方程

$$y = \frac{1}{\sigma\sqrt{2\pi}}e^{-\frac{(x-\mu)^2}{2\sigma^2}}$$

还可看出，当 $x-\mu$ 愈小时，y 值愈大，当 $x-\mu=0$，$e^{-0}=1$ 时，y 值最大，令其为 $y^{(0)}$，则

$$y = y^{(0)} = \frac{1}{\sigma\sqrt{2\pi}} \tag{1-12}$$

$y^{(0)}$ 为误差分布曲线上的最高点。由上式可看出，$y^{(0)}$ 与 σ 成反比。当 σ 愈小时，$y^{(0)}$ 愈大，曲线中部升得愈高，两侧曲线下降愈快；当 σ 愈大时，$y^{(0)}$ 愈小，曲线中部高度愈低，曲线变得愈平，如图 1-4 所示。通常称标准偏差 σ 为决定误差分布曲线幅度大小的因子。由图 1-4 中的两条误差正态分布曲线可见，曲线 1 的标准偏差为 σ_1，曲线 2 的标准偏差为 σ_2，$\sigma_1 > \sigma_2$，曲线 1 比曲线 2 更宽更平，即曲线 1 的数据分散性比曲线 2 的数据分散性大，曲线 1 的测量精密度也就比曲线 2 的测量精密度低。也就是说，σ 的数值愈小，则数据分散性愈小，测量精密度愈高；σ 的数值愈大，则数据分散性愈大，测量精密度愈低。

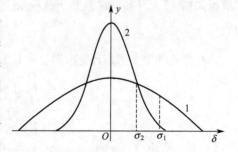

图 1-4 标准偏差 σ 对误差分布
曲线曲率变化幅度的影响

因而 σ 是测量精密度的代表，凡 σ 相同的测量都称为等精度测量。同时，对正态分布来说，σ 也是表征分布的一个重要特征值。

精密度反映了偶然误差的大小。除标准偏差以外表示精密度的方法主要还有平均偏差和概率偏差（一般称为或然误差）。

平均偏差 $\overline{d}$ 的定义为：

$$\overline{d}=\frac{\sum|d_i|}{n}\qquad(i=1,2,\cdots,n)\tag{1-13}$$

式中，n 为测定次数，d_i 为测定值与平均值的偏差。式(1-13)说明平均偏差 $\overline{d}$ 是各偏差绝对值 $|d_i|$ 的算术平均值。

概率偏差（或然误差）用 ρ 表示。在一组测量值中，将误差（测量值与平均值的差应称为偏差，若认为测量已无系统误差，这时的偏差可看作误差）按绝对值的大小排列起来，中间的误差称为或然误差 ρ。也就是说，从误差的绝对值来看，比 ρ 大的误差出现的概率与比 ρ 小的误差出现的概率正好相等。

上述三种表示精密度的方法中，标准偏差 s 能将对测量误差大的误差充分反映出来，因此在科学实验中，标准偏差的概念应用得最多。

1.3.2.3 概率计算

根据式(1-11)和高斯误差方程得

$$\frac{\mathrm{d}n}{n}=y(\delta)\mathrm{d}\delta=\left[\frac{1}{\sigma\sqrt{2\pi}}\mathrm{e}^{-\frac{(x-\mu)^2}{2\sigma^2}}\right]\mathrm{d}\delta\tag{1-14}$$

$y(\delta)\mathrm{d}\delta$ 是误差介于 δ 与 $\delta+\mathrm{d}\delta$（测量值介于 x 与 $x+\mathrm{d}x$）之间的概率。将上式进行积分，可求出测量值的误差介于某一范围内的概率。为了便于积分，引入新函数 u，令

$$u=\frac{x-\mu}{\sigma}=\frac{\delta}{\sigma}\tag{1-15}$$

$x-\mu$ 是某测量值对总体平均值 μ 的偏差，因此 u 也表示某测量值对 μ 的偏差，但它是以 σ 作单位来量度的。例如，当 $u=1$ 时，$x-\mu=\sigma$；当 $u=2$ 时，$x-\mu=2\sigma$。

根据式(1-15)得

$$\mathrm{d}\delta=\sigma\mathrm{d}u\tag{1-16}$$

将式(1-15)和式(1-16)代入式(1-14)中得

$$\frac{\mathrm{d}n}{n}=\frac{1}{\sqrt{2\pi}}\mathrm{e}^{-\frac{u^2}{2}}\mathrm{d}u=f(u)\mathrm{d}u\tag{1-17}$$

根据式(1-17)可知，误差介于 $\pm u\sigma$ 之间的概率为

$$\int_{-u}^{u}f(u)\mathrm{d}u$$

根据式(1-17)可以计算出误差介于 $\pm\sigma$、$\pm1.96\sigma$、$\pm2\sigma$、$\pm2.58\sigma$、$\pm3\sigma$ 的概率，分别为：

$$\int_{-1}^{+1}f(u)\mathrm{d}u=0.683=68.3\%$$

$$\int_{-1.96}^{+1.96}f(u)\mathrm{d}u=0.95=95\%$$

$$\int_{-2}^{+2}f(u)\mathrm{d}u=0.955=95.5\%$$

$$\int_{-2.58}^{+2.58}f(u)\mathrm{d}u=0.99=99\%$$

$$\int_{-3}^{+3}f(u)\mathrm{d}u=0.997=99.7\%$$

通常将根据式(1-17)计算得到的概率，如 95％、99％、99.7％等，称为置信度或置信概率。误差介于±3σ 范围内的概率为 99.7％，即出现在±3σ 范围以外的概率只有 0.3％，这是一个很小的概率，在少量实验中很难出现。所以在有限次测量中，超过±3σ 的误差，有 99.7％的把握可以断定该误差不是偶然误差而可以舍弃，这是用来舍去异常值的基本根据。

对于服从正态分布的测量误差，一般取 3σ 作为极限误差，但需注意，涉及极限误差时应指明其极限意义。此外，数学上，也有采用 95％和 99％置信度的，它们的极限误差分别为 1.96σ 和 2.58σ。

1.3.2.4　最小二乘法原理和算术平均值

在实际工作中，经常要在同一条件下对某一待测量进行多次测量。在同一精密度的许多测量值中，如何确定最佳值或最可信赖值呢？解决这一问题的最常见方法是最小二乘法。

根据最小二乘法原理，在同一条件下，对某一待测量 x 进行了独立的多次测量，得

$$x_1, x_2, x_3, \cdots, x_n$$

若认为测量已无系统误差与粗差，则对应的误差分别为：

$$\delta_1 = x_1 - x$$
$$\delta_2 = x_2 - x$$
$$\vdots$$
$$\delta_n = x_n - x$$

根据高斯定律，$\delta_1, \delta_2, \cdots, \delta_n$ 分别出现的概率为：

$$p_1 = \frac{1}{\sigma\sqrt{2\pi}} e^{-\frac{(x_1-x)^2}{2\sigma^2}} d\delta_1$$

$$p_2 = \frac{1}{\sigma\sqrt{2\pi}} e^{-\frac{(x_2-x)^2}{2\sigma^2}} d\delta_2$$

$$\vdots$$

$$p_n = \frac{1}{\sigma\sqrt{2\pi}} e^{-\frac{(x_n-x)^2}{2\sigma^2}} d\delta_n$$

因为多次测量都是独立的，所以误差 $\delta_1, \delta_2, \cdots, \delta_n$ 同时出现的概率为各个概率的乘积，即

$$p = p_1 p_2 \cdots p_n = \left(\frac{1}{\sigma\sqrt{2\pi}}\right)^n e^{-\frac{1}{2\sigma^2}\left[(x_1-x)^2 + (x_2-x)^2 + \cdots + (x_n-x)^2\right]} d\delta_1 d\delta_2 \cdots d\delta_n$$

实际上，真值 x 是未知的，用最佳值 a 代替真值 x，最佳值 a 即是最接近真值 x 的值。根据概率论原理，测量结果的最佳值需要使 $x_1, x_2, x_3, \cdots, x_n$ 同时出现的概率 p 达到最大。从指数关系可知，当 p 最大时，a 满足

$$(x_1-a)^2 + (x_2-a)^2 + \cdots + (x_n-a)^2 = 最小$$
$$x_i - a = d_i$$

d_i 称为 x_i 对 a 的偏差，又称为残差。令

$$(x_1-a)^2 + (x_2-a)^2 + \cdots + (x_n-a)^2 = Q$$

则 Q 值为最小的条件为：

$$\frac{\mathrm{d}Q}{\mathrm{d}a}=0, \quad \frac{\mathrm{d}^2Q}{\mathrm{d}a^2}>0$$

$x_1,x_2,x_3,\cdots,x_n$ 是已测得值，将上式对 a 微分，得

$$\frac{\mathrm{d}Q}{\mathrm{d}a}=-2(x_1-a)-2(x_2-a)-\cdots-2(x_n-a)=0$$

即

$$na=\sum x_i$$

故

$$a=\frac{1}{n}\sum x_i$$

又

$$\frac{\mathrm{d}^2Q}{\mathrm{d}a^2}=2+2+2+\cdots+2=2n>0$$

故 $a=\dfrac{1}{n}\sum x_i$ 时 Q 值最小。这就是说，在一组等精密度的测量中，最佳值或最可依赖值是各测量值的算术平均值。它是各测量值与算术平均值的偏差平方和为最小时所求得的值。由此看出，在处理数据时，采用平均值和应用最小二乘法原理都是来自高斯误差定律。

1.3.3　误差的传递

在科学实验中，一个实验结果常常是直接测定几个物理量后，通过函数关系加以运算而获得的。每一测量都可能带来一定的误差，每一误差如何传递到结果中去？本节将讨论误差的传递问题。

1.3.3.1　误差传递的一般公式

设有函数

$$\varphi=f(u_1,u_2,u_3,\cdots,u_n)$$

$u_1,u_2,u_3,\cdots,u_n$ 是能够直接测得的物理量，测定时的误差分别为 $\Delta u_1,\Delta u_2,\Delta u_3,\cdots,\Delta u_n$，由 $\Delta u_1,\Delta u_2,\Delta u_3,\cdots,\Delta u_n$ 引起 φ 的误差为 $\Delta\varphi$。若 $\left|\dfrac{\Delta u_i}{u_i}\right|\ll1$，则误差传递的一般公式为：

$$\Delta\varphi=\frac{\partial\varphi}{\partial u_1}\Delta u_1+\frac{\partial\varphi}{\partial u_2}\Delta u_2+\cdots+\frac{\partial\varphi}{\partial u_n}\Delta u_n \tag{1-18}$$

令 E_r 为相对误差，则得

$$E_r=\frac{\Delta\varphi}{\varphi}=\frac{\partial\varphi}{\partial u_1}\times\frac{\Delta u_1}{\varphi}+\frac{\partial\varphi}{\partial u_2}\times\frac{\Delta u_2}{\varphi}+\cdots+\frac{\partial\varphi}{\partial u_n}\times\frac{\Delta u_n}{\varphi} \tag{1-19}$$

1.3.3.2　误差传递公式在基本运算中的应用

（1）加减法

设 $\varphi=x+y-z$，则

$$\frac{\partial\varphi}{\partial x}=1$$

$$\frac{\partial\varphi}{\partial y}=1$$

$$\frac{\partial\varphi}{\partial z}=-1$$

根据式(1-18) 得

$$\Delta\varphi = |\Delta x| + |\Delta y| + |\Delta z| \tag{1-20}$$

式中的 Δx、Δy、Δz 取绝对值，这是考虑到在最不利的情况下，直接测量的误差不能相消，所有误差互相积累，这时的误差最大。由此可见，和或差的最大可能误差等于各个直接测量值的误差之和。

（2）乘除法

设 $\varphi = \dfrac{xy}{z}$，则

$$\frac{\partial\varphi}{\partial x} = \frac{y}{z}$$

$$\frac{\partial\varphi}{\partial y} = \frac{x}{z}$$

$$\frac{\partial\varphi}{\partial z} = -\frac{xy}{z^2}$$

根据式(1-19) 和式(1-20) 得

$$E_r = \frac{\Delta\varphi}{\varphi} = \frac{y}{z} \times \frac{\Delta x}{\varphi} + \frac{x}{z} \times \frac{\Delta y}{\varphi} - \frac{xy}{z^2} \times \frac{\Delta z}{\varphi}$$

将 $\varphi = \dfrac{xy}{z}$ 代入上式，得

$$E_r = \left|\frac{\Delta x}{x}\right| + \left|\frac{\Delta y}{y}\right| + \left|\frac{\Delta z}{z}\right| \tag{1-21}$$

$\dfrac{\Delta x}{x}$、$\dfrac{\Delta y}{y}$、$\dfrac{\Delta z}{z}$ 取绝对值也是考虑结果的最大相对误差。故积或商的最大相对误差等于各测量值的相对误差之和。

（3）方次和根

设 $\varphi = x^m$，则

$$\frac{\partial\varphi}{\partial x} = mx^{m-1}$$

根据式(1-19) 和式(1-20) 得

$$E_r = \frac{\Delta\varphi}{\varphi} = mx^{m-1}\left|\frac{\Delta x}{x^m}\right| = m\left|\frac{\Delta x}{x}\right| \tag{1-22}$$

由此可见，x 的 m 方次的相对误差等于 x 的相对误差的 m 倍。

（4）对数

设 $\varphi = \ln x$，则

$$\frac{\partial\varphi}{\partial x} = \frac{1}{x}$$

$$E_r = \frac{\partial\varphi}{\partial x} \times \frac{\Delta x}{\varphi} = \frac{1}{x} \times \frac{\Delta x}{\varphi} = \frac{1}{\varphi} \times \frac{\Delta x}{x}$$

又

$$E_r = \frac{\Delta\varphi}{\varphi}$$

故得

$$\Delta\varphi = \frac{\Delta x}{x} \tag{1-23}$$

故 $\ln x$ 的绝对误差等于 x 的相对误差。

1.3.3.3 标准偏差传递的一般公式

设有函数

$$\varphi = f(x, y, z, \cdots)$$

$x, y, z, \cdots$ 是能够测定的各个物理量。对 $x, y, z, \cdots$ 作了 n 次测量，测量的标准偏差分别为 $s_x, s_y, s_z, \cdots$，若 $x, y, z, \cdots$ 的各误差彼此无关，则标准偏差传递的一般公式为：

$$s_\varphi^2 = \left(\frac{\partial\varphi}{\partial x}\right)^2 s_x^2 + \left(\frac{\partial\varphi}{\partial y}\right)^2 s_y^2 + \left(\frac{\partial\varphi}{\partial z}\right)^2 s_z^2 \tag{1-24}$$

即

$$s_\varphi = \sqrt{\left(\frac{\partial\varphi}{\partial x}\right)^2 s_x^2 + \left(\frac{\partial\varphi}{\partial y}\right)^2 s_y^2 + \left(\frac{\partial\varphi}{\partial z}\right)^2 s_z^2} \tag{1-25}$$

1.3.3.4 标准偏差的传递公式在基本运算中的应用

（1）加减法

设 $\varphi = f(x, y, z) = x + y + z$，则

$$\frac{\partial\varphi}{\partial x} = \frac{\partial\varphi}{\partial y} = \frac{\partial\varphi}{\partial z} = 1$$

根据式(1-24)，得

$$s_\varphi^2 = 1^2 s_x^2 + 1^2 s_y^2 + 1^2 s_z^2$$

$$s_\varphi = \sqrt{s_x^2 + s_y^2 + s_z^2}$$

若 $\varphi = ax + by + cz$，则

$$\frac{\partial\varphi}{\partial x} = a, \frac{\partial\varphi}{\partial y} = b, \frac{\partial\varphi}{\partial z} = c$$

故

$$s_\varphi^2 = a^2 s_x^2 + b^2 s_y^2 + c^2 s_z^2$$

$$s_\varphi = \sqrt{a^2 s_x^2 + b^2 s_y^2 + c^2 s_z^2}$$

（2）乘除法

设 $\varphi = \dfrac{(ax)(by^2)}{cz}$，则

$$\frac{\partial\varphi}{\partial x} = \frac{a(by^2)}{cz} = \frac{(ax)(by^2)}{cz} \times \frac{1}{x} = \frac{\varphi}{x}$$

$$\frac{\partial\varphi}{\partial y} = \frac{(ax)(2by)}{cz} = \frac{2\varphi}{y}$$

$$\frac{\partial\varphi}{\partial z} = -\frac{(ax)(by^2)}{cz^2} = -\frac{\varphi}{z}$$

根据式(1-24) 得

$$s_\varphi^2 = \left(\frac{\varphi}{x}\right)^2 s_x^2 + \left(\frac{2\varphi}{y}\right)^2 s_y^2 + \left(-\frac{\varphi}{z}\right) s_z^2$$

$$s_\varphi = \sqrt{\left(\frac{\varphi}{x}\right)^2 s_x^2 + \left(\frac{2\varphi}{y}\right)^2 s_y^2 + \left(-\frac{\varphi}{z}\right)^2 s_z^2}$$

【例 1-1】　应用凝固点降低法测定分子量时采用如下公式进行计算：

$$M=\frac{1000k_f m_B}{m_A \Delta T_f}=\frac{1000k_f m_B}{m_A(T_0-T)}$$

这里直接测定的量为 m_B、m_A、T_0、T。试计算测定的分子量的相对误差。

解：令溶质的质量 $m_B=0.3g$，在分析天平上的绝对误差 $\Delta m_B=0.0002g$，溶剂的质量 $m_A=20g$，在粗天平上称量的绝对误差 $\Delta m_A=0.05g$。

测量凝固点是用贝克曼温度计，读数可估计到 $0.002℃$。测得纯溶剂的凝固点 T_0 为 $(5.797\pm0.005)℃$，溶液的凝固点 T 为 $(5.500\pm0.003)℃$，这样凝固点降低值为：

$$\Delta T_f=T_0-T=(5.797\pm0.005)℃-(5.500\pm0.003)℃=(0.297\pm0.008)℃$$

则相对误差分别为：

$$\frac{\Delta(\Delta T_f)}{\Delta T_f}=\frac{0.008}{0.297}=0.027$$

$$\frac{\Delta m_B}{m_B}=\frac{0.0002}{0.3}=6.7\times10^{-4}$$

$$\frac{\Delta m_A}{m_A}=\frac{0.05}{20}=2.5\times10^{-3}$$

而测定分子量 M 的相对误差为：

$$\frac{\Delta M}{M}=\frac{\Delta m_A}{m_A}+\frac{\Delta m_B}{m_B}+\frac{\Delta(\Delta T_f)}{\Delta T_f}=\pm(2.5\times10^{-3}+6.7\times10^{-4}+2.7\times10^{-2})=\pm0.030$$

计算结果表明，应用凝固点降低法测定分子量时，其最大相对误差为 0.3%，它取决于测量温度的相对误差，也就是说，温度的测量是实验的关键。因此，虽用粗天平称取溶剂也能满足要求。若增加溶质的用量，ΔT_f 可以较大，相对误差可减少，但计算公式只适用于稀溶液。溶液浓度增加时，会由于公式的计算带来系统误差，实际上不能使分子量的测定结果更准确。

1.3.4　有效数字的运算和异常数据的舍弃

1.3.4.1　有效数字及其运算规则

在科学实验中，由于测量总有误差，究竟用几位数字来表达实验结果才是正确的呢？下面介绍有效数字的保留（或称修约）及其运算规则。

（1）有效数字及其表示法

对某一物理量进行实验测定时，由于仪器分辨率和刻度标识的限制，读数时只能读取一定位数的数字，数的末一位往往是估计得到的，因此导致测量值具有一定的误差和不确定性，一般称为可疑值。例如，读取滴定管的读数为 $32.47mL$，末一位数字 7 就是估计出来的，而其前各位数，都是准确知道的。当记录一个测量数值时，只保留一位不确定数字，这样的数字都是有效数字，如 32.47 是四位有效数字。因此，有效数字是由所有确定的数字加上一位不确定的数字构成的。除特别规定外，通常认为用有效数字表示的数值，其末位数字上有 ±1 个单位的误差，或其下一位的误差不超过 ±5 个单位。

关于数字 0，它可以是有效数字，也可以不是有效数字。例如 20.05 和 3.1020 中所有的 0 都是有效数字，而 0.0185 中前面两个 0 都不是有效数字，因为其中的 0 只起小数点的定位作用。例如，$0.0185L$，若改用毫升作单位，则变成了 $18.5mL$，前面的两个 0 都消失了，故有效数字实际为三位。其他如 25000，0 是否为有效数字难以确定，就要看测量的精确程度，若测量精确到三位有效数字，这时应用指数表示，记为 2.50×10^4，若测量精确到五位，则应写为 2.5000×10^4，其中三个 0 都是有效数字。此外，$\lg K$、pH 等数值，其有效数字的位数就是小数部分数字的位数，因为整数部分只说明该数的方次。例如：

$$\lg 3258 = \lg(3.258\times10^3) = 3.5130$$

故有效数字是四位，而不是五位。

在计算中通常会遇到倍数或分数关系，例如，三角形的面积 $=\dfrac{\text{底}\times\text{高}}{2}$，公式中的"2"不是测量所得的数，是自然数，因此它不是一位有效数字，而可看作无穷多位有效数字。

（2）数字修约规则

在数据处理中，经常要运算一些位数不同的数，当有效数字的位数确定后，多余的数字一律舍去，舍弃的规则如下：若有效数字末位后应被舍弃的第一位数大于 5，则末位进 1，小于 5 则末位不变；正好为 5 时，若 5 后有大于 0 的数，则末位进 1，若 5 后无数，则末位为奇数时进 1，末位为偶数时不变。

例如 7.691499，取四位有效数字时，末位为 1，1 后第 1 位数为 4 而小于 5，因此 1 后的数字应舍去而末位不变，故结果的数值为 7.691，若取五位有效数字，则为 7.6915。又如：

5.025 要求三位有效数字时为 5.02

5.035 要求三位有效数字时为 5.04

12.305 要求四位有效数字时为 12.30

6.378511 要求四位有效数字时为 6.379（因 5 后有数）

0.065 要求小数点后两位时为 0.06

0.095 要求小数点后两位时为 0.10

（3）计算法则

① 记录测量数据时，只保留 1 位可疑数字。

② 加减乘除运算规则。几个数相加或相减时，它们的和或差的有效数字位数，以各数中的小数点后位数最少的数为准。例如，在

$$13.65+0.0082+1.632=?$$

三个数中，小数点后位数最少的是 13.65，所以最后的有效数字位数只保留到小数点后第二位。按下式计算：

$$13.65+0.01+1.63=15.29$$

故上式等于 15.29。

乘除法运算时，最后结果的有效数字位数，以各数中有效数字位数最少的为准，而与小数点的位置无关。例如：

$$0.0121\times25.64\times1.05782=?$$

以第 1 个数为准，保留三位有效数字，故上式可写为：

$$0.0121\times25.6\times1.06=0.328$$

在计算有效数字位数时，若某数的第一位有效数字为 8 或 9，则有效数字的位数可多计一位。例如 9.27，虽只有三位有效数字，但已接近 10.00，10.00 可看作四位有效数字。

在大量运算中，中间运算的数据可多保留一位或几位数字，多保留的数字一般称为安全数字。安全数字有时写在该数的右下角。例如 82.7_6 是三位有效数字，6 为安全数字。

③ 表示误差时，在大多数情况下，只取一位有效数字，最多取两位有效数字。

表示实验结果时，若不带误差，则数字一般写为有效数字。但有些实验研究结果与计量

结果要求带上误差，即说明该结果误差的大小。误差一般以一位数表示，故结果的最后一位应该向误差看齐。例如，电子静止质量的最佳值为 $9.1095 \times 10^{-31} kg$，其极限误差为 $0.0001 \times 10^{-31} kg$，则电子静止质量写为

$$(9.1095 \pm 0.0001) \times 10^{-31} kg$$

是正确的，因电子静止质量取至与误差相同的 0.0001 位。

1.3.4.2　异常值的舍弃

在科学实验中，若在一组测量数据中混有粗差，必然会歪曲测量结果。含粗差的测量值称为异常值，异常值需要舍去。但有时在一组数据中，发现一个或几个过大或过小的数据，而又不能确定是否为异常值时，则不能随意舍去，应根据误差理论决定数据的取舍。这里介绍一种被广泛采用的异常值取舍方法——格鲁布斯（Grubbs）法。

设对某物理量作等精度的独立测量，得

$$x_1, x_2, x_3, \cdots, x_n \quad （从小到大依次排列）$$

若怀疑最大或最小的数据是异常的，则可采用格鲁布斯法进行判定。方法如下。

（1）计算 T 值。格鲁布斯法导出 T 值的定义为：设 x_1 是可疑的，则 $T = \dfrac{\bar{x} - x_1}{s}$；若设 x_n 是可疑的，则 $T = \dfrac{x_n - \bar{x}}{s}$。

式中，$\bar{x} = \dfrac{\sum x_i}{n}$；$s = \sqrt{\dfrac{\sum (x_i - \bar{x})^2}{n-1}}$。

（2）选定危险率 α。α 是一个较小的百分数，例如 5.0%、2.5%、1.0%。按格鲁布斯方法判定某一数值是不是异常数据时，α 并非代表该数值为异常数据的概率，而是产生错误的概率，这种错误是采用统计方法时不可避免的。通常情况下 α 选为 5%。

（3）根据测定次数 n 和 α，从 $T_{n,\alpha}$ 值表 1-5 中查出 $T_{n,\alpha}$ 的值。

表 1-5　$T_{n,\alpha}$ 值表

n	$\alpha = 5.0\%$	$\alpha = 2.5\%$	$\alpha = 1.0\%$	n	$\alpha = 5.0\%$	$\alpha = 2.5\%$	$\alpha = 1.0\%$
3	1.15	1.15	1.15	12	2.29	2.41	2.55
4	1.46	1.48	1.49	13	2.33	2.46	2.61
5	1.67	1.71	1.75	14	2.37	2.51	2.66
6	1.82	1.89	1.94	15	2.41	2.55	2.71
7	1.94	2.02	2.10	20	2.56	2.71	2.88
8	2.03	2.13	2.22	30	2.75	2.91	
9	2.11	2.21	2.32	50	2.96	3.13	
10	2.18	2.29	2.41	80	3.14	3.31	
11	2.23	2.36	2.48	100	3.21	3.38	

（4）若 $T > T_{n,\alpha}$，则所怀疑的数据是异常的，应予舍去，由于

$$T = \frac{x_n - \bar{x}}{s} 或 T = \frac{\bar{x} - x_1}{s}$$

而

$$x_n - \bar{x} = d_n 或 \bar{x} - x_1 = -d_1$$

d 为测量值对平均值的偏差。d 取绝对值，则

$$|d_i| > sT_{n,\alpha}$$

若测量的最大值或最小值满足上式，则该数值是异常的，应予舍去。根据这样的判定，产生错误的概率是 α。若

$$|d_i| < sT_{n,\alpha}$$

则还不能以危险率 α 将所测量的最大值或最小值舍去。

【例 1-2】 测某一温度 15 次，测得数据如表 1-6 所示。实验者怀疑其中的最小值 20.30℃是异常的。试采用格鲁布斯法判断此最小值是否应舍去，并进一步判断其余各温度测量值是否还有异常。

表 1-6 例 1-2 中的测温数据

序 号	x/℃	d/℃	d_0/℃	序 号	x/℃	d/℃	d_0/℃
1	20.42	+0.016	+0.009	10	20.43	+0.026	+0.019
2	20.43	+0.026	+0.019	11	20.42	+0.016	+0.009
3	20.40	−0.004	−0.011	12	20.41	+0.006	−0.001
4	20.43	+0.026	+0.019	13	20.39	−0.014	−0.021
5	20.42	+0.016	+0.009	14	20.39	−0.014	−0.021
6	20.43	+0.026	+0.019	15	20.40	−0.004	−0.011
7	20.39	−0.014	−0.021	$\bar{x}$	20.404		
8	20.30	−0.104	—	x_0	20.411		
9	20.40	−0.004	−0.011				

解：(1) 选定 $\alpha = 5.0\%$。

(2) 计算：

$$\bar{x} = \frac{\sum x_i}{15} = 20.404 \ (℃)$$

$$s = \sqrt{\frac{\sum (x_i - \bar{x})^2}{15 - 1}} = 0.033 \ (℃)$$

(3) 查 $T_{n,\alpha}$ 值表 1-5。当 $n = 15$，$\alpha = 5.0\%$ 时，$T_{n,\alpha} = 2.41$。$x = 20.30$℃ 时，$d = -0.104$，$sT_{n,\alpha} = 0.033 \times 2.41 = 0.08$，因为

$$|d| = 0.104 > 0.080$$

故应将 20.30℃舍去。

(4) 舍去 20.30℃后再计算平均值 $\bar{x}_0$、各 d_0 及 s_0。

$$x_0 = \frac{\sum x_i}{14} = 20.411 \ (℃)$$

$$s_0 = \sqrt{\frac{\sum d_0^2}{14 - 1}} = 0.016 \ (℃)$$

当 $n = 14$，$\alpha = 5.0\%$ 时，查表 1-5，得 $T_{n,\alpha} = 2.37$，$sT_{n,\alpha} = 0.016 \times 2.37 = 0.038$。各 d_0 皆小于 0.038，故其余各值已无异常值。

1.3.5 实验数据的表示方法

实验数据的表示方法，主要有列表法、作图法和方程式法三种，这三种方法各有其优缺点，同一组数据不一定同时需要三种表示法，应根据实际情况进行选择。下面将这三种方法

加以简单叙述。值得注意的是，下面仅列出了自列表格和手绘平面数据图的做法。实验人员还可以利用多种计算机软件处理实验数据，并绘制表格和作图。采用计算机辅助方法处理实验数据具有简便、快捷、准确度高等优点，但在使用时仍需遵循如下所述列表法、作图法和方程式法处理实验数据的基本规则。

1.3.5.1　列表法

列表法有许多优点。例如，简单易作，同一表内可同时表示几个变数的变化情况，大量数据列表后易于参考比较，也易于检查而减少差错等。

列表法应注意以下几点：

① 每一个表应有简明扼要的名称，也称为表题。表题应有自明性，使人一看即可知其所列的核心内容。表中如有引用数据，应注明数据来源。

② 在表中的第一行或第一列给出参量的名称和量的单位。

③ 表中数值的写法应注意整齐统一。当数值过大或过小时，应以 10^n 或 10^{-n} 表示（n 为整数）。同一竖行的数值，小数点应上下对齐。各数值的有效数字位数应相同。

④ 表中所有数值的有效数字位数应取舍适当，使它能表示数值的精密度。

1.3.5.2　作图法

作图法是利用几何图形将实验数据表示出来的方法。它的优点在于形式简明直观，能显示出数据的特点，如极大、极小、转折点、周期性及其他奇异性等。还可根据图形将数据作进一步处理，如求转折点和极大值等。另外，虽不知道函数间的关系式，也可以根据图形对变数求微分和积分，从而求出一些相应的物理量。作图法的应用范围非常广泛，因此认真掌握作图技术是十分重要的。下面介绍一些常见数据的作图步骤和作图规则。

（1）图纸的选择

图纸通常有直角坐标纸、三角坐标纸、半对数坐标纸和对数坐标纸等，最常用的是直角坐标纸。绘制三元相图时，常用三角坐标纸。

在选择图纸时，需注意坐标线是否均匀准确，坐标不能太密或太稀。坐标纸的大小也应合适，太小不能表示出原始数据的有效数字，太大会超过原始数据的精密度。

（2）坐标的分度

坐标纸选好后，可按照下列规则进行分度。

① 用直角坐标纸作图时，横轴（x 轴）代表自变量，纵轴（y 轴）代表因变量。坐标分度的选择应使阅读迅速方便，分度的数值最好为 1、2、5 等，3、7、9 等应尽可能避免。

② 坐标的读数不一定从零开始。在一组数据中，自变量和因变量都有最高值和最低值。需根据具体情况选择低于最低值的一个整数作起点，高于最高值的某一整数作终点。这样可以充分利用图纸的面积，使画出的图形清楚、布局合理。另外，分度的大小需使有效数字的位数与原始数据的有效数字位数相同。

③ 作图时直线是最易作的线，使用也最方便。在处理数据时，若原来变数间不呈直线关系，最好能将变数加以变换，使画出的图形尽可能成一直线。例如直接用液体或固体的饱和蒸气压 p 与温度 T 作图，并非直线，但将变数变为 $\lg p$ 与 $\dfrac{1}{T}$ 后，以 $\lg p$ 对 $\dfrac{1}{T}$ 作图，则得一直线，因为

$$\lg p = -\frac{\Delta H}{2.303R} \times \frac{1}{T} + B$$

对于 $y=bx^m$ 型指数方程，一般可取对数，将变数加以变换后，常可得到一直线方程。例如固体表面对气体的吸附，吸附量 a 与吸附气体的平衡压力间的弗兰德里希经验式为：

$$a=\frac{x}{m}=Kp^{\frac{1}{n}}$$

将方程式两边取对数，得

$$\lg a=\frac{1}{n}\lg p+\lg K$$

若以 a 对 p 作图，并不是直线，但以 $\lg a$ 对 $\lg p$ 作图，则可得一直线。

此外，还可用 x 与 $\frac{1}{y}$、$\frac{1}{x}$ 与 $\frac{1}{y}$、$x^n(n=1,2,3$ 等) 与 y 等方法作图，将非直线方程转换为直线方程。

若在实验前未知 x 和 y 的关系式，通常作图时，往往先将 x 与 y 直接画图，根据所得图形来预测 x 与 y 以何种关系作图时可得一直线。

④ 若图形是直线，则分度的选择应使直线的斜率尽可能接近于 1。

（3）绘制坐标轴

为了便于阅读，每个坐标轴必须注明名称和单位。在 x 轴和 y 轴上，每隔一定距离，应标出坐标的分度值。分度值所用有效数字位数应与原始数据有效数字位数相同。

（4）描点

描点就是把各点画在坐标纸上。来自实验的每一数据都有一定的误差，因此每一数据点应用圆、矩形、工字形或其他符号表示。圆、矩形、工字形的中心各代表算术平均值，圆或矩形面积的大小应与测量的精密度相适应，工字形的上、下两横处分别对应测量的最大、最小值。若测量的精密度高，则圆或矩形的面积应小些，反之就大些。若自变量的各个值无误差，或误差可忽略不计，而因变量的各个值带有一定的误差，则用点表示算术平均值。若在同一图上表示几组数据，则应用不同的符号加以区别，并在图上注明。

（5）画曲线

画曲线时需使用绘图仪器，除钢笔和铅笔外，还应有透明三角板、曲线板、直尺、曲尺等。当在坐标纸上描点后，不能单凭手来画曲线，要使用曲线板或曲线尺等。作出的曲线应尽量接近所有的点，而不必通过每一点。但位于曲线一侧的点数应大致等于另一侧的点数。一般来说，由于仪器和方法关系，两端点精密度较差，作图时应加以考虑。

画曲线时，可先初步选定曲线应通过或靠近的一些点，用曲线板和铅笔将所选各点先分段连接，然后再将各段连接起来。最后作必要的修正，画出所需的曲线。曲线的形式应光滑匀整而清晰。

（6）注解说明

在每个图形下面应准确而又清楚地写出图题及其代表的意义。凡引用自己和他人发表的文章和工作的数据，都应注明来源。

1.3.5.3　方程式法

方程式法是用一方程或经验公式将一组数据表示出来。经验公式不但形式紧凑，而且还具有易于求微分、积分和内插值等优点。方程式的形式颇多，但在物理化学中，一般将变数适当变换，将曲线方程转换成直线方程，所以物理化学中最常见的是直线方程 $y=mx+b$。下面仅介绍几种求方程式中常数的方法。

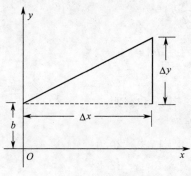

图 1-5 x 和 y 之间的直线关系

（1）图解法

若数据 x 和 y 之间呈直线关系，则将 x 和 y 的各对应点画在直角坐标纸上，作一直线，使直线尽可能接近每一点。直线的斜率就是方程式 $y = mx + b$ 中的 m 值，y 轴上的截距就是 b 值，例如图 1-5，直线斜率可由 $\dfrac{\Delta y}{\Delta x}$ 求出。但须注意 Δx 与 Δy 的距离应按笛卡尔坐标来量度，即应注意 m 和 b 的正、负号。图 1-5 中的 b 为正值，Δx 为正值，Δy 为正值，故 m 也为正值。

另外，直线的斜率也可选直线上的两点 (x_1, y_1) 和 (x_2, y_2)，用下式求出：

$$m = \frac{y_2 - y_1}{x_2 - x_1} \tag{1-26}$$

(x_1, y_1) 和 (x_2, y_2) 必须是直线上任意两点，两点间距离愈远，准确度愈高。

当截距 b 不易由图上获得时，可由下法计算：

$$y_1 = mx_1 + b', \quad y_2 = mx_2 + b''$$

从上两式中得

$$b' = y_1 - mx_1, \quad b'' = y_2 - mx_2$$

$$b = \frac{b' + b''}{2} = \frac{y_1 - mx_1 + y_2 - mx_2}{2}$$

将 $m = \dfrac{y_2 - y_1}{x_2 - x_1}$ 代入上式并整理后，得

$$b = \frac{y_1 x_2 - y_2 x_1}{x_2 - x_1} \tag{1-27}$$

（2）平均法

若作出的直线为最佳代表线，则该线的位置将使所有各点对直线的偏差的代数和为零，这就是平均法的原理。

由实验测得 n 组 (x, y) 值：

$$(x_1, y_1), (x_2, y_2), \cdots, (x_n, y_n)$$

直线方程为 $y = mx + b$，因为测量有误差，任一测量值 y_i 对直线的偏差为 d_i，则

$$d_i = y_i - (mx_i + b) \quad (i = 1, 2, \cdots, n) \tag{1-28}$$

而

$$\sum_1^n d_i = 0$$

将 n 组 (x, y) 值代入式（1-28）中，得

$$d_1 = y_1 - (mx_1 + b)$$

$$d_2 = y_2 - (mx_2 + b)$$

$$\vdots$$

$$d_n = y_n - (mx_n + b)$$

将上面 n 个方程分成数目相等的两组，每组方程各自相加，得两个方程：

$$\sum_{i=1}^{i=n/2} d_i = \sum_{i=1}^{i=n/2} y_i - \left(m \sum_{i=1}^{i=n/2} x_i + \frac{n}{2}b \right) = 0$$

$$\sum_{i=n/2+1}^{i=n} d_i = \sum_{i=n/2+1}^{i=n} y_i - \left(m \sum_{i=n/2+1}^{i=n} x_i + \frac{n}{2}b \right) = 0$$

解此两个方程，即可求得常数 m 和 b。

也可以采用计算机软件作图，从回归方程中直接求得斜率 m 和截距 b。

【例 1-3】 根据下列数据求 $y=mx+b$ 中的常数 m 和 b。

| x | 1.00 | 3.00 | 5.00 | 8.00 | 10.0 | 15.0 | 20.0 |
| y | 5.4 | 10.5 | 15.3 | 23.2 | 28.1 | 40.4 | 52.8 |

解：共有七组 (x, y) 值，可得七个方程，分成两组。

第一组
$$d_1 = 5.4 - (1.00m + b)$$
$$d_2 = 10.5 - (3.00m + b)$$
$$d_3 = 15.3 - (5.00m + b)$$
$$d_4 = 23.2 - (8.00m + b)$$

四个方程相加，得

$$\sum d = 54.4 - (17.00m + 4b) = 0 \tag{1-29}$$

即

$$54.4 = 17.00m + 4b$$

第二组
$$d_5 = 28.1 - (10.0m + b)$$
$$d_6 = 40.4 - (15.0m + b)$$
$$d_7 = 52.8 - (20.0m + b)$$

三个方程相加，得

$$\sum d = 121.3 - (45.00m + 3b) = 0 \tag{1-30}$$

即

$$121.3 = 45.00m + 3b$$

解式(1-29) 和式(1-30) 两个方程，得

$$m = 2.50, \; b = 2.99$$

故所求的方程式为

$$y = 2.50x + 2.99$$

平均法比图解法繁杂一些，但所得结果较好。

（3）最小二乘法

应用最小二乘法求常数时，根据以下假定。

① 自变量的各个给定值都认为无误差，而因变量的各值都带有测量误差；

② 最好的曲线能满足各点与曲线的偏差平方和为最小。

设直线方程式为

$$y = mx + b$$

由实验测得 n 组 (x, y) 值：$(x_1, y_1), (x_2, y_2), \cdots, (x_n, y_n)$。因 x 值无误差，则各点同曲线的偏差就是各点到曲线的纵坐标差 d，即

$$d_1 = y_1 - (mx_1 + b)$$
$$d_2 = y_2 - (mx_2 + b)$$
$$\vdots$$
$$d_n = y_n - (mx_n + b)$$

令

$$\sum_1^n {d_i}^2 = Q$$

则

$$Q = (y_1 - mx_1 - b)^2 + (y_2 - mx_2 - b)^2 + \cdots + (y_n - mx_n - b)^2$$

式中，$y_1, \cdots, y_n, x_1, \cdots, x_n$ 为测量值，只有 b 和 m 是变数。

根据数学原理，Q 具有最小值的条件为：

$$\frac{\partial Q}{\partial b} = 0$$

$$\frac{\partial Q}{\partial m} = 0$$

$$\frac{\partial Q}{\partial b} = -2(y_1 - mx_1 - b) - 2(y_2 - mx_2 - b) - \cdots - 2(y_n - mx_n - b) = 0$$

即

$$\sum y_i - m \sum x_i - nb = 0 \tag{1-31}$$

又

$$\frac{\partial Q}{\partial m} = -2x_1(y_1 - mx_1 - b) - 2x_2(y_2 - mx_2 - b) - \cdots - 2x_n(y_n - mx_n - b) = 0$$

即

$$\sum x_i y_i - b \sum x_i - m \sum x_i^2 = 0 \tag{1-32}$$

解式(1-31) 和式(1-32) 两个方程，得

$$b = \frac{\sum xy \sum x - \sum y \sum x^2}{(\sum x)^2 - n \sum x^2} \tag{1-33}$$

$$m = \frac{\sum x \sum n - n \sum xy}{(\sum x)^2 - n \sum x^2} \tag{1-34}$$

最小二乘法使用起来比较繁杂，但它是三种方法中最准确的。这种方法应用于测量精密度高的情况时，测量值的组数不应少于 7 组。

当变数间不呈直接关系时，可将变数加以变换使成直线式。这时仍可用最小二乘法求常数。但所得常数只适用于新变数间的关系式。例如，x 与 y 之间的关系式为：

$$y = Ax^n$$

此关系式并不是直线方程，将方程式两边取对数，得

$$\lg y = \lg A + n \lg x$$

$\lg x$ 与 $\lg y$ 为直线关系式。直线的斜率 $m = n$，截距 $b = \lg A$。根据此式求得的 m 和 b 只能用于 $\lg x$ 与 $\lg y$ 的关系式，而不能用于 x 与 y 的关系式。

第2章 物质热力学性质的测定

2.1 酸碱反应中和热的测定

视频讲解

【实验目的】

1. 掌握中和热的测定方法，学会测定量热计热容的方法。
2. 掌握"量热法"，了解量热原理以及用雷诺图解法求解温差的方法。
3. 测定盐酸与氢氧化钠反应的中和热。

【实验原理】

在一定温度、压力和浓度下，1mol 的 H^+ 和 1mol 的 OH^- 中和时所放出的热量叫中和热。对于强酸和强碱来说，由于其在水溶液中几乎全部电离，中和热是不随酸和碱的种类而改变的，在足够稀释的情况下中和热几乎是相同的。因此，热化学方程式可用离子方程式表示为：

$$H^+ + OH^- \rightleftharpoons H_2O, \ \Delta H_{中和}(298.15K) = -57.32kJ \cdot mol^{-1} \quad (2.1-1)$$

上式可作为强酸和强碱中和反应的通式。由此可知，这类中和反应的中和热与酸的阴离子和碱的阳离子无关。若所用溶液浓度较高，离子间相互作用力较强，则所测得的中和热数值常较高。若所用的酸（或碱）只是部分电离的弱酸（或弱碱），当其和强碱（或强酸）发生中和反应时，其热效应是中和热与解离热的代数和。

如果中和反应是在绝热良好的杜瓦瓶中进行，且酸和碱的初始温度相同，同时使碱稍微过量，以使酸能被完全中和，则可以近似认为中和反应放出的热量全部为溶液和量热计所吸收，这时可写出如下热平衡式：

$$\frac{c_{酸} V_{酸}}{1000} \Delta H_{中和} + (m_{溶液} c_{溶液} + c_{量热计}) \Delta T_{中和} = \frac{c_{酸} V_{酸}}{1000} \Delta H_{中和} + K' \Delta T_{中和} = 0 \quad (2.1-2)$$

式中 $c_{酸}$——酸溶液的物质的量浓度，$mol \cdot L^{-1}$；

$V_{酸}$——酸溶液的体积，mL；

$\Delta H_{中和}$——实验温度下反应的中和热，$J \cdot mol^{-1}$；

$m_{溶液}$——酸、碱的总质量，kg；

$c_{溶液}$——溶液的比热容，$J \cdot kg^{-1} \cdot K^{-1}$；

$c_{量热计}$——量热计的热容，$J \cdot K^{-1}$；

K'——量热计常数，是溶液与量热计总的热容值，$J \cdot K^{-1}$；

$\Delta T_{中和}$——溶液的真实温升，可用雷诺图解法求得，K。

实验中需要测定量热计常数，即量热计总的热容值。测定量热计总热容的常用方法有如下三种。

（1）使已知热效应的反应过程在量热计中发生，根据量热计的温度升高值，计算量热计的热容。这种方法叫做化学标定法。

（2）对量热计及一定量的水在一定的电流、电压下通电一定时间，使量热计升高一定温度，根据供给的电能及量热计温度升高值，计算量热计的热容。这种方法叫电热标定法。

（3）向一定量的水中加入一定量的冰水混合物达到温度平衡，由热量平衡关系计算量热计的热容。这种方法叫混合平衡法。

本实验采用电热法标定量热计的热容。其方法是：在中和反应完成后，在一定的加热功率（P）下向量热计通电一定时间（t），使量热计温度升高一定温度（$\Delta T_电$），根据供给的电能（Pt）及量热计升高值（ΔT），由下式计算量热计的热容 K'：

$$K' = \frac{Q}{\Delta T_电} = \frac{Pt}{\Delta T_电} \tag{2.1-3}$$

式中　P——加热功率，W；

　　　t——通电时间，s。

测量时因系统与外界有热交换，所以 $\Delta T_{中和}$ 及 $\Delta T_电$ 都是经过校正后得到的值。

由于温度计、量热计的热滞后性，反应后的温度需要一定时间才升到最高，而量热计又非严格的绝热体系，因此在这段时间里量热计与环境之间通过传导、辐射、对流、蒸发和机械搅拌等进行微小的热交换。为了消除热交换的影响，求得绝热条件下的真实温升，由中和热（熵）测定装置测得的温度差值，不能直接应用，要经过校正后才能获得准确的温度变化值。校正的方法有两种，一种是用雷诺图解法（作温度-时间曲线）；另一种是用奔特经验公式计算法。这两种方法各有特点。

本节主要介绍雷诺图的做法。根据实验数据作出温度-时间曲线，如图 2.1-1 所示。图中 $ABCD$ 曲线是温度随时间的变化曲线。作前期 AB 和末期 CD 两线段的切线，用虚线外延，再作一垂线 FG 与延长线交于 F、G 两点，使得 BEG 和 CFE 两封闭曲线所包围的面积相等。而 F、G 两点的温度差就是经过校正的 ΔT 值，它是体系内反应（或加热）放出的热量致使体系温度升高的标准值。在具体情况下，垂线的位置可作具体处理。如 AB 段是水平线段，体系没有热量的得或失，而 CD 段是非水平线段，表示有热量的得失，则 GF 线的 G 点可与 B 点重合，只对升温后的一段时间进行校正。又如，CD 与 AB 的斜率相同时，则垂线可过 BC 段的中点。

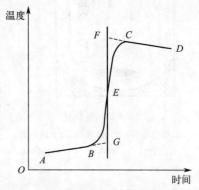

图 2.1-1　雷诺温度校正图

【仪器与试剂】

中和热测定装置（含杜瓦瓶量热杯、电加热器、搅拌器、温度传感器）1 套（使用方法见 8.1 节），25mL 和 250mL 容量瓶各 1 个。

$2.00\ mol \cdot L^{-1}$ 的 HCl 标准溶液，$0.22\ mol \cdot L^{-1}$ 的 NaOH 水溶液。

【实验步骤】

1. 仪器的组装

打开机箱盖，将仪器平稳地放在实验台上，将传感器插头接入后面板传感器插座，接好加热功率输出线，接入 220V 电源。

打开电源开关，仪器处于待机状态，待机指示灯亮，预热 10min。

将量热杯放到反应器的固定架上。

2．量取溶液

用容量瓶取 250mL 0.22mol·L^{-1} 的 NaOH 溶液注入量热杯中（图 2.1-2），放入搅拌磁珠，加盖。准确量取 25mL 2.00mol·L^{-1} 的 HCl 标准溶液，注入储液管中，仔细检查是否漏液。

3．测定中和热

调节适当的转速，均匀搅拌溶液。将传感器插入量热杯中（不要与加热丝相碰），将两根加热功率输出线分别接在加热丝两接头上。

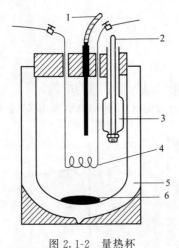

图 2.1-2 量热杯

1—温度传感器；2—玻璃棒；3—储液管；
4—加热丝；5—量热杯；6—搅拌磁珠

设定"定时"30s，将"状态转换"键切换到测试状态（测试指示灯亮），仪器对温差自动采零。调节"加热功率调节"旋钮，使其输出功率等于所需功率（一般为 1.0W）。

取下加热丝两端的任一夹子。

待温度基本稳定后，蜂鸣器响，记录一次温差值（即 30s 记录一次，读数须迅速无误）。当记下第 10 个温差值时，迅速拔出玻璃棒，加入 HCl 溶液（注意：不要用力过猛，以免相互碰撞而损坏仪器），并连续记录时间与温差值。直到反应完毕，温度几乎不变而且有下降趋势时，再记录 10 次。读取第 10 个数据的同时，立刻夹上取下的加热丝一端的夹子，接通电源。根据雷诺图法确定温度的变化值 $\Delta T_{中和}$。

4．量热计总热容的测定

准确记录通电时间及加热功率数值。通电过程中仍需要均匀搅拌溶液，并每隔 30s 记录一次温差（注意：加热功率必须保持原来的指定值，否则需要随时调节）。当溶液温度升高 0.2～0.3℃时，切断电源，记下断电时间。继续搅拌，到温度开始缓慢下降后，再记录 10 次，即可停止实验。

根据雷诺图解法确定温度的变化值 $\Delta T_{电}$。

5．整理

关闭电源开关，小心取下温度传感器，打开量热杯的杯盖，倾出量热杯中的溶液，冲洗干净以备再用。整理实验仪器，并清理台面和地面。

【操作注意事项】

1．在整个实验过程中，时间是连续记录的，如温度上升很快可改为 15s 记录一次温差。

2．在加入 HCl 溶液时，动作既要迅速，又不能用力过猛，以免损坏仪器。

3．中和反应开始后，还需要用少量去离子水冲洗装 HCl 溶液的储液管，以保证 HCl 溶液全部转移进入反应体系中。

4．实验过程中，搅拌速度不可太快并应保持恒定。

【数据记录及结果处理】

1．列表并记录实验数据。

2．作温度-时间曲线（即雷诺图），求 $\Delta T_{中和}$ 和 $\Delta T_{电}$。

本实验的温度与时间关系曲线如图 2.1-3 所示。其中 AB 是反应前的温度，BC 是中和反应时温度升高曲线，CD 是中和反应完全后由散热引起的温度下降曲线，D 点所对应的温度是开始通电时的温度，DE 是通电后溶液温度升高曲线，EF 是切断电源后溶液温度下降曲线。从 B 点作一垂线与 DC 延长线交于 G 点，BG 间的温差为 $\Delta T_{中和}$，从 DE 中点 P 作一垂线，分别与 FE 和 CD 延长线交于 Q 和 H 两点，QH 长为温差 $\Delta T_{电}$。

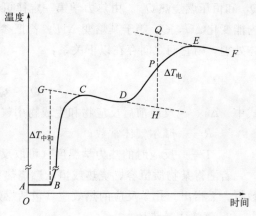

图 2.1-3　中和反应的温度-时间曲线

3. 量热计热容的计算。根据式(2.1-3) 计算量热计的总热容 K'。

4. $\Delta H_{中和}$ 的计算。根据式(2.1-2) 计算中和反应的热效应 $\Delta H_{中和}$。由于本实验所用的溶液并非无限稀，因此测得的 $\Delta H_{中和}$ 值包括 HCl 溶液加入后产生的稀释热，导致实验结果偏高。

【思考题】

1. 除与压力、温度有关之外，中和热与浓度有无关系？

2. 1mol HCl 与 1mol H_2SO_4 被强碱完全中和后放出的热量是否相同？

3. 实验时，为什么不能迅速搅拌，而要均匀地、缓慢地搅拌？

4. 为什么要先测 $\Delta T_{中和}$ 而后测 $\Delta T_{电}$？

5. $\Delta T_{中和}$ 和 $\Delta T_{电}$ 为何应该是校正后的数值？

6. 能否设法求得实验过程中产生的稀释热，从而计算出准确的中和热？

2.2　量热法测定萘的燃烧热

视频讲解

【实验目的】

1. 掌握燃烧热的定义，了解恒压燃烧热与恒容燃烧热的差别及相互关系。

2. 通过萘的燃烧热的测定，掌握有关热化学实验的一般知识和测量技术，了解氧弹式量热计的原理、构造和使用方法。

3. 学会用奔特公式校正温差的方法。

【实验原理】

1. 燃烧与量热

根据热化学的定义，在一定的温度和压力下，1mol 物质完全燃烧时的反应热称作燃烧热。所谓完全燃烧，对燃烧产物有明确的规定：燃烧物质中的碳元素氧化成 CO_2，硫元素氧化成 SO_2，氢元素氧化成 H_2O，氮元素氧化成 N_2，其他元素呈游离状态或成氧化物。如有机化合物中的碳氧化成 CO 就不能被认为是完全氧化，只有氧化成 CO_2 才是完全氧化。

燃烧热是热化学中重要的基本数据。一般化学反应的热效应，往往因为反应太慢或反应不完全，不是不能直接测定，就是测不准。但是，通过盖斯定律可用燃烧热数据间接求算。因此燃烧热广泛用在各种热化学计算中。

量热法是热力学的一种基本实验方法。在恒容或恒压条件下可以分别测得恒容燃烧热

Q_V 和恒压燃烧热 Q_p。由热力学第一定律可知，在不做非膨胀功的情况下，Q_V 等于体系的内能变化 ΔU，Q_p 等于其焓变 ΔH。若把参加反应的气体和反应生成的气体都作为理想气体处理，则它们之间存在以下关系：

$$\Delta H = \Delta U + \Delta(pV) \tag{2.2-1}$$

$$Q_p = Q_V + \Delta nRT \tag{2.2-2}$$

式中　Δn——反应前后反应物和生成物中气体的物质的量之差；

　　　R——摩尔气体常数；

　　　T——反应时的热力学温度（可取反应前后的平均值）。

若测得某物质恒容燃烧热或恒压燃烧热中的任何一个，就可根据式(2.2-2)计算另一个数据。需指出，化学反应的热效应（包括燃烧热）通常是用恒压热效应（ΔH）来表示的。

2. 氧弹式量热计

测量热效应的仪器称作量热计，量热计又可分为外壳恒温式量热计和绝热式量热计两种。本实验所用的氧弹式量热计是一种外壳恒温式量热计。氧弹式量热计测量装置如图 2.2-1 所示。图 2.2-2 是氧弹剖面图。

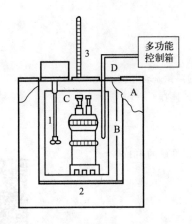

图 2.2-1　氧弹式量热计测量装置示意图

A—外筒；B—空气层；C—内筒；D—测温探头；

1—内筒搅拌器；2—绝缘垫片；3—外筒温度计

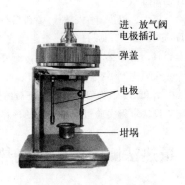

图 2.2-2　氧弹内部构造

氧弹式量热计的基本原理是能量守恒定律。样品完全燃烧后所释放的能量使得氧弹本身及其周围的介质和量热计有关附件的温度升高，则测量介质在燃烧前后体系温度的变化值，就可求算该样品的恒容燃烧热。其关系式如下：

$$-m_{样} Q_V - l_1 Q_1 - m_2 Q_2 = (m_水 c_水 + C_计)\Delta T \tag{2.2-3}$$

式中　$m_{样}$——样品的质量，g；

　　　Q_V——样品的恒容燃烧热，J·g^{-1}；

　　　l_1——引燃用点火丝的长度，cm；

　　　Q_1——引燃用点火丝的单位长度燃烧热，J·cm^{-1}；

　　　m_2——引燃用棉线的质量，g；

　　　Q_2——引燃用棉线的单位质量燃烧热，J·g^{-1}；

　　　$m_水$——水的质量，g；

　　　$c_水$——水的比热容，J·g^{-1}·K^{-1}；

$C_{计}$——仪器的总热容，即除水以外，量热计升高 1℃所需的热量，$J \cdot K^{-1}$；

ΔT——样品燃烧前后水温的变化值，K。

量热计的总热容 $C_{计}$ 的求法是用已知燃烧热的标准物质（如苯甲酸）来标定，将其放在量热计中燃烧，测其始、末温度，按式(2.2-3)计算。一般因每次的水量相同，$(m_水 c_水 + C_{计})$ 可作为一个定值 K 来处理，故

$$-m_{样}\, Q_V - l_1 Q_1 - m_2 Q_2 = K\Delta T \tag{2.2-4}$$

式中，K 为量热计的热容，$J \cdot K^{-1}$。

K 值求出后，用同一方法测萘（$C_{10}H_8$）燃烧时的恒容热效应 Q_V，再根据

$$C_{10}H_8(s) + 12O_2(g) \xrightarrow[\text{室温}]{101.325kPa} 10CO_2(g) + 4H_2O(l)$$

即可求得萘的燃烧热 $\Delta_c H_m^{\ominus} = Q_p = Q_V + RT\Delta n$。

为了保证样品完全燃烧，氧弹中须充以高压氧气或其他氧化剂。因此氧弹应有很好的密封性能，耐高压且耐腐蚀。氧弹应放在一个与室温一致的恒温套壳中。盛水桶与套壳之间有一个高度抛光的挡板，以减少热辐射和空气的对流。

3. 奔特经验公式校正

式(2.2-4)是在绝热的条件下导出的。实际上，氧弹式量热计不可能是严格的绝热系统，加上受传热速率的限制，样品燃烧后由初温到末温需要一定时间，在这段时间内量热系统与环境间不可避免要发生热交换。因此，从温度计直接测得的温差就不是真实的温差 Δt。为此，必须对实测温差进行修正。温差修正有经验公式法和作图法等，下面仅介绍经验公式法。

校正式如下：

$$\Delta t = t_{高} - t_{低} + \Delta t_{修}$$

式中　$t_{高}$——主期的最后一个测量温度，℃；

　　　$t_{低}$——点火瞬间的温度，℃；

　　$\Delta t_{修}$——热辐射修正值，℃。

关于温度修正值的计算方法，普遍用奔特校正法，它根据实验过程中温度变化率的不同，把过程划分成以下三个时期来考虑。

（1）初期　规定为点火前的 5min，这时外筒水温度比内筒水温高，内筒接受外筒的热量。

（2）主期　从点火瞬间起，到获得第一个温度下降的记录止。这个时期温度升高很快，内筒比外筒温度高，在升温情况下向外进行热辐射。

（3）末期　规定为主期后的 5min，虽然内筒温度不断降低，但仍高于外筒，向外进行热辐射。

奔特计算式为：

$$\Delta t_{修} = \frac{v + v_1}{2} \times m + v_1 r$$

式中　v——初期中每半分钟的平均温度变化率；

　　v_1——末期中每半分钟的平均温度变化率；

　　m——主期中每半分钟的温度上升不少于 0.3℃的间隔数；

　　r——主期中每半分钟温度升高小于 0.3℃的间隔数。

在某些情况下，量热计的绝热性能良好，热量散失少，而搅拌器功率又比较大，不断引进的能量使得燃烧后最高点不出现，则温差测量值可采用雷诺图校正（见 2.1 节）。

【仪器与试剂】

数显氧弹式量热计（含氧弹）1 台，多功能控制箱 1 台（使用方法见 8.2 节），专用放气阀 1 个，万用表 1 个，氧气钢瓶（附减压阀）1 只，充氧器 1 台，电子天平 1 台，药物天平 1 台，压片机 1 台，不锈钢坩埚 1 个，直尺 1 把，剪刀 1 把，2000mL 量筒 1 个，300mL 烧杯 1 个。

苯甲酸，萘，Ni-Cr 点火丝，15cm 长棉线数条。

【实验步骤】

（一）测定量热计的热容

1. 样品制作

压片前先检查压片用钢模，若发现钢模有铁锈、油污或尘土等，必须擦净后，才能进行压片。用药物天平称取大约 1g（不得超过 1.1g）的苯甲酸，从模具的上面倒入已称好的苯甲酸样品，徐徐旋紧压片机的螺杆，直到将样品压成片状为止。抽出模底的托板，再继续向下压，将样品挤压脱模。用镊子将样品在干净的称量纸上轻击两三次，除去表面粉末后再用电子天平精确称量。取一段棉线，用电子天平精确称量其质量，供燃烧热测定用。

2. 装样并充氧气

拧开氧弹盖，将氧弹内壁擦净，特别注意电极下端的不锈钢接线柱一定要保持洁净。放上坩埚，将称好的棉线绕点火丝两圈后绑在样品上，分别将点火丝两端在电极上缠紧，使药片悬于不锈钢坩埚上方，不要使点火丝与坩埚相接触，以免短路导致点火失败。用万用表检查两电极间的电阻值，应不大于 20Ω。将氧弹盖轻轻盖好后稍用力旋紧（力量不可过大），将充氧器与氧弹相连。打开钢瓶阀门及减压阀，向氧弹中充入 2MPa 的氧气，一般 30s 即可充满氧弹。

关闭氧气瓶阀门，放掉氧气表中的余气，关闭减压阀。再次用万用表检查两电极间的电阻。如阻值过大或电极与氧弹壁短路，则应放出氧气，开盖检查。

3. 样品燃烧和测量温度

打开控制箱的电源开关。用量筒准确量取已被调节到低于外筒 1.0℃ 的自来水 3000mL 倒入量热计内筒中，将充有氧气的氧弹放入内筒底座上，并把电极插头插紧在两电极上。盖上量热计盖，检查搅拌器叶片是否与氧弹壁接触。将测温探头插入量热计盖上的孔中。

按下"搅拌"键，搅动内筒水，使各部分的温度均匀。按下"半分"键，选择 30s 计时间隔。约 3min 后开始每 30s 读一次温度，连续记录的温度要分以下三个时期。

（1）初期 这是试样燃烧以前的阶段。在这一阶段观测和记录周围环境与量热体系在实验开始温度下的热交换关系。每隔 30s 读取温度一次，共 5min，记录 11 个数据，得出 10 个温度差（即 10 个间隔数）。

若发现温度变化不均匀，说明体系各部分温度不均匀，需要重新开始计时，记录。

（2）主期 燃烧定量的试样，产生的热量传给量热计，使量热计装置各部分温度达到均匀。

在初期的最末一次读取温度的瞬间，按下点火键点火，从点火的瞬间起进入主期。因为燃烧放出的热量还来不及传给水，所以第一个 30s（连续记录的第 11 个时间间隔）中温度增加不显著。但到第二个 30s 温度上升很快。1.5min 后，温度上升趋势又逐渐减慢，达最高值后下降，按时记录，到第一个温度下降数据时，主期结束。

（3）末期　这一阶段的目的与初期相同，是观察在实验终了温度下量热计与周围环境的热交换关系。从降温的第一个记录以后为末期，每 30s 读取温度一次，共记录 10 次后即可停止实验。

4. 整理设备，准备下一次实验

停止实验，依次按下"搅拌"键、关闭控制箱的电源开关。取下测温探头，打开量热计，拔掉电极插头，取出氧弹并擦干其外壳。用放气阀将氧弹内的气体缓缓放出。拧开氧弹盖，检查样品燃烧是否完全。氧弹中应没有燃烧残渣；若发现黑色残渣，则应重做实验。测量未燃烧的点火丝长度，并计算实际燃烧掉的点火丝长度。最后把氧弹和盛水桶擦干待用。

保证样品完全燃烧，是本实验成功的关键。

（二）萘燃烧热的测定

称取 0.6～0.8g 萘，按上述方法进行测定。

【操作注意事项】

1. 待测样品需干燥，否则样品不易燃烧且带来称量误差。

2. 注意压片的紧实程度，太紧不易燃烧，也不得过于疏松，防止轻而细的粉末飞溅而造成样品损失。

3. 氧弹充气后一定要检查确定其不漏气，而且要再次检查两电极间是否通路。在给氧弹充氧气和检查氧弹漏气这两步骤时，注意不要使氧弹震动和倾斜，以防样品脱落。

4. 使用氧气钢瓶时，应注意安全。氧弹内壁和氧气减压阀及操作者手上不能有油污，以防燃烧和爆炸。氧弹充气操作过程中，人应站在侧面，以免意外情况下氧弹盖或阀门向上冲出，发生危险。

5. 在燃烧第二个样品时，需再次调节内筒水的温度。

6. 为了消除不同温度时热容量有差异而引起的误差，应该使测定量热计热容量和测定试样燃烧热时的温度范围基本相同。为此必须严格控制样品的称量范围。

7. 接点火丝时，要特别注意电极与点火丝相接处要拧紧，使其接触良好，且不要使两电极接触，否则样品将不能燃烧。

【数据记录及结果处理】

1. 列表记录实验数据。

2. 校正体系和环境热交换的影响。用经验公式对温差进行校正，求出苯甲酸、萘燃烧的真实温度变化值 Δt。

3. 根据式（2.2-4）计算量热计的热容。

4. 计算萘的恒容燃烧热 Q_V 及恒压燃烧热 Q_p。

5. 文献值：苯甲酸的燃烧热 $Q_V = -26480\text{J}\cdot\text{g}^{-1}$，点火丝的燃烧热 $Q_1 = -8.37\text{J}\cdot\text{cm}^{-1}$，棉线的燃烧热 $Q_2 = -16736\text{J}\cdot\text{g}^{-1}$。

【思考题】

1. 用氧弹式量热计测定燃烧热的装置中哪些是系统，哪些是环境？系统和环境之间通过哪些可能的途径进行热交换？如何修正这些热交换对测定的影响？

2. 在使用氧气钢瓶及氧气减压阀时，应注意哪些规则？

3. 加入内筒中的水的温度为什么要比外筒低？

4. 实验中，哪些因素容易造成误差？如果要提高实验的准确度，应从哪几个方面考虑？

5. 如何用萘的燃烧热数据计算萘的标准生成热？

附：氧弹式量热计常数的计算实例（用奔特公式校正）

室温，22.3℃；外筒温度，22.5℃；内筒温度，21.8℃。

苯甲酸净重，1.0280g；苯甲酸燃烧热，$Q_V=-26480.5\text{J}\cdot\text{g}^{-1}$；点火丝长度，10cm；点火丝余长，6cm；点火丝燃烧长度，4cm；点火丝燃烧热，$Q_1=-8.37\text{J}\cdot\text{cm}^{-1}$；棉线质量，0.0120g；棉线燃烧热，$Q_2=-16736\text{J}\cdot\text{g}^{-1}$。

实验时测得温度变化记录如下（每分钟读数一次）：

读数序号	温度变化/℃	读数序号	温度变化/℃	读数序号	温度变化/℃
0	2.283	11	2.51	22	4.525($t_高$)
1	2.285	12	3.5($m=3$)	23	4.524
2	2.287	13	4.1	24	4.523
3	2.290	14	4.31	25	4.521
4	2.291	15	4.43	26	4.520
5	2.293	16	4.503	27	4.518
6	2.295	17	4.520($r=9$)	28	4.517
7	2.297	18	4.525	29	4.515
8	2.300	19	4.527	30	4.514
9	2.301	20	4.528	31	4.512
10(点火)	2.304($t_低$)	21	4.528	32	4.510

$\Delta t_修$ 的计算：

$$m=3,\ r=9,\ t_高=4.525℃,\ t_低=2.304℃$$

$$v=\frac{2.283-2.304}{10}=-0.0021(℃)$$

$$v_1=\frac{4.525-4.510}{10}=0.0015(℃)$$

$$\Delta t_修=\frac{-0.0021+0.0015}{2}\times3+0.0015\times9=0.0126(℃)$$

K 的计算：

$$K=\frac{-m_样 Q_V-l_1Q_1-m_2Q_2}{t_高-t_低+\Delta t_修}$$

$$=\frac{-1.0280\times(-26480.5)-0.04\times(-837)-0.0120\times(-16736)}{4.525-2.304+0.0126}$$

$$=12.29(\text{kJ}\cdot\text{K}^{-1})$$

2.3 静态法测定液体的饱和蒸气压

【实验目的】

视频讲解

1. 明确纯液体饱和蒸气压的定义和气-液两相平衡的概念，深入了解纯液体饱和蒸气压和温度的关系——克劳修斯-克拉佩龙方程式。

2. 用静态法测定纯水在不同温度下的饱和蒸气压，并通过实验求出所测温度范围的平均摩尔汽化热。

3. 初步掌握低真空实验技术。

【实验原理】

在一定温度下，液体纯物质与其气相达平衡时的压力，称为该温度下的液体饱和蒸气压。这里的平衡状态是指动态平衡。在某一温度下，被测液体处于密闭真空容器中，液体分子从表面逃逸成为蒸气，同时蒸气分子因碰撞而凝结成液体，当两者的速率相等时，就达到了动态平衡，此时气相中的蒸气密度不再改变，因而具有一定的饱和蒸气压。

液体的饱和蒸气压与液体的本性和温度等因素有关。纯液体的饱和蒸气压是随温度的变化而改变的：当温度升高时，分子运动加剧，单位时间内从液面逸出的分子数增多，蒸气压增大；温度降低时，则蒸气压减小。当蒸气压与外界压力相等时，液体便沸腾。外压不同时，液体的沸点也就不同。把外压为 101.325kPa 时的沸腾温度定义为液体的正常沸点。

液体饱和蒸气压与温度的关系可用克劳修斯-克拉佩龙（Clausius-Clapeyron）方程（简称克-克方程）来表示：

$$\frac{\mathrm{d}\ln(p/p^{\ominus})}{\mathrm{d}T}=\frac{\Delta_{\mathrm{vap}}H_{\mathrm{m}}}{RT^{2}} \tag{2.3-1}$$

式中 p——纯液体在温度 T 时的饱和蒸气压，Pa；

       T——热力学温度，K；

$\Delta_{\mathrm{vap}}H_{\mathrm{m}}$——液体的摩尔汽化热，$\mathrm{J \cdot mol^{-1}}$；

       R——摩尔气体常数，$8.314\mathrm{J \cdot mol^{-1} \cdot K^{-1}}$。

$\Delta_{\mathrm{vap}}H_{\mathrm{m}}$ 与温度有关，如果温度的变化范围不大，$\Delta_{\mathrm{vap}}H_{\mathrm{m}}$ 视为常数，可当作平均摩尔汽化热。若气体是理想气体，并且与气体的体积相比，液体体积常可以忽略，则将式(2.3-1) 进行定积分或不定积分后可得

$$\lg(p_{2}/p_{1})=\frac{\Delta_{\mathrm{vap}}H_{\mathrm{m}}}{2.303R} \times \frac{T_{2}-T_{1}}{T_{1}T_{2}} \tag{2.3-2}$$

或
$$\lg(p/p^{\ominus})=-\frac{\Delta_{\mathrm{vap}}H_{\mathrm{m}}}{2.303RT}+B \tag{2.3-3}$$

$$\lg(p/p^{\ominus})=-\frac{A}{T/\mathrm{K}}+B \tag{2.3-4}$$

式中，B 为积分常数，此数与压力 p 的单位有关；$A=\Delta_{\mathrm{vap}}H_{\mathrm{m}}/(2.303R)$。

上面三个公式都是克劳修斯-克拉佩龙方程的具体形式，这些公式对气-液平衡极有用。若以升华热代替汽化热，对固-气平衡也适用。

由式(2.3-3) 可知，在一定温度范围内，测定不同温度下的饱和蒸气压，并以 $\lg(p/p^{\ominus})$ 对 $1/T$ 作图，可得一直线。由该直线的斜率可求得实验温度范围内液体的平均摩尔汽化热 $\Delta_{\mathrm{vap}}\overline{H}_{\mathrm{m}}$。当外压为 101.325kPa，液体的蒸气压与外压相等时，可从图中求得液体的正常沸点。

测定液体饱和蒸气压的方法有以下三种。

(1) 动态法   在不同的外压下，测定液体的沸点。

(2) 静态法   在一定温度下，直接测量饱和蒸气压。此法一般适用于蒸气压较大的液体，需其蒸气压处于 $200 \times 10^{5} \sim 1 \times 10^{5}\mathrm{Pa}$ 之间。

（3）饱和气流法　在一定温度、压力下，把干燥气体缓慢地通过被测液体，使气流为该液体的蒸气所饱和；然后用某物质将气流中该液体的蒸气吸收，知道了一定体积的气流中蒸气的质量，便可计算蒸气分压，这个分压就是该温度下被测液体的饱和蒸气压。此法一般适用于蒸气压比较小的液体。

本实验采用静态法。

【仪器与试剂】

饱和蒸气压测定装置 1 套（使用方法见 8.3 节），数字式气压表（使用方法见 8.4 节），真空泵 1 台（使用方法见 8.5 节）。

去离子水。

【实验步骤】

1. 仪器安装

仪器装置中的平衡管（见图 2.3-1）是由三个相连的玻璃管 A、U 形等位计 B 和 C 组成的，A 管中储存液体，B 和 C 管中液体在底部连通。当 A 和 B 管上部纯粹是待测液体的蒸气，B 和 C 管的液体在同一水平时，则表示加在 C 管液面上的压力与加在 B 管液面上的蒸气压相等，只要用实验时的大气压减去压力显示窗口中的压差读数（绝对值），即求得该温度下液体的饱和蒸气压。此时液体温度即系统的气-液平衡温度，亦即沸点。

蒸气压的测定装置如图 2.3-2 所示。将真空泵与缓冲罐平衡阀 1 相连接，将缓冲储气罐接口 1 与被测系统连接，将接口 2 与仪表接口相连接。所有接口必须严格封闭。

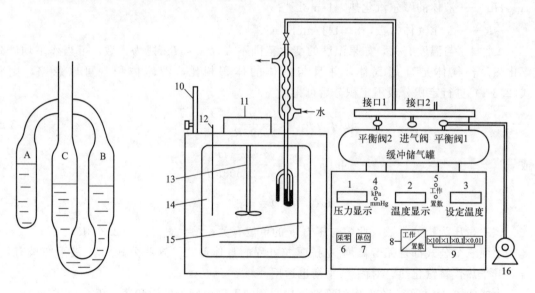

图 2.3-1　平衡管

图 2.3-2　蒸气压测定装置图

1—压力显示窗口；2—温度显示窗口；3—测定温度显示窗口；4—指示灯；

5—工作、置数指示灯；6—采零键；7—单位键；8—工作/置数转换键；

9—温度设置增、减键；10—可升降支架；11—电机盒；12—温度传感器；

13—搅拌器；14—玻璃水槽；15—加热器；16—真空泵

2. 系统检漏

打开电源开关，调单位至"kPa"，将平衡阀 1、进气阀、平衡阀 2 都打开（三阀均为顺时针旋转关闭，逆时针旋转开启），按下"采零"键，即可正常使用。

开启冷凝水，关闭进气阀，启动真空泵抽真空至压力显示为 $-100\,kPa$ 左右，关闭平衡阀 1 及真空泵。观察压力显示窗口，若显示数值无上升，说明整体气密性良好。否则需查找并清除漏气原因，直至合格。

3. 不同温度下液体饱和蒸气压的测定

取下冷凝管上端的磨口塞，向加料口注入去离子水，使去离子水充满平衡管 A 体积的 2/3 和 U 形等位计的大部分，重新接好冷凝管。

向玻璃缸加入去离子水，设置控制温度 25℃：按"工作/置数"键至置数灯亮，依次按"×10""×1""×0.1""×0.01"键，设置"设定温度"的十位、个位及小数位的数字，每按动一次，数码显示由 0～9 依次递增，直至调整到所需"设定温度"的数值。设置完毕，再按"工作/置数"键，转换到工作状态，工作指示灯亮，仪表即进入自动升温控温状态。

当水浴温度达到 25℃时，关闭进气阀，打开平衡阀 2，开启真空泵，打开平衡阀 1 使体系中的空气被抽出。当 U 形等位计内的水沸腾 3～4min 时，关闭平衡阀 2，缓缓打开进气阀，漏入少许空气，当 U 形等位计中两臂的液面平齐时关闭进气阀。若等位计液柱再变化，调节进气阀和平衡阀 2 使液面平齐，待液柱不再变化时，记下恒温槽温度和压力显示窗口上的压差值。

如法测定 27℃、29℃、31℃、33℃、35℃、37℃时水的蒸气压。

4. 整理

记录数字式气压表所示的大气压力。实验结束后，慢慢打开进气阀、平衡阀 2 和平衡阀 1，关闭真空泵，使压力显示值为零。关闭冷却水，关闭电源，放掉恒温槽内的热水，结束实验，整理实验台面。

【操作注意事项】

1. 先开启冷却水，然后才能启动真空泵。
2. 实验系统必须密闭，实验前一定要仔细检漏。
3. 必须让平衡管 U 形管中的样液缓缓沸腾 3～4min 后，方可进行测定。
4. 升温时可预先漏入少许空气，以防止 U 形管中液体暴沸。
5. 液体的蒸气压与温度有关，所以测定过程中必须严格控制温度。
6. 漏入空气必须缓慢，否则 U 形管中的液体将冲入试样管中。
7. 必须充分抽净 U 形管空间中的全部空气，平衡管必须置于恒温水浴液面以下，以保证试液温度的准确。

【数据记录及结果处理】

1. 列表记录测得的实验数据及计算结果。
2. 根据实验数据作出 $\lg(p/p^{\ominus})$ -1/T 图，求出斜率和截距。
3. 计算水在实验温度范围内的平均摩尔汽化热和水的正常沸点。

【思考题】

1. 克-克方程在什么条件下适用？
2. 为什么平衡管 A 和 B 中的空气要赶尽？怎样判断空气已被赶尽？如未排尽空气，对实验有何影响？
3. 如果水中含有杂质（可挥发的或不可挥发的），则所测得的液体蒸气压是偏大还是偏小？
4. 升温时如液体急剧汽化，应作何处理？
5. 每次测定前是否需要重新抽气？
6. 平衡管的 U 形管内所储液体起何作用？

2.4 凝固点降低法测定物质的摩尔质量

视频讲解

【实验目的】

1. 通过实验加深对稀溶液依数性的理解。
2. 掌握凝固点降低法测量原理和溶液凝固点的测量技术。
3. 用凝固点降低法测定尿素的摩尔质量。

【实验原理】

固体溶剂与溶液成平衡时的温度称为溶液的凝固点。含非挥发性溶质的双组分稀溶液（当溶剂与溶质不生成固溶体时）的凝固点低于纯溶剂的凝固点。稀溶液具有依数性，凝固点降低是依数性的一种表现。在溶液浓度很稀时，确定了溶剂的种类和数量后，溶剂凝固点降低值仅取决于所含溶质分子的数目，即溶剂的凝固点降低值与溶液的浓度成正比。对于理想溶液，根据相平衡条件，稀溶液的凝固点降低值（对析出物为纯固相溶剂的体系）与溶液成分的关系由范特霍夫（Van't Hoff）凝固点降低公式给出：

$$\Delta T_f = \frac{R(T_f^*)^2}{\Delta_f H_m(A)} \times \frac{n_B}{n_A + n_B} \tag{2.4-1}$$

式中 ΔT_f——凝固点降低值，K；

T_f^*——纯溶剂的凝固点，K；

$\Delta_f H_m(A)$——摩尔凝固热，J·mol^{-1}；

n_A——溶剂的物质的量，mol；

n_B——溶质的物质的量，mol。

当溶液浓度很稀时，$n_B \ll n_A$，则

$$\Delta T_f = \frac{R(T_f^*)^2}{\Delta_f H_m(A)} \times \frac{n_B}{n_A} = \frac{R(T_f^*)^2}{\Delta_f H_m(A)} \times \frac{M_A b_B}{1000} = k_f b_B \tag{2.4-2}$$

式中 M_A——溶剂的摩尔质量，kg·mol^{-1}；

b_B——溶质的质量摩尔浓度，mol·kg^{-1}；

k_f——溶剂的质量摩尔凝固点降低常数，$k_f = \frac{R(T_f^*)^2}{\Delta_f H_m(A)} \times \frac{M_A}{1000}$，其值只与溶剂性质有关，与溶质性质无关。

如果已知溶剂的凝固点降低常数 k_f，并测得此溶液的凝固点降低值 ΔT_f、溶剂和溶质的质量 m_A 和 m_B，则溶质的摩尔质量由下式求得：

$$M_B = k_f \frac{1000 \times m_B}{\Delta T_f m_A} \tag{2.4-3}$$

凝固点降低值的多少直接反映了溶液中溶质的有效质点数目。由于溶质在溶液中有解离、缔合、溶剂化和络合物生成等情况，这些均影响溶质在溶剂中的表观摩尔质量，故不能简单地运用式(2.4-3)计算溶质的摩尔质量。溶液的凝固点降低法可用于研究溶液的一些性质，例如，电解质的电离度、溶质的缔合度、溶剂的渗透系数和活度系数等。凝固点降低法还常被用于判断产品纯度，因为杂质将引起凝固点降低，可以根据降低值估计杂质的含量。

纯溶剂的凝固点是其液-固共存的平衡温度。将纯溶剂逐步冷却时，在未凝固之前温度随

时间均匀下降，开始凝固后由于放出凝固热而补偿了热损失，体系将保持液-固两相共存的平衡温度不变，直到全部凝固，再继续均匀下降，其冷却曲线见图 2.4-1(a)。实际上纯液体凝固时，由于开始结晶出的微小晶粒的饱和蒸气压大于同温度下的液体的饱和蒸气压，所以往往产生过冷现象，即液体的温度要降到凝固点以下才析出晶体，随后温度再上升到凝固点，其冷却曲线如图 2.4-1(b) 所示。严重过冷后，步冷曲线会出现如图 2.4-1(c) 的形状。

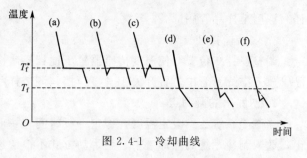

图 2.4-1 冷却曲线

溶液的冷却情况与此不同，当溶液冷却到凝固点时，开始析出固态纯溶剂。随着溶剂的析出，溶液浓度相应增大。所以溶液的凝固点随着溶剂的析出而不断下降 [见图 2.4-1(d)]。如果溶液过冷程度不大，析出固体溶剂的量对溶液浓度影响不大，则以过冷回升的温度作凝固点，对测定结果影响不大 [见图 2.4-1(e)]。如果过冷严重，凝固的溶剂过多，溶液的浓度变化过大，则出现图 2.4-1(f) 的情况，这样就会使凝固点的测定结果偏低。

对纯溶剂来说，只要固-液两相平衡共存，同时体系的温度均匀，理论上各次测定的凝固点应该一致。但实际上会有起伏，因为体系温度可能不均匀，尤其是过冷程度不同，析出晶体多少不一致时，回升温度不易相同。对溶液来说，除温度外，尚有溶液浓度的影响。与凝固点相应的溶液浓度，是平衡浓度。但因析出溶剂晶体数量无法精确得到，故平衡浓度难以直接测定。由于溶剂较多，若控制过冷程度，使析出的晶体很少，以起始浓度代替平衡浓度，一般不会产生太大误差。所以要使实验误差小，测凝固点温度时，一定要有固相析出达固-液平衡，但析出固体量愈少愈好。因为根据相图，二元溶液冷却时，某一组分析出后，溶液成分沿液相线改变，凝固点不断降低。由于过冷现象存在，一旦晶体大量析出，放出的凝固热会使温度回升，但回升的最高温度不是原浓度溶液的凝固点。严格而论，应测出步冷曲线，并按图 2.4-1(f) 所示方法，加以校正。

本实验以去离子水为溶剂，以尿素为溶质，测定凝固点降低值 ΔT_f，按式(2.4-3) 计算尿素的分子量 M_B。

【仪器与试剂】

凝固点测定仪 1 套（图 2.4-2，使用方法见 8.6 节），量筒，试管。

1% 的尿素水溶液。

【实验步骤】

1. 仪器装置

连接凝固点测定仪和制冷系统，打开电源开关，设定制冷系统温度为 -3℃，打开制冷系统外循环。

2. 安装样品管

移取 25mL 左右去离子水放入洗净的样品管中，盖上样品管盖，插入温度传感器。注意：温度传感器应插入与样品管管壁平行的中央位置，

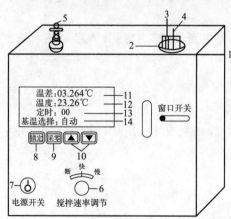

图 2.4-2 实验装置图
1—机箱；2—凝固点测定口（空气套管口）；
3—传感器插孔；4—搅拌棒；5—搅拌器导杆；
6—搅拌速率调节旋钮；7—电源开关；
8—锁定键；9—采零键；10—定时键；
11—温差显示；12—温度显示；
13—定时显示；14—基温选择

插入深度至样品管底部。

3. 安装搅拌装置

调整搅拌棒位置，使温度传感器置于搅拌棒底部圆环内且与搅拌棒有一定的空隙。将样品管放入空气套管中，置开关于"慢"挡，调节样品管盖，使搅拌自如。

4. 初测水的凝固点

当制冷系统达到设定温度并稳定一段时间（一般10min）后，将样品管从空气套管中取出，放入制冷系统的冷却液中，用手动方式不停快速搅拌样品。观察温差显示值，其温差值应是先下降至过冷温度，然后急剧升高，最后温差显示值稳定不变时，记下温差值（此即为去离子水的初测凝固点）。

5. 精测水的凝固点

取出样品管，手动搅拌让样品自然升温并融化（不要用手捂），此时样品管中样品缓慢升温，当样品管温度升到样品中还留有少量冰花时，将样品管放入空气套管中并连接好搅拌系统，将搅拌速度置于慢挡，观察温差显示值，当温度低于粗测凝固点0.1℃左右时，应调节搅拌速度为快速，加快搅拌促使固体析出，温度开始上升，注意观察温差显示值，直至稳定，持续60s，此即为去离子水的凝固点。重复测定两次。

6. 尿素溶液凝固点的测定

取25mL左右1%的尿素溶液，按步骤4测得溶液的初测凝固点，再按步骤5重复实验两次，测得溶液的凝固点。

7. 整理

倒掉样品管中溶液，清洗样品管；关闭搅拌系统（将"搅拌速率调节"开关拨至"断"挡），关闭电源开关；关闭制冷系统，及时擦干制冷系统外循环的冷凝液。

【操作注意事项】

1. 实验过程中一般用慢速搅拌，只有在过冷状态，晶体大量析出时采用快速搅拌，以促使体系快速达到热平衡。

2. 由于慢速搅拌时阻力较大，不容易启动，可先拨到"快"挡搅拌，启动后再拨到"慢"挡搅拌。

【数据记录及结果处理】

1. 列表记录实验数据。

2. 由测定的纯溶剂、溶液的凝固点 T_f^* 和 T_f，计算尿素的摩尔质量，并判断尿素在水中的存在形式。

3. 将实验值与理论值比较，计算测定的百分误差。

4. 几种常见溶剂的 k_f 值见表 2.4-1。

表 2.4-1 几种常见溶剂的 k_f 值

溶剂	T_f^*/K	$k_f/(K \cdot kg \cdot mol^{-1})$	溶剂	T_f^*/K	$k_f/(K \cdot kg \cdot mol^{-1})$
水	273.15	1.855	环己烷	279.65	20
苯	278.65	5.12	环己醇	297.05	39.3
醋酸	289.75	3.90			

【思考题】

1. 凝固点降低公式在何种条件下适用？

2. 当溶质在溶液中有解离、缔合和生成络合物的情况时，对摩尔质量测定值有何影响？

3. 为什么会产生过冷现象？怎样知道液体已经过冷了？

4. 为什么溶液结冰时，温度继续下降？确定哪个温度是溶液的凝固点？

5. 为什么测定溶剂的凝固点时，过冷程度大一些对测定结果影响不大，而测定溶液凝固点时却必须尽量减少过冷现象？

2.5 循环法测定碳的气化反应平衡常数

视频讲解

【实验目的】

1. 用循环法测定多相反应的平衡常数。

2. 学会使用温度控制仪，用热电偶控制和测量炉温。

3. 掌握系统的检漏方法以及气体分析器的使用方法。

【实验原理】

碳与二氧化碳接触生成一氧化碳的反应 $C+CO_2 \rightleftharpoons 2CO$ 是一个多相反应，被称为碳的气化反应或布杜阿尔反应，是高炉炼铁中的主要反应之一。

在一定温度下，当上述反应达到平衡时，标准平衡常数与气相组成之间存在下列关系：

$$K^{\ominus}(T)=\frac{p_{CO}^2}{p_{CO_2}p^{\ominus}}=\frac{[\varphi(CO)]^2 p}{\varphi(CO_2)p^{\ominus}} \qquad (2.5\text{-}1)$$

式中　p_{CO}，p_{CO_2}——平衡时 CO 和 CO_2 的分压，Pa；

p——总压，$p=p_{CO}+p_{CO_2}=p_{外}$（外压可由气压计读出）；

$p^{\ominus}$——标准压力，Pa；

$\varphi(CO)$，$\varphi(CO_2)$——CO 与 CO_2 在混合气体中的体积分数；

$K^{\ominus}(T)$——标准平衡常数。

该反应是一个吸热、增容反应，所以提高温度和降低外压均可使平衡向右移动，即有利于 CO 的生成。

在一定温度和压力下，分析平衡气体中 CO 和 CO_2 的体积分数，即可计算其平衡常数 $K^{\ominus}$ 值，并可与理论 $K^{\ominus}$ 值作比较。理论上 $K^{\ominus}$ 与温度的关系为：

$$\lg K^{\ominus}(T)=-\frac{8916}{T/K}+9.113 \qquad (2.5\text{-}2)$$

本实验是将经 Na_2CO_3 处理过的木炭（处理的目的是加速反应的进行）放置在炉子的恒温带处（800℃），在密闭的系统中使 CO_2 气体循环，与木炭反复接触发生反应，最后达到平衡。同时，在整个实验过程中均保持体系内 CO 和 CO_2 混合气体的总压等于外压。

气体分析的原理：抽取一定体积的 CO 和 CO_2 混合气体，使之与 KOH 溶液接触，其中的 CO_2 被 KOH 吸收（$2KOH+CO_2 \rightleftharpoons K_2CO_3+H_2O$），余下的体积为 CO 的分体积，减少的体积为 CO_2 的分体积，根据分体积与总体积之比，即可求出 CO 和 CO_2 在混合气体中的体积分数。

【仪器与试剂】

整个实验装置如图 2.5-1 所示，可将此装置分成如下四个部分。

（1）CO_2 气源：由 CO_2 气瓶输出纯净的 CO_2 气体。

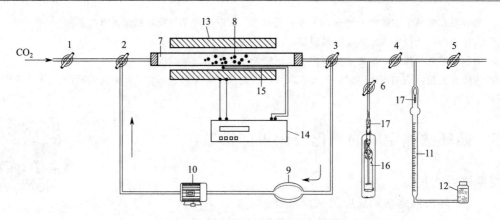

图 2.5-1 碳的气化反应实验装置图

1,5,6—二通活塞；2,3—三通活塞；4—双二通活塞；7—瓷管；8—木炭；9—气囊；
10—调速真空泵；11—量气管；12—水准瓶；13—管状电炉；14—控温器；
15—热电偶；16—碱吸收瓶；17—浮子

（2）控温系统：由电炉、控温器（使用方法见 8.7 节）和热电偶组成。

（3）循环系统：由瓷管、气囊、调速真空泵等组成。

（4）分析系统：由量气管、水准瓶、吸收瓶等组成。

【实验步骤】

1. 检查系统是否漏气

（1）转动三通活塞 2，使 10、2、7 相通而与 1 不通，转动三通活塞 3 使 7、3、4 相通而与 9 不通，转动活塞 4 使 3、4、11 相通，关闭活塞 5 及活塞 6，打开调速真空泵 10 使体系内气体沿 9→10→2→7→3→4→11→12 排出。

（2）转动活塞 3，使循环体系（9→10→2→7→3→9）处于封闭、畅通状态。打开活塞 5，提起水准瓶 12，使量气管中的水面到达浮子顶端，关闭活塞 5，把水准瓶放置在台面上。

（3）转动活塞 3，使循环系统与量气管 11 相通，使体系呈负压 [如仍呈正压，则按步骤（2）排出体系内的残余气体，直至体系呈负压为止]。待稳定后，观察量气管内液面是否下降，如果水面保持一定水位不变，则体系不漏气，否则须分段检查，找出漏气部位并排除。

2. 充气，把体系内换成纯净 CO_2 气体

（1）通气。首先使循环体系处于封闭、畅通状态。转动三通活塞 2，使 CO_2 气瓶与 7 相通而与 10 不通，打开 CO_2 气瓶阀门及控制气体流量的活塞 1，使 CO_2 气体由 1→2→7→3→9 进入气囊，取 3/5 体积气体，关闭气瓶阀门及活塞 1，转动三通活塞 2，使循环系统处于封闭、畅通状态。

（2）赶气。转动三通活塞 3 使 7→3→4→11 连通（活塞 5 处于关闭状态），打开调速真空泵，使气体由 9→10→2→7→3→4→11→12 排出。

（3）按步骤（1）、（2）反复通气、赶气 5~6 次，转动活塞 2、3 使体系处于循环、畅通状态。

3. 控温

检查热电偶热端是否放置在炉子中央，冷端放置在保温杯中（冰水浴），接通控温器电源，待电炉温度升到 700℃ 以上时，打开调速真空泵开关，使气体在循环系统内循环反应，使 CO_2 与木炭充分反应。到 800℃ 时，再反应 30min，取气分析。

4. 气体分析

（1）准备。检查 CO_2 吸收瓶 16 中的 KOH 液面是否在浮子顶端，若不在，打开活塞 5

与大气相通，提起水准瓶 12，使量气管的液面在中部，关闭活塞 5，打开活塞 6，使 16→4→11 相通，降低水准瓶，使 KOH 液面到浮子顶端，关闭活塞 6。再打开活塞 5，提起水准瓶使量气管液面到浮子顶端即零位。关闭活塞 5，将水准瓶放置于台面，准备取气分析。

（2）取气分析。取气分析时暂时停止调速真空泵，打开活塞 3，使气体由 7→3→4→11 进入量气管。关闭活塞 3 使循环体系处于封闭、畅通状态，打开调速真空泵继续反应。提起水准瓶 12 使瓶内液面与量气管 11 液面相平，则读数为混合气体的体积。打开活塞 6，使 16 与 11 相通，提起水准瓶上下移动 5～6 次，使混合气体在吸收瓶 16 内充分吸收，最后使 KOH 液面回到浮子顶端，关闭活塞 6，提起水准瓶 12 与量气管 11 液面平行时，读数即为 CO 的体积。

（3）打开活塞 5，提起水准瓶的同时，在活塞 5 的外端点燃排出的 CO 气体。待量气管液面到达浮子顶端，火苗自然熄灭时，关闭活塞 5 后，将水准瓶放置于台面（避免空气倒吸进入体系）。

（4）每隔 5min 分析一次并做好原始记录，直到混合气体中 CO 的体积分数基本不变，即最后四组数据基本平行，实验结束。

（5）排出并点燃循环体系内剩余的 CO 气体，将体系内充入适量 CO_2 气体以保持正压。切断控温器电源。

【数据记录及结果处理】

1. 取最后四组数据，计算 $\varphi(CO)$、$\varphi(CO_2)$ 及 $K^\ominus(T)$。

2. 计算反应的标准平衡常数，并与由式(2.5-2) 计算出的 $K^\ominus(T)$ 理论值比较，分析可能产生误差的原因。

【思考题】

1. 外压改变时，平衡常数是否会改变？平衡气相组成是否会改变？

2. 温度改变时，平衡常数是否会改变？平衡气相组成是否会改变？

3. 做好本实验的关键是什么？

4. 根据测得的标准平衡常数与由公式算出的 $K^\ominus(T)$ 进行比较，说明实验中 $\varphi(CO)$ 偏高或偏低的原因。

2.6 多相平衡反应—— 一氧化碳还原铁矿石的热力学分析

【实验目的】

1. 测定反应 $Fe_3O_4(s)+CO(g) \rightleftharpoons 3FeO(s)+CO_2(g)$ 的平衡组成，并计算其平衡常数。

2. 了解温度对平衡移动的影响。

3. 了解 CO 的发生方法。

4. 了解研究平衡反应的循环法原理。

【实验原理】

金属氧化物的分解压一般很小，很难通过加热分解的方法来制备金属，因此在冶金工业中常用还原法从金属氧化物中制备金属。常用的还原剂有 CO、C 和 H_2。

一氧化碳还原铁氧化物的反应是多相反应。当温度高于 570℃时，还原反应按下面三步进行：

$$3Fe_2O_3(s)+CO(g) \rightleftharpoons 2Fe_3O_4(s)+CO_2(g) \qquad K_1^\ominus(T)$$

$$Fe_3O_4(s) + CO(g) \rightleftharpoons 3FeO(s) + CO_2(g) \qquad K_2^{\ominus}(T)$$

$$FeO(s) + CO(g) \rightleftharpoons Fe(s) + CO_2(g) \qquad K_3^{\ominus}(T)$$

温度低于 570℃时，还原反应按下面两步进行：

$$3Fe_2O_3(s) + CO(g) \rightleftharpoons 2Fe_3O_4(s) + CO_2(g) \qquad K_1^{\ominus}(T)$$

$$\frac{1}{4}Fe_3O_4(s) + CO(g) \rightleftharpoons \frac{3}{4}Fe(s) + CO_2(g) \qquad K_4^{\ominus}(T)$$

根据质量作用定律，各步反应的标准平衡常数都可用下式表示：

$$K^{\ominus}(T) = \frac{p_{CO_2}}{p_{CO}} = \frac{\varphi(CO_2)}{\varphi(CO)}$$

式中　　$K^{\ominus}(T)$——标准平衡常数；

　　　p_{CO}, p_{CO_2}——平衡时气相中 CO 和 CO_2 的分压，Pa；

　$\varphi(CO)$, $\varphi(CO_2)$——平衡时 CO 和 CO_2 的体积分数。

$$p = p_{CO} + p_{CO_2}$$

标准平衡常数是温度的函数，温度不同，标准平衡常数 $K^{\ominus}(T)$ 也不同。由于上述还原反应是吸热反应，当温度升高时，平衡向着生成 CO_2 的方向移动，标准平衡常数增大。上述温度低于 570℃时的两步还原反应中的第 2 个反应平衡常数与温度的关系可由如下经验式计算：

$$\lg K^{\ominus}(T) = -\frac{1645}{T/K} + 1.935$$

本实验需测定第 2 个反应的平衡常数，即在一定温度下，使 CO 气体不断与 Fe_3O_4 循环接触，当反应达到平衡后，取出部分平衡气体，分析其中 CO、CO_2 的体积分数，从而计算此反应的 $K^{\ominus}(T)$ 值。

【仪器与试剂】

气体发生器 1 套，天平 1 台，50mL 量筒 2 个，瓷舟 1 个，收集气体用球胆 1 个，胶黏剂。

一氧化碳还原铁矿石装置见图 2.5-1，不同之处有三点：①在本实验中，瓷管 7 中的木炭应换为 Fe_3O_4；②活塞 1 左侧的进气口所输入的气体为 CO 和 CO_2 混合气；③调速真空泵 10 应换为二连球。控温仪使用方法见 8.7 节。按捏二连球，可使 CO 和 CO_2 混合气体在密闭的系统内不断单向循环。气囊及二连球又可保证系统内总压与外压相等。

Fe_3O_4，甲酸，浓硫酸，无水 $CaCl_2$，这些试剂均为分析纯。

CO 可用甲酸滴入热浓硫酸中脱水的方法来制取，产生的 CO 可用球胆收集，以备实验用。

$$HCOOH(l) \xrightarrow[\triangle]{浓\ H_2SO_4} H_2O + CO(g) \uparrow$$

CO_2 可由 CO_2 气体钢瓶提供。

【实验步骤】

1. 实验准备

(1) 打开瓷管一端的胶塞，刮净管口的胶黏剂，取出瓷管中的旧试样，用毛刷刷净瓷管。

(2) 熟悉系统(反应系统与分析系统)以及系统中所有活塞的取向，尤其是三通活塞的用法。

(3) 熟悉气体分析器用法。

(4) 量取 50mL 浓硫酸，放入气体发生器的支管烧瓶中。

(5) 量取 30mL 甲酸放入分液漏斗中。

2. 称样及封口

称取 5g Fe_3O_4 试样装入瓷舟中，将瓷舟放入瓷管，并用铁丝推至炉管的中央恒温带处，塞紧胶塞，用胶黏剂封好，尤其是瓷管下面胶黏剂要求光滑均匀，不要有孔洞。

3. 检查系统是否漏气

将瓷管封好后，按 2.5 节中实验步骤 1 的方法排除反应系统内的气体，并检查反应系统是否漏气。

4. 排除反应系统内空气

转动活塞 3、1、2，将 CO_2 通入反应系统的气囊中，转动活塞 3、1、2、4，关闭活塞 5、6，缓慢捏动二连球，使气体经 1、2、3、4、12 排入大气中。重复此操作五次以上，可认为反应系统中的气体被赶尽。

5. 充入反应系统中所需的 $CO+CO_2$ 混合气

(1) 转动三通活塞 1、2，使 CO_2 充入二连球左边气囊，再转动活塞 2，使二连球左边囊中的 CO_2 通过捏动二连球排入气囊中。

(2) 转动三通活塞 1、2，使 CO 充入二连球左边气囊中，再调整活塞 2，使二连球左边囊中的 CO 通过捏动二连球排入气囊中，以备反应用。

6. 体系升温

接通控温仪电源，系统升温。方法见 2.5 节中实验步骤 3。

7. 气体循环和气体分析

在炉温升至 700℃时即可缓慢压动二连球，使气体在反应系统中循环流动。当温度恒定在 800℃时，再继续循环 10min，取样 20mL 分析一次。以后每隔 5min 取样分析一次，若两次误差不超过 0.5%，即可将分析结果记录在表中。气体分析方法见 2.5 节中实验步骤 4。

继续升温，当温度恒定在 850℃时，重复上述实验。

8. 整理工作

实验后，切断电源，将反应系统接通大气，整理好仪器。

【数据记录及结果处理】

1. 记录室温、大气压、样品的质量等实验数据，并按下表记录实验结果。

实验序号	温度/℃	取样量/mL	分析结果		气相平衡组成		平衡常数 $K^{\ominus}(T)$
			CO_2 体积/mL	CO 体积/mL	$\varphi(CO_2)$	$\varphi(CO)$	
1							
2							
3							

2. 根据实验数据计算在 800℃及 850℃下反应的 $K^{\ominus}(T)$。

3. 求该反应在此温度范围内的 ΔH 平均值。

【思考题】

1. 用 CO 赶气或使 CO 气体在反应系统中循环时，为什么要轻轻捏动二连球？不这样操作会有什么影响？

2. 怎样检查系统是否漏气？如有漏气，怎样分段检查？

3. 甲酸用量太少或太多会有什么影响？怎样控制甲酸消耗量，以保证实验顺利进行？

4. 系统漏气或系统内空气赶不尽对实验结果有什么影响？

5. 温度控制不准（忽高忽低），平衡气相组成如何改变？对 $K^{\ominus}(T)$ 值有何影响？

视频讲解

2.7 差热分析实验

【实验目的】

1. 掌握差热分析法的原理、应用以及影响测量准确性的因素。
2. 用差热分析法对 $CaC_2O_4 \cdot 2H_2O$ 进行差热分析，并定性地解释所得差热图。

【实验原理】

当物质在加热或冷却过程中发生熔化、升华、汽化、凝固、分解、化合、晶型转变、脱水、吸附、脱附等物理和化学变化时，常伴随着吸热或放热现象，这时在体系温度-时间曲线上会发生停顿、转折。但在许多情况下，体系中发生的热效应相当小，不足以引起体系温度有明显的突变，从而曲线停顿、转折并不显著，甚至根本显示不出来。在这种情况下，常常把试样和热稳定性良好的参比物（在实验温度变化的整个过程中不发生任何物理变化和化学变化，没有任何热效应产生，如 Al_2O_3、SiO_2 等）同置于加热炉中，使加热炉保持一定的速率升温，记录样品与参比物的温度差 ΔT，并对时间或温度作图，得到差热（DTA）曲线。DTA 分析包括外推起始温度，拐点温度，外推终止温度，峰宽、峰高、峰面积，反应焓等。

如果参比物和被测试样的比热容大致相同，而试样又无热效应，则两者的温度基本相同，此时差热曲线上应得到的是一条平滑的直线。图 2.7-1(a) 中的 $ab\text{-}de\text{-}gh$ 段就表示这种状态，该直线称为基线。一旦试样发生变化，因为产生了热效应，在差热曲线上就会有峰出现，如图 2.7-1(a) 中的 bcd 或 efg 段。热效应越大，峰的面积也就越大。在差热分析中通常还规定，峰顶向上的峰为放热峰，它表示试样的焓变小于零，其温度将高于参比物；相反，峰顶向下的峰为吸热峰，表示试样的温度低于参比物。

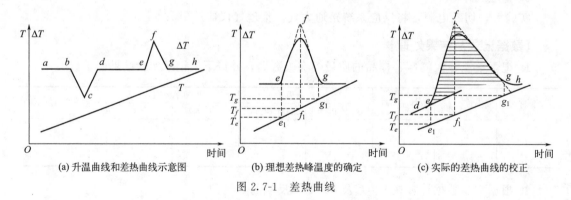

(a) 升温曲线和差热曲线示意图 (b) 理想差热峰温度的确定 (c) 实际的差热曲线的校正

图 2.7-1 差热曲线

由于样品与基准物的比热容、热导率、装填情况不可能相同，样品在测定过程中伴随反应常常会发生膨胀或收缩等变化，因而差热曲线的基线不一定与横轴平行，起峰前后基线也不一定在一条直线上。而且，一个峰的确切位置还受变温速率、样品量、粒度大小等因素的影响。实验表明，峰的外推起始温度比峰顶温度所受影响要小得多，同时，它与其他方法求得的反应起始温度也较一致。因此，国际热分析会议决定，以 T_e 作为反应的起始温度，并可用来表征某一特定物质。

图 2.7-1(b) 为理想情况下测得的曲线，T_e 由两曲线的外延交点确定。然而，由于样

品与参比物以及中间产物的物理性质不尽相同，再加上样品在测定过程中可能发生的体积改变等，往往使得基线发生漂移，甚至一个峰的前后基线也不在一直线上。这种情况下，T_e 和峰面积的确定需要细心，可参照图 2.7-1(c) 所示的方法计算。

热重曲线（TG）分析通过热天平连续记录质量与温度（或时间）的关系，获得热重曲线（TG）。热重曲线以质量为纵坐标，以温度 T 或时间 t 为横坐标，即 m-$T(t)$ 曲线。它表示过程的失重积累量，属于积分型，从热重曲线可得到试样组成、稳定性、热分解温度、热分解产物等和热分解动力学有关的数据。TG 曲线分析包括外推温度，拐点及失重分析。

【仪器与试剂】

差热分析仪（用作 DTA 分析），综合热分析仪（用于 TG 分析），分析天平。
$CaC_2O_4 \cdot 2H_2O$ 等。

【实验步骤】

1. 实验准备

（1）接通冷却水泵电源，观察冷却水水路是否正常，流量是否稳定。

（2）开启电脑，待电脑启动完成后开启热分析仪主机上的电源开关，听到仪器的自检报警声，响几声后停止。开机预热仪器至少 30min。

（3）使用小药勺将 $CaC_2O_4 \cdot 2H_2O$ 加入样品坩埚中，装入量以坩埚（直径 5mm）容量的 2/3（约 10mg）为宜，保证样品在坩埚中均匀铺平，放到样品托板上。

（4）点击仪器"up"按钮，加热炉体自动上升到限定高度。

（5）支撑杆左托盘放空坩埚作参比物，右托盘放待测试样。

（6）试样放好后点击仪器面板"down"按钮，炉体自动降至基座。

注意：用综合热分析仪做 TG 分析时需要准确测量样品质量。

2. 采集

（1）双击桌面"DTA2023"图标，出现"ZCR"窗口左键单击使该界面最大化。单击"新采集"，出现"参数设置"对话框。

输入基本实验参数：试样名称一栏填入"草酸钙"；操作者姓名填实验者姓名。做 TG 分析时，质量一栏准确填入样品的质量。

输入温升参数：起始采样温度填入"25"；升温速率在下拉菜单中选择"20"（即 $20℃ \cdot min^{-1}$）；终止温度填写"940"；保温时间设置"0"。

（2）鼠标单击"确认"后，加热指示灯亮，此时热分析仪处于工作状态。

注意：在工作中不要触摸加热炉后面的接线板，以免触电危险。

（3）在热分析界面中间位置出现实时采样数据，显示当前实验中正在采集的温度、差热、热重等数据。稍候，观察热分析图，从上至下出现红、蓝、黑三条曲线。其中，红色为 TG 即热重曲线，蓝色为 DTA 即差热曲线，黑色为 TE 即温度曲线。用差热分析仪做 DTA 分析时，不出现红色 TG 线。

（4）当试样完成采集后手动停止采样。鼠标点击"停止"按钮，指示灯灭。点击"保存"按钮，路径保存到本地磁盘（D:)-选择本班级文件夹-文件名为实验者姓名设置。

【数据记录及结果处理】

1. DTA 分析方法

（1）在热分析界面下单击鼠标右键"DTA 分析"。软件自动生成一条竖线，将该竖线移至 DTA 曲线（蓝色线）第一个峰前缘平滑处，鼠标左键双击后出现第二条竖线，将第二条竖线移至第一个峰后缘平滑处，左键双击弹出"谱峰处理窗口"。点击"峰顶温度"，再点击"外推起始温度"，软件会标示出所选各特征点温度，用鼠标拖至空白处，点击"返回"。

（2）在该热分析界面下再单击鼠标右键"DTA 分析"，同理完成第二个及第三个峰的峰区分析。

（3）谱图处理后，打印输出。

注意：差热曲线分析符号的含义如下。

T_e：外推起点温度，指峰前缘上斜率最大的一点作切线与外延基线的交点。

T_i：拐点温度，峰前缘上斜率最大的一点，此点二阶微分为 0。

T_c：外推终点温度，指峰后缘上斜率最大的一点作切线与外延基线的交点。

T_m：峰温，峰顶的温度，一阶微分与零线交点。

2. TG 分析方法

（1）在热分析界面下单击鼠标右键"TG 分析"。软件自动生成一条竖线，将该竖线移至 TG 曲线第一个峰前缘平滑处，鼠标左键双击出现第二条竖线，将第二条竖线移至第一个峰后缘平滑处，左键双击弹出"谱峰处理窗口"。软件标示出第一次失重的各特征温度及失重量 dW。

（2）在该热分析界面下再单击鼠标右键"TG 分析"，同理完成第二次及第三次失重的失重分析。

（3）找出草酸钙各个相变点的温度 T_e（以 DTA 分析为准）及每次相变时的失重量 dW。将各个相变点的失重量相加就得到总的失重量，与实验前样品的质量相比，就得到草酸钙的失重百分比。

注意：热重曲线分析符号的含义如下。

W：试样质量，开始采集时填入的试样质量。

dW：失重量，所选区段重量改变量，$W_r - W_l$。

%：失重百分比，重量变化（dW）在试样质量（W）中所占的比例。

T_e：外推起始温度，台阶斜率最大的一点作切线与外延基线的交点。

T_i：拐点温度，台阶斜率最大的一点，此点二阶微分为 0。

T_c：外推终止温度，台阶斜率最大的一点作切线与外延基线的交点。

【思考题】

1. 为什么在升温过程中即使样品无变化也会出现温差（基线漂移）？

2. 为什么要控制升温速度？升温过快对结果有何影响？

3. 实验为什么要用参比物，对参比物有什么要求，本实验用的参比物是什么？

4. 写出实验过程中 $CaC_2O_4 \cdot 2H_2O$ 三次失重所对应的化学反应方程式。

2.8 热分析法绘制 Bi-Sn 二组分体系的相图

【实验目的】

1. 了解 JX-3DA 型金属相图测量装置测定金属相图的原理和方法。

2. 应用热分析法绘制 Bi-Sn 二组分合金相图。

3. 了解热电偶的测温原理和校正方法。

视频讲解

【实验原理】

相图是多相体系处于相平衡时体系的某物理性质对体系的某一自变量作图所得的图形，二组分或多组分相图常以组成为自变量，而物理性质则大多取温度。相图的制作方法很多，对凝聚相的研究最常用的方法是借助相变过程中的温度变化完成的。观察这种热效应的变化情况以确定一些体系的相态变化，最常用的方法就是热分析及差热分析，本实验就是用热分析法绘制二组分合金相图。

热分析是物理化学分析的重要方法，它可以根据体系在加热或冷却过程中发生相变时所对应的温度来确定体系的状态。对于透明体系，在温度不太高时，可用肉眼观察某相的析出或消失；对高温且不透明体系，一般可通过冷却曲线找出相变温度。所谓冷却曲线，即熔融体系冷却时温度与时间的关系曲线。当一个熔融体系均匀冷却时，若无相转变，体系的温度将连续均匀地下降，得到一条平滑的冷却曲线；若冷却过程中发生相的转变，则相变潜热的影响，使冷却曲线出现转折点或者水平线段，其转折点或水平停顿的温度即相变的温度。

本实验绘制的 Bi-Sn 二组分合金相图，属于具有最低共熔点的有限固溶体类型。在测定得到一系列冷却曲线时，由冷却曲线的形状并结合相律，便可了解冷却过程中体系的变化，从而绘制出体系的状态图。

根据相律，自由度＝组分数－相数＋2，即

$$F = C - \phi + 2$$

对于凝聚系统，常忽略压力的影响，或仅考虑恒压条件，此时的相律可用下式表示：

$$F' = C - \phi + 1$$

式中，F'、C、ϕ 分别代表系统的条件自由度、独立组分数和相数。

图 2.8-1(b) 中曲线 1 为纯 Bi 的冷却曲线。冷却开始时为液态金属，$\phi = 1$，$F' = 1$，故温度均匀下降。当冷却到 271℃时，达到纯 Bi 的凝固点，Bi 开始凝固。因达到纯 Bi 的液-固两相平衡共存的温度，$\phi = 2$，$F' = 0$，即纯物质两相平衡共存时温度维持恒定，故冷却曲线上出现水平线段。当 Bi 完全凝固时，$F' = 1$，固态金属的温度又不断下降。

图 2.8-1(b) 中曲线 3 为低共熔组成的样品（含 42％ Sn、58％ Bi）的冷却曲线。所谓低共熔混合物，即具有最低凝固点的混合物。其冷却曲线与纯金属冷却曲线相似，因为低共熔物自液态冷却到一定温度时，同时析出两个固相，而使体系达到三相平衡共存，$\phi = 3$，$F' = 0$，故也出现水平线段，此温度即低共熔温度。

Sn 含量在 1.6％～80.6％之间的其他样品的冷却曲线比较复杂，以图 2.8-1(b) 中冷却曲线 2 为例（含 20％Sn），开始时液态合金均匀冷却，温度降到合金的凝固点时，析出一种固溶体（Sn 在 Bi 中的固溶体），$F' = 1$，温度仍可变化，但由于析出固相放出相变潜热，使冷却速率变慢，冷却曲线斜率变小，出现转折点。随着固相的析出，液相和固相组成都在改变，当液相组成达到低共熔点组成时，另一固溶体（Bi 在 Sn 中的固溶体）析出，体系变为三相平衡共存，$\phi = 3$，$F' = 0$，曲线呈水平线段，直至液相消失。之后，体系为两种固溶体共存，$F' = 1$，温度又继续均匀下降。

从相图的定义可知，用热分析法测绘相图时，被测体系必须时时处于或接近平衡状态，因此，体系的冷却速率必须足够慢，才能得到较好的结果。

此外，对纯净金属或由纯净金属组成的合金，在冷却十分缓慢又无振动时，常常会有过冷现象出现，液体的温度可下降至比正常凝固点更低的温度才开始凝固，固相析出后又逐渐使温度上升到正常凝固点，见图 2.8-1(b) 中曲线 4 上的 b 至 c 点，遇此情况，可延长 dc 线

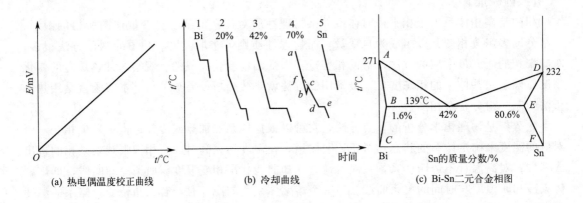

(a) 热电偶温度校正曲线   (b) 冷却曲线   (c) Bi-Sn二元合金相图

图 2.8-1　Bi-Sn 二组分相图的绘制

与 ab 线相交，交点 f 即为转折点。

【仪器与试剂】

金属相图测量装置一套（见 8.9 节），金属相图加热装置一套（含热电偶 4 个），台式计算机一台。

20％Sn，42％Sn，60％Sn，80％Sn，纯 Bi，纯 Sn。

仪器简介如下：

（1）金属相图加热装置　金属相图加热装置共有十个加热单元，由三挡控制，挡位开关在前面板上。装置的两侧各有一风扇，室内温度不太高时一般不开启，以免降温过快影响实验结果。

一挡：控制 1，2，3，4 单元；二挡：控制 5，6，7，8 单元；三挡：控制 9，10 单元。

（2）金属相图测量装置　前面板及后面板及详细操作说明见 8.9 节。

【实验步骤】

1. 检查并确认各仪器接口连线连接正确。插上电源插头，打开电源开关，让仪器预热10min。将热电偶按照红、绿、蓝、紫四个通道的顺序分别插入金属相图加热装置 1、2、3、4 单元中，确保热电偶接触套管底部。

2. 将金属相图加热装置的挡位开关调至 1 挡。

注意：本实验共有 6 个样品，1、2、3、4 加热单元中分别放置的是 20％Sn、42％Sn、60％Sn、80％Sn 四个合金样品，同时进行加热；结束后，再对 9、10 加热单元的纯 Bi、纯 Sn 两个金属样品进行加热。

3. 打开电脑。

4. JX-3DA 型金属相图测量装置工作参数的设定。实验前，实验室已将 JX-3DA 型金属相图测量装置前面板上的参数设置好（为避免误操作导致实验失败，未经允许，请勿动）。通常加热温度设置在 300℃，保温功率设置 50W，加热速度设置在 50℃·min^{-1}（如果外界温度变化较大，可做适当调整）。

5. 软件参数设置。双击打开金属相图四通道连线软件。

（1）串口选择：在左侧位置选择"串口"1，点击"打开串口"。

（2）点按左上角的"参数设置"：①温度曲线的时间长度范围设置为 60（min），点击

"确定"；②温度曲线的温度最大值设置为 400（℃），点击"确定"；③温度最小值设置为 0（℃），点击"确定"。检查图表，此时横坐标时间应显示到 60（min），纵坐标温度 400（℃）。

（3）点击"开始实验"：在本地磁盘（E:）—本班级文件夹中设置文件名称，统一用当前实验时间（月、日、上午、下午）设置。例如 3 月 6 日下午设置为 0306pm，点击"保存"键。

6. 按下 JX-3DA 型金属相图测量装置的"加热"键，加热装置和控制箱上的指示灯同时亮。加热装置开始加热，同时可见电脑屏幕上出现红、绿、蓝、紫四个通道的温度上升曲线。到达设定温度后，温度开始下降，此时注意观察曲线的变化，在实验预习报告后列表，将各曲线依次出现的拐点和平台数据列表记录（将鼠标点在曲线的拐点和平台位置，图像的左侧可显现温度值）。等待四组步冷曲线的平台全部完成，点击"结束实验"键。

7. 将金属相图加热装置的挡位开关调至 3 挡；将 3、4 通道的热电偶插入 9、10 单元中，参数设置同上。

8. 点击"开始实验"：设置文件名称，将刚才的文件名称后面补加一字母 t（任意字母，区别上一文件），点击"保存"键。

9. 按下 JX-3DA 型金属相图测量装置的"加热"键，加热显示灯亮。加热装置开始加热，同时电脑屏幕上可见红、绿、蓝、紫同时记录的四个通道的温度曲线。但是只有两条温度上升曲线（蓝色和紫色）记录的是 9、10 单元的步冷曲线。等待两组步冷曲线的平台全部完成，记录实验平台温度填入列表中，点击"结束实验"键结束实验。

【数据记录及结果处理】

1. 点击"相图绘制"，显现图表，将刚记录在预习报告后的数据填入此图表中。表中右上角的最低共熔点比例填入 42.0。

2. 鼠标点击"绘制相图"。屏幕上显示的是绘制好的 Bi-Sn 二元状态图。

注意：如绘制的图形有问题，说明表中数据未按要求填写，请重新点击"相图绘制"键，进行修改。

3. 开启打印机，打印输出。

4. 关闭 JX-3DA 型金属相图测量装置后面板上的电源开关，退出软件，关闭计算机，关闭打印机。

5. 按照实验数据，在打印的相图上标示好横纵坐标，补全实验点。

【思考题】

1. 相同条件下，降温速度过快，会对步冷曲线产生什么影响？过慢会使步冷曲线的图形产生什么改变？

2. Bi-Sn 相图中共晶点温度为 139℃，但本实验中各合金的共晶点温度的读数不一致，产生的原因有哪些？

3. 能否用加热曲线来作相图？为什么？

4. 应用相律，根据图 2.8-1（c）Bi-Sn 二元合金相图说明该相图各点、线、面的自由度，并说明其意义。

2.9　环己烷-乙醇完全互溶双液系气-液平衡相图的绘制

视频讲解

【实验目的】

1. 绘制环己烷-乙醇双液系的沸点-组成图，并找出恒沸混合物的组成及恒沸点的温度。

2. 加深对相图基本概念和分馏原理的理解。

3. 掌握阿贝折射仪的原理及使用方法，学会用折射率确定二元液体组成的方法。

【实验原理】

1. 气-液相图

两种液态物质混合而成的二组分体系称为双液系。在常温下，两个组分若能按任意比例互相溶解，称为完全互溶双液系。在一定的外压下，纯液体的沸点有其确定值。但双液系的沸点不仅与外压有关，而且还与两种液体的相对含量有关。根据相律，自由度＝组分数－相数＋2，即

$$F = C - \phi + 2$$

因此，一个气-液共存的二组分体系，其自由度 $F=2$。只要任意再确定一个变量，整个体系的存在状态就可以用二维图形来描述。在恒压条件下，一个完全互溶双液系的沸点-组成图（即 t-x 图）可以表明在气、液两相平衡时沸点和两相组成间的关系，此图对于了解这一体系的行为及分馏过程有很大的实用价值。

在恒压下，完全互溶双液系的沸点与组成的关系图有以下三种情况：

（1）液体与拉乌尔定律的偏差不大，在 t-x 图上溶液沸点介于两纯组分沸点之间，如苯与甲苯，见图 2.9-1(a)。

（2）实际溶液由于 A、B 两组分相互影响，常与拉乌尔定律有较大负偏差，在 t-x 图上出现最高点，如卤化氢与水、丙酮与氯仿、硝酸与水等，见图 2.9-1(b)。

（3）A、B 两组分混合后与拉乌尔定律有较大的正偏差，在 t-x 图上出现最低点，如环己烷与乙醇、水与乙醇等，见图 2.9-1(c)。

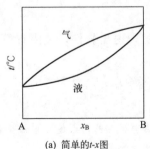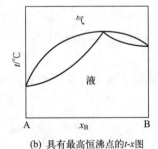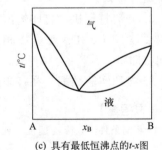

(a) 简单的 t-x 图　　　　(b) 具有最高恒沸点的 t-x 图　　　　(c) 具有最低恒沸点的 t-x 图

图 2.9-1　恒压条件下三种完全互溶双液系的沸点-组成（t-x）相图

图 2.9-1 中（b）、（c）类溶液的 t-x 图上，气相线与液相线相切于最高点或最低点，对应于此点组成的溶液，在指定压力下沸腾时产生的气相与液相组成相同，沸腾的结果只使气相量增加，液相量减少，气液两相的组成及溶液的沸点保持不变，这时的温度叫恒沸点，相应的组成叫恒沸组成。理论上，第（1）类混合物可用一般精馏法分离出两种纯物质，第（2）、（3）两类混合物只能分离出一种纯物质和一种恒沸混合物。

为了测定完全互溶双液系的 t-x 图，需在气-液相达平衡后，同时测定气相组成、液相组成和溶液沸点。实验测定整个浓度范围内不同组成溶液的气-液相平衡组成和沸点后，就可绘出沸点-组成图。

2. 沸点测定仪

沸点仪的设计应便于取样分析、防止过热、避免分馏及有利于正确测定沸点。本实验所用的沸点仪见图 2.9-2。冷凝管底部有一半球形小室，用以收集冷凝下来的气相样品。在烧瓶侧面有一带磨口塞的支管，它既是加料口也是液相取样口，另一侧面连接球形冷凝管。烧瓶内置一小段电热丝作加热器，电热丝直接加热溶液，这样既可减少溶液沸腾时的过热现象，还能防止暴沸。

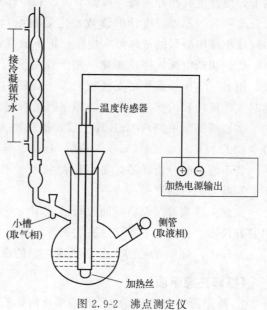

图 2.9-2　沸点测定仪

3. 组成分析

本实验选用的环己烷和乙醇，两者的折射率相差颇大，而折射率测定又只需要少量样品，所以，可用折射率-组成工作曲线来测得平衡体系的两相组成，折射率用阿贝折射仪测定。

【仪器与试剂】

沸点测定仪 1 套，阿贝折射仪 1 台（使用方法见 8.10 节），恒温水浴 1 台，双液系沸点测定仪 1 台（使用方法见 8.12 节），调压变压器 1 台，移液管（10mL、5mL、1mL），洗耳球，滴管，擦镜纸。

无水乙醇，环己烷。

【实验步骤】

1. 工作曲线的绘制

（1）不同质量分数溶液的配制方法如下：洗净并烘干 8 个小称量瓶，冷却后准确称量其质量，然后用移液管分别加入 1mL、2mL、3mL、4mL、5mL、6mL 的乙醇，分别称量其质量，再依次分别加入 6mL、5mL、4mL、3mL、2mL、1mL 的环己烷，再准确称量。盖紧盖子后摇匀，另外两个空的称量瓶中分别加入纯环己烷和乙醇。为避免样品挥发带来的误差，称量应尽可能迅速。各个溶液的确切组成可按实际称样结果精确计算。

（2）调节恒温水浴温度，使阿贝折射仪上的温度计读数保持在 25℃，分别测定上述溶液的折射率。

（3）用较大的坐标纸绘制折射率-组成工作曲线。

2. 安装沸点仪

将已洗净、干燥的沸点仪（见图 2.9-2）安装好。检查带有热电偶的塞子是否塞紧。电热丝要靠近烧瓶底部的中心。

3. 沸点和两相组成的测定

（1）由支管加入 20mL 乙醇，冷凝管通入冷水，将电热丝接在输出电压为 15V 的变压器上，使温度升高并沸腾，再调节电压和冷却水流量，使蒸气在冷凝管中回流的高度保持在 1.5cm 左右。测温温度计的读数稳定后再维持 3~5min 以使体系达到平衡。在此过程中，不时将小球中凝聚的液体倾入烧瓶。记下温度计的读数。

（2）切断电源，停止加热。用干燥的滴管伸入气相冷凝液存储槽，吸取其中全部冷凝液，用另一支干燥滴管由支管吸取圆底烧瓶内的溶液约 1mL。上述两者即可认为是体系平衡时气、液两相的样品。然后立即在阿贝折射仪上测定其折射率。

（3）蒸馏瓶中加入 1mL 环己烷，按前述方法测其沸点及气、液两相的折射率，再依次分别加入 1mL、2mL、3mL、3mL、4mL、5mL 的环己烷，做同样实验。

若不能及时分析样品，可将样品放入带有标号的小试管中，放在冰水中（防止挥发），实验间歇再测折射率。

（4）上述实验结束后，回收母液，用少量环己烷洗 3~4 次蒸馏瓶，注入 20mL 环己烷，再装好仪器，先测定纯环己烷的沸点，然后依次加入 0.2mL、0.2mL、0.5mL、0.5mL、2mL、5mL、5mL 的乙醇，分别测定它们的沸点及气、液两相样品的折射率。

【操作注意事项】

1. 测定乙醇和环己烷纯样品的沸点时，需保证沸点仪洁净、干燥，不得有其他杂质。

2. 电阻丝不能露出液面，一定要被待测液体浸没，否则通电加热时电热丝易烧断或燃烧着火。通过电流不能太大，能保持待测液体沸腾即可。

3. 蒸馏过程中样品回流要充分，控制气-液平衡要严格，其重要标志是在该条件下沸点相对稳定。每种浓度样品的沸腾状态应尽量一致，即以气泡连续、均匀冒出为好，不要过于剧烈，也不要过于缓慢。

4. 实验过程中必须在冷凝管中通入冷却水，以使气相全部冷凝。

5. 温度控制平稳，一定要在停止通电加热之后，方可取样进行分析，取样品不得用时过长。

6. 测折射率时要快，以避免不同组分挥发速率不同而影响待测液组成。阿贝折射仪在使用时，棱镜上不能触及硬物（滴管），擦拭棱镜需要用擦镜纸。

【数据记录及结果处理】

1. 列表记录实验数据。

2. 相图绘制。

（1）以折射率为纵坐标，环己烷的质量分数为横坐标，作出工作曲线，在工作曲线上找出各样品的成分。

（2）将气、液两相平衡时的沸点、折射率、成分等数据列表。

（3）绘制环己烷-乙醇体系的沸点-组成图，并求出最低恒沸点及相应的恒沸点混合物的组成。

3.25℃时环己烷-乙醇体系的折射率-组成的文献值见表 2.9-1。

表 2.9-1　25℃时环己烷-乙醇体系的折射率-组成关系

$x_{乙醇}$	$x_{环己烷}$	$n_{D.}^{25}$	$x_{乙醇}$	$x_{环己烷}$	$n_{D.}^{25}$
1.00	0.0	1.35935	0.4016	0.5984	1.40342
0.8992	0.1008	1.36867	0.2987	0.7013	1.40890
0.7948	0.2052	1.37766	0.2050	0.7950	1.41356
0.7089	0.2911	1.38412	0.1030	0.8970	1.41855
0.5941	0.4059	1.39216	0.00	1.00	1.42338
0.4983	0.5017	1.39836			

【思考题】

1. 在测定沸点时，溶液过热或出现分馏现象，将使绘制的相图图形发生什么变化？

2. 为什么工业上常生产 95% 乙醇？只用精馏含水乙醇的方法能否获得无水乙醇？

3. 在本实验中，气、液两相是怎样达成平衡的？若沸点仪中冷凝管底部的小球体积过大或过小，对测量有何影响？

4. 平衡时气、液两相温度应不应该一样？实际是否一样？怎样防止温度的差异？

5. 每次加入蒸馏烧瓶中的溶液是否需要精确称量？

6. 如何判断气-液已达平衡状态？

7. 按所得相图，讨论此溶液蒸馏时的分离情况。

8. 依实验结果，讨论影响双液系 t-x 相图形状的各种因素。

2.10 溶解度法绘制苯酚-水部分互溶双液系相图

视频讲解

【实验目的】

1. 学习在恒定压力下一对共轭溶液的部分互溶双液系相图的测定。

2. 学习用溶解度法作苯酚-水的相图，找出此二元系的临界溶解温度，并用相律分析相图。

【实验原理】

在大多数情况下，两组分在液态时彼此是完全互相溶解的，相图上不存在表示液态溶解度的曲线。但是当两种液体的性质差异较大时，会发生部分互溶的现象。即在某些温度之下，两种液体相互的溶解度都不大，只有当一种液体的量相对很少而另一种液体的量相对很多时，才能形成均匀的单一液相，而在其他条件下，系统将分层而呈两液相平衡共存。这样的两种液体构成的系统称为部分互溶系统。液态部分互溶型的两组分相图可以通过测量二组分系统溶解度数据来绘制。

由相律可知，二组分体系 $C=2$，当体系处于恒压条件下时，根据相律，体系的条件自由度 F' 为：

$$F'=C-\phi+1 \qquad (2.10\text{-}1)$$

两种液体不完全互溶时，体系平衡相数 ϕ 为 2，$F'=1$。若两液体完全互溶时，平衡相数为 1，则 $F'=2$。本实验以苯酚-水相图为例，作部分互溶双液系相图，并用相律分析相图。

苯酚-水系统的温度-组成图如图 2.10-1 所示。图中的曲线 ACB 把相图分为内外两部分，外面是单相区，$F'=2$。在单相区里，温度和浓

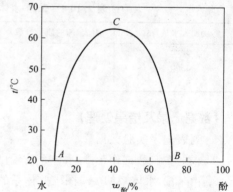

图 2.10-1 苯酚-水部分互溶双液系相图

度在一定范围内变化时，体系始终为单一液相，$\phi=1$。当表示体系温度和组成的点——体系点落在曲线内部时，体系内有两相共存，$\phi=2$，$F'=1$，表明温度、两平衡液相的浓度这三个强度性质中仅有一个是独立的，它们三者的关系由溶解度曲线给出。

本实验测定苯酚与水的溶解度曲线的方法是：先取一定量的酚，加入不同量的水，配制不同组成的溶液。测出各不同组成液体完全互溶的温度，由此作出溶解度曲线。曲线的最高

点就是临界溶解温度，在此温度以上，无论两种液体按什么比例混合，都能互溶形成均一液相。临界溶解温度的高低反映了一对液体间相互溶解能力的强弱，临界溶解温度越低，两液体间的互溶性越好。因此可利用临界溶解温度的数据来选择优良的萃取剂。

【仪器、试剂及实验装置图】

磁力加热搅拌器1台（使用方法见8.13节），酒精温度计，环形搅拌棒，滴定管，容量约为100mL的大试管，500mL烧杯，磁子，带孔胶塞。

苯酚，去离子水。

实验装置见图2.10-2。

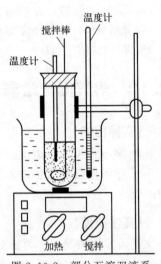

图2.10-2 部分互溶双液系相图测定装置

【实验步骤】

1. 洗净并烘干容量约为100mL的大试管，直接在试管中称取6.000g苯酚，用滴定管加入4.00mL去离子水，此时体系组成为酚60%、水40%，小心装好温度计，将酒精球浸在液体中，再将大试管放在水浴（烧杯）中（见图2.10-2）加热。随着温度升高，液体透明度渐高，在接近透明即快达到溶解温度时，减慢加热速率，使每分钟升温不超过2℃，同时不断搅拌。待两液体完全溶解，变成清澈的溶液时，记下温度（t_1）。停止加热，继续搅拌，往水浴中慢慢加入少量自来水，使温度下降，当液体刚刚出现乳白色絮状浑浊时，记下温度（t_2）。要求t_1与t_2的平均绝对温差小于±0.2℃。

2. 按表2.10-1所列的加水量，由滴定管把水加入测定管中，以得到不同组成的体系。按上面方法依次测出体系由浑浊变清澈的温度t_1和体系由清澈变浑浊的温度t_2，且t_1与t_2的平均绝对温差小于±0.2℃。

表 2.10-1 苯酚-水体系加入水量与苯酚组成的关系

每次加入水量/mL	组成(酚的质量分数)/%	每次加入水量/mL	组成(酚的质量分数)/%
2.00	50	10.00	20
3.00	40	10.00	15
5.00	30		

【数据记录及结果处理】

1. 列表记录实验数据。

2. 根据实验数据作苯酚-水体系的温度-组成图（t-x图）。

3. 由苯酚-水体系的t-x图求此体系的临界溶解温度。

【思考题】

1. 何谓共轭溶液？

2. 应用相律按图2.10-1说明在溶解度曲线上、溶解度曲线内外各点的自由度，并解释其意义。

3. 在一定温度下设苯酚-水体系的总组成为$x_1(=x_{苯酚})$，a和b分别为两共轭溶液的组成，试根据杠杆规则求平衡两相的相对量w_a/w_b。

4. 如何解释部分互溶双液系相图会出现上临界溶解温度和下临界溶解温度，或出现上、下两个临界溶解温度的体系？

5. 进行本实验时在操作上要注意什么问题才能得到更准确的数据？

2.11　苯-乙酸-水三组分体系恒温相图的绘制

【实验目的】

1. 熟悉相律，掌握用三角形坐标表示三组分体系相图。
2. 用溶解度法作出具有一对共轭溶液的苯-乙酸-水体系的相图（溶解度曲线及连接线）。

【实验原理】

三组分体系的组分数 $C=3$，当体系处于恒温恒压条件时，根据相律，体系的条件自由度 F'' 为：

$$F''=3-\phi$$

式中，ϕ 为体系的相数。体系最大条件自由度 $F''_{max}=3-1=2$。因此，浓度变量最多只有两个，可用平面图表示体系状态和组成间的关系，称为三元相图。通常用等边三角形坐标表示，如图 2.11-1 所示。

等边三角形顶点分别表示纯物 A、B、C，AB、BC、CA 三条边分别表示 A 和 B、B 和 C、C 和 A 所组成的二组分体系的组成，三角形内任何一点都表示三组分体系的组成。图 2.11-1 中 O 点的组成表示如下：经 O 点作平行于三角形三边的直线，并交三边于 a'、b'、c' 三点。若将三边均分成 100 份，则 O 点的 A、B、C 组成分别为 Cc'、Aa'、Bb'。

苯-乙酸-水相图是具有一对共轭溶液的三组分液体体系相图，即三组分中两对液体 A（CH_3COOH）和 B（H_2O）、A 和 C（C_6H_6）完全互溶，而另一对 B 和 C 只能有限地混溶，如图 2.11-2 所示。

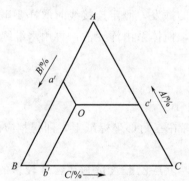

图 2.11-1　用三角形坐标表示的
A、B、C 三组分体系相图

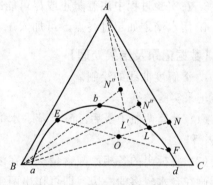

图 2.11-2　有一对共轭溶液的
三组分液体体系相图

图 2.11-2 中，a、E、b、L'、L、F、d 点构成溶解度曲线，其绘制方法是先在完全互溶的两个组分（如 A 和 C）以一定的比例混合成的均相溶液中滴加组分 B。物系点则沿 NB 线移动，直至溶液浑浊即为 L 点，然后加入 A，物系点则沿 LA 上升至 N' 点而变清。如再滴加 B，则物系点又沿 $N'B$ 移动，当移至 L' 时溶液再变浑浊。如此重复即可绘制出溶解度曲线。

【仪器与试剂】

25mL 及 100mL 具塞锥形瓶，150mL 锥形瓶，20mL 酸式滴定管，50mL 碱式滴定管，1mL 及 5mL 可调移液器。

冰醋酸（分析纯），苯（分析纯），$0.2mol \cdot L^{-1}$ NaOH 标准溶液，酚酞指示剂。

【实验步骤】

1. 测定互溶度曲线

在洁净的酸式滴定管内装水。取 10.00mL 苯及 4.00mL 冰醋酸于干燥的 100mL 具塞锥形瓶中，然后慢慢滴加水，同时不停地摇动，至溶液由清变浑，即为终点。记下水的体积，再向此瓶中加入 5.00mL 冰醋酸，体系又成均相，再用水滴定至终点，然后依次用同样方法加入 8.00mL 冰醋酸，分别用水滴定至终点，记录每次各组分的用量。最后再加入 10.00mL 苯和 20.00mL 水，加塞摇动，并每间隔 5min 摇动一次，30min 后用此溶液测连接线。另取一个干燥的 100mL 具塞锥形瓶，按序加入 1.00mL、1.00mL、1.00mL、1.00mL、2.00mL、10.00mL 冰醋酸，分别用水滴定至终点，并记录每次各组分的用量。最后再加入 15.00mL 苯和 20.00mL 水，每隔 5min 摇一次，30min 后用于测定另一条连接线。

2. 测定连接线

上面所得的两份溶液，经 0.5h 后，待两层液分清，用干燥的移液器（或滴管）分别吸取上层液约 5mL、下层液约 1mL 于已称重的 4 个 25mL 具塞锥形瓶中，再称其质量。然后转入 150mL 锥形瓶中，以酚酞为指示剂，用 0.2mol·L^{-1} 标准 NaOH 溶液滴定各层溶液中乙酸的含量。

【操作注意事项】

1. 因所测体系含有水的成分，故玻璃器皿均需干燥。

2. 在滴加水的过程中需一滴一滴地加入，且需不停地摇动锥形瓶，由于分散的"油珠"颗粒能散射光线，所以体系出现浑浊，如在 2～3min 内仍不消失，即到终点。当体系中乙酸含量少时要特别注意慢滴，含量多时开始可快些，接近终点时仍然要逐滴加入。

3. 在实验过程中注意防止或尽可能减少苯和乙酸的挥发，测定连接线时取样要迅速。

4. 用水滴定如超过终点，可加入 1.00mL 冰醋酸，使体系由浑变清，再用水继续滴定。

【数据记录及结果处理】

1. 溶解度曲线的绘制。

记录实验数据。

（1）计算两瓶中最后乙酸、苯、水的质量分数，标在三角形坐标纸上，即得相应的物系点 Q_1 和 Q_2。

（2）将标出的各相乙酸含量点画在溶解度曲线上，上层乙酸含量画在含苯较多的一边，下层画在含水较多的一边，即可作出两条连接线，它们分别通过物系点 Q_1 和 Q_2。

2. 绘制连接线。

【思考题】

1. 为什么根据体系由清变浑的现象即可测定相界？

2. 如连接线不通过物系点，其原因可能是什么？

3. 本实验中根据什么原理求出苯-乙酸-水体系的连接线？

2.12　气相色谱法测定无限稀溶液的活度系数

【实验目的】

1. 用气相色谱法测定二氯甲烷、三氯甲烷和四氯化碳在邻苯二甲酸二壬酯中的无限稀溶液的活度系数，并求出各物质的超额混合焓、超额混合熵及溶解热。

2. 了解气相色谱仪的基本构造和工作原理，正确掌握其使用方法。

【实验原理】

实验所用色谱柱内固定相为邻苯二甲酸二壬酯（液相），采用色谱仪及热导检测器。当载气（H_2）将某一汽化后的组分（溶质）带过色谱柱时，该组分与固定液相互作用，经过一段时间后流出色谱柱。相对浓度与时间的关系如图 2.12-1 所示。

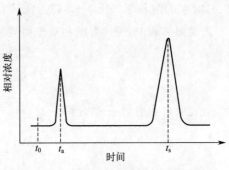

图 2.12-1　某物质相对浓度与时间的关系

设 t_i' 为保留时间，t_i 为调整保留时间，则

$$t_i' = t_s - t_0$$
$$t_i = t_s - t_a$$

式中，t_0、t_a 及 t_s 分别为组分 i 的进样时间、随组分 i 带入的空气出峰时间及组分 i 的出峰时间。

气相组分 i 的调整保留体积 V_i 为：

$$V_i = t_i \bar{v}$$

式中，$\bar{v}$ 为校正到柱温柱压下的载气平均流速。调整保留体积和液相体积的关系是：

$$V_i = K_i V_1$$

而

$$K_i = \frac{c_i^1}{c_i^g}$$

式中，V_1 为液相体积；K_i 为分配系数；c_i^1 为溶质在液相中的浓度；c_i^g 为溶质在气相中的浓度。由以上两式可以得到

$$\frac{c_i^1}{c_i^g} = \frac{V_i}{V_1}$$

若气相为理想气体，则

$$c_i^g = \frac{p_i}{RT_c} \qquad c_i^1 = \frac{\rho_1 x_i}{M_1}$$

式中，ρ_1 为液相密度；M_1 为液相摩尔质量；x_i 为组分 i 的摩尔分数；p_i 为组分 i 的分压；T_c 为柱温。当气液两相达平衡时，则有

$$p_i = p_i^0 \gamma_i^\infty x_i$$

式中，p_i^0 为纯组分 i 在柱温下的饱和蒸气压；γ_i^∞ 为无限稀释溶液中组分 i 的活度系数。因此

$$V_i = \frac{n_i RT_c}{p_i} = \frac{n_i RT_c}{p_i^0 \gamma_i^\infty x_i} = \frac{n_i RT_c}{p_i^0 \gamma_i^\infty \dfrac{n_i}{n_i + n_1}} \approx \frac{m_1 RT_c}{M_1 p_i^0 \gamma_i^\infty}$$

式中，m_1 为色谱柱中液相的质量。由此可得

$$\gamma_i^\infty = \frac{m_1 RT_c}{M_1 p_i^0 \bar{v} t_i}$$

而
$$\overline{v}=\frac{3}{2}\left[\frac{(p_b/p_0)^2-1}{(p_b/p_0)^3-1}\right]\left[\frac{p_0-p_w}{p_0}\times\frac{T_c}{T_a}v\right]$$

由上面两式可以看出，为求得 γ_i^∞，需测定载气柱后平均流速 $\overline{v}$、调整保留时间 t_i、柱后压力 p_0（通常为大气压）、柱前压力 p_b、柱温 T_c、环境温度 T_a（通常为室温）、在室温（T_a）时水的饱和蒸气压 p_w，以及流速计测得的载气柱后流速 v。

比保留体积 V_i^0 是 0℃时相对于每克固定液的调整保留体积，它与 V_i 的关系为：

$$V_i^0=\frac{273}{T_c}\times\frac{V_i}{m_1}=\frac{273R}{M_1 p_i^0 \gamma_i^\infty}$$

上式取对数后对 $\frac{1}{T_c}$ 微分得

$$\frac{d\ln V_i^0}{d\frac{1}{T_c}}=-\frac{d\ln p_i^0}{d\frac{1}{T_c}}-\frac{d\ln\gamma_i^\infty}{d\frac{1}{T_c}}$$

根据 p_i^0、γ_i^∞ 与热力学函数的关系，上式可写成

$$\frac{d\ln V_i^0}{d\frac{1}{T_c}}=\frac{\Delta_{vap}H}{R}-\frac{\Delta_{mix}H}{R}$$

即

$$\ln V_i^0=\frac{1}{T_c}\left(\frac{\Delta_{mix}H-\Delta_{vap}H}{R}\right)$$

式中，$\Delta_{mix}H$ 和 $\Delta_{vap}H$ 分别为组分 i 的摩尔混合焓和摩尔汽化焓。如为理想溶液，上式括号内第一项为零，以 $\ln V_i^0$ 对 $\frac{1}{T_c}$ 作图可从斜率求得 $\Delta_{vap}H$；如为非理想溶液，且 $\Delta_{mix}H$ 和 $\Delta_{vap}H$ 随温度变化很小，则以 $\ln V_i^0$ 对 $\frac{1}{T_c}$ 作图，从斜率求得的是 $\Delta_{mix}H$ 和 $\Delta_{vap}H$ 之差，即为气态组分 i 在液态溶剂中的摩尔溶解焓 $\Delta_{sol}H$。

根据二组分溶液的活度系数与热力学函数间的关系，在无限稀溶液中，可得到下式：

$$\ln\gamma_i^\infty=\frac{\Delta_{mix}H^E}{RT_c}-\frac{\Delta_{mix}S^E}{R}$$

式中，$\Delta_{mix}H^E$ 和 $\Delta_{mix}S^E$ 分别为混合过程的超额焓和超额熵。

以 $\ln\gamma_i^\infty$ 对 $\frac{1}{T_c}$ 作图，从所得直线的斜率可求得 $\Delta_{mix}H^E$，从截距可求得 $\Delta_{mix}S^E$。

【仪器与试剂】

气相色谱仪 1 台（带精密压力表，使用方法详见仪器使用说明书），氢气钢瓶，流速计，秒表，$10\mu L$ 微量注射器。

二氯甲烷（分析纯），三氯甲烷（分析纯），四氯化碳（分析纯），邻苯二甲酸二壬酯（色谱纯），101 白色载体（80～100 目）。

【实验步骤】

1. 色谱柱的制备

根据色谱柱的容量，在分析天平上准确称量 80～100 目的 101 白色载体及固定液总质量

20％的固定液（邻苯二甲酸二壬酯），将固定液溶于适量的乙醚中，然后倒入 101 载体，置于薄膜蒸发器中使溶剂蒸发，倒出后再于 380K 干燥 2h（或将固定液放入蒸发皿中，加入溶剂溶解，然后倒入 101 载体，在红外灯加热下均匀搅拌至溶剂完全挥发）。在将固定液涂载于载体的过程中应防止固定液及载体的损失。将已涂载好固定液的载体均匀紧密地装入干净的色谱柱管内，准确计算装入柱内的固定液质量。制备好的色谱柱连接在色谱仪中，在 323K 通载气老化 8h。

2. 检漏

打开氢气钢瓶，调节减压阀与针形阀使流速为 40～50mL·min^{-1}，柱前精密压力表的表压为 0.08～0.10MPa，然后堵住色谱柱的出口处并关闭氢气钢瓶阀门，观察柱前流速计是否指示在零的位置及表压是否不变。若其指示为零且表压不变，则表示气路不漏气；否则表示漏气，这时需用皂液检查各接头处，找出漏气点并作相应处理。

3. 色谱仪的设置

在保持一定的流速下，打开色谱仪电源开关，依次开启色谱柱室、检测器和记录仪电源，调节载气流速在 60～80mL·min^{-1} 范围，桥流 140mA，灵敏度 10000，选择合适的信号衰减和记录走纸速率，调节汽化温度约 373K，色谱柱室温度为 318.2K。

4. 检测

待基线稳定后，记下柱前压力、室温、大气压，用流速计准确测定载气流速。用 10μL 注射器先吸取 0.3μL 的二氯甲烷，再吸收 5μL 的空气，然后注射进样，用秒表测出空气峰和二氯甲烷峰的出峰时间。同法测定三氯甲烷和四氯化碳。

依次调节色谱柱室温度为 323.2K、328.2K、333.2K、338.2K 和 343.2K，在每个温度下重复上面步骤的操作。

5. 实验结束

先关闭电源，待检测器和色谱柱室接近室温时再关闭气源。

【操作注意事项】

1. 在进行色谱实验时，必须严格按照操作规程。实验开始时，先通载气后打开电源开关。实验结束时，先关闭电源，待仪器接近室温时再关闭气源。以防热导池元件损坏。

2. 色谱柱后排出的尾气必须用管道排向通风橱。

3. 微量注射器是一种精密仪器，易变形，易损坏，用时要倍加小心，切忌把针芯拉出筒外。取样前，需用样品洗 2～3 次。取样后，用滤纸从侧面轻轻吸去针头外的余样。使用完毕后需用丙酮清洗干净。

4. 注入样品时动作要连续、迅速。

【数据记录及结果处理】

1. 列表记录实验条件及实验数据。

2. 计算各温度下无限稀二氯甲烷、三氯甲烷和四氯化碳的邻苯二甲酸二壬酯溶液的活度系数。

3. 计算 V_i^0，作图求出二氯甲烷、三氯甲烷、四氯化碳在邻苯二甲酸二壬酯中的溶解热。

4. 作图求出二氯甲烷、三氯甲烷、四氯化碳与邻苯二甲酸二壬酯混合过程的超额焓和超额熵。

【思考题】

1. 二氯甲烷、三氯甲烷、四氯化碳在邻苯二甲酸二壬酯中的溶液对拉乌尔定律呈正偏差还是负偏差？它们中哪一个活度系数最小？为什么？

2. 本实验对柱温、柱压和载气流速以及进样量和固定液量有何要求？为什么？

附：气相色谱法的特点

1. 气相色谱法测定无限稀溶液的活度系数基于以下假设：

（1）因样品进样量非常小，一般只有零点几微升，可假定组分在固定液中是无限稀的，并服从亨利定律，分配系数为常数。

（2）因色谱仪控温精度较高（一般在±0.1℃甚至可达±0.05℃），而且色谱柱内温差较小，可认为色谱柱处于等温条件。

（3）因组分在气、液两相中的量极微，而且在两相中的扩散十分迅速，处于瞬间平衡状态，气相色谱中的动态平衡与真正的静态平衡十分接近，可以假定色谱柱内任何点均达到气-液平衡。

（4）因采用的柱压较低，可将气相当作理想气体处理。如在柱压较高或要求精确的情况下，可作气相的非理想校正。

（5）固定用载体经过酸或碱处理，或是采用硅烷化载体，而固定液与载体之比为15%～25%，可认为固定液将载体表面全部覆盖，载体对组分不显示吸附效应。

2. 用经典方法测定非电解质溶液的活度系数既费时间，且结果误差大。利用气相色谱法测定活度系数具有简便、快速、所耗样品少且结果较准确的优点。

3. 气相色谱法测定活度系数限于那些由一种高沸点组分和一种低沸点组分组成的二组分体系，因为要保证在色谱条件下固定液（高沸点组分）不会引起流失。该方法也只能测定无限稀溶液的活度系数而不能测定有限浓度组分的活度系数。此外该方法只能测定高沸点组分液相浓度为1、低沸点组分液相浓度趋近于0时低沸点组分的无限稀溶液的活度系数；反之则不能。

2.13 密度法测定 NaCl 水溶液的表观摩尔体积和偏摩尔体积

【实验目的】

1. 准确配制不同浓度的 NaCl 水溶液。

2. 测定溶液的密度。

3. 通过溶液的密度计算溶液中溶质的表观摩尔体积。

4. 进一步计算 NaCl 溶液中溶质和溶剂的偏摩尔体积。

【实验原理】

1. 溶液的密度

溶液的密度用比重瓶法测定。设 m_0 和 m 分别代表同温度下以纯水和待测溶液充满比重瓶后所称量的质量，m_e 代表比重瓶空瓶（有空气浮力存在）的质量，则比重瓶的容积为：

$$V_p = \frac{m_0 - m_e}{\rho_{水} - \rho_{空}}$$

式中，$\rho_水$ 为纯水的密度；$\rho_空$ 为空气的密度。因而待测溶液的密度 ρ 为：

$$\rho = \frac{m-m_e}{V_p} = \frac{m-m_e}{m_0-m_e}(\rho_水 - \rho_空)$$

式中，$\rho_空$ 表示为：

$$\rho_空 = \frac{1.293}{1+0.00376t/^\circ C} \times \frac{p/Pa}{101325}$$

式中，t 和 p 分别是称量时室内的温度和大气压；1.293（单位为 $kg \cdot m^{-3}$）为标准状态下的空气密度。

2. 表观摩尔体积

按偏摩尔量集合公式，NaCl 水溶液（二组分溶液）的表观摩尔体积为：

$$V = n_1 V_1 + n_2 V_2$$

式中，V 为溶液的表观摩尔体积；V_1 和 V_2 及 n_1 和 n_2 分别是溶液中所含 H_2O 和 NaCl 的偏摩尔体积及物质的量。另外，溶液的体积与其密度 ρ 的关系可用下式表示：

$$V = \frac{n_1 M_1 + n_2 M_2}{\rho}$$

式中，M_1 和 M_2 分别是 H_2O 和 NaCl 的摩尔质量。按表观摩尔体积的定义，NaCl 水溶液中溶质 NaCl 的表观摩尔体积为：

$$\varphi_2 = \frac{1}{n_2}(V - n_1 \widetilde{V}_1^0)$$

因纯水的摩尔体积 $\widetilde{V}_1^0 = \dfrac{M_1}{\rho_1}$，其中 ρ_1^0 是同温度下纯水的密度，所以上式又可写成

$$\varphi_2 = \frac{1}{n_2}\left(V - \frac{n_1 M_1}{\rho_1^0}\right)$$

考虑到溶液中 NaCl 的质量摩尔浓度为 b，若 $n_1 M_1 = 1kg$，则必有 $n_2 = b$，同时将 V 的表达式代入上式并整理后，可得

$$\varphi_2 = \frac{M_2}{\rho} + \frac{n_1 M_1}{n_2 \rho} - \frac{n_1 M_1}{n_2 \rho_1^0} = \frac{M_2}{\rho} + \frac{1}{b\rho} - \frac{1}{b\rho_1^0}$$

若测定出质量摩尔浓度为 b 的溶液的密度 ρ，并查出同温度下纯水的密度 ρ_1，就可以利用上式求出该溶液中溶质的表观摩尔体积 φ_2。

3. 溶质和溶剂的偏摩尔体积

对于质量摩尔浓度为 b 的 NaCl 水溶液，NaCl 的表观摩尔体积与溶液总体积的公式可改写为：

$$V = b\varphi_2 + n_1 \widetilde{V}_1^0$$

由偏摩尔体积定义可得

$$V_2 = \left(\frac{\partial V}{\partial n_2}\right)_{T,p,n_1} = \varphi_2 + b\frac{d\varphi_2}{db}$$

因为

$$\frac{d\varphi_2}{db} = \frac{d\varphi_2}{d\sqrt{b}} \times \frac{d\sqrt{b}}{db} = \frac{d\varphi_2}{d\sqrt{b}} \times \frac{1}{2\sqrt{b}}$$

则 V_2 可表示为：

$$V_2 = \varphi_2 + \frac{\sqrt{b}}{2} \times \frac{d\varphi_2}{d\sqrt{b}}$$

已发现电解质溶液的表观摩尔体积与$\sqrt{b}$呈线性变化，这一规律不限于德拜-休克尔理论所预言的那样仅适用于稀溶液，它在较大的浓度范围内也适用。这个规律可表示为：

$$\varphi_2 = \varphi_2^0 + \sqrt{b}\,\frac{\mathrm{d}\varphi_2}{\mathrm{d}\sqrt{b}}$$

式中，φ_2^0是外推至$\sqrt{b}=0$时的表观摩尔体积。因此，溶质的偏摩尔体积为：

$$V_2 = \varphi_2^0 + \frac{3\sqrt{b}}{2}\times\frac{\mathrm{d}\varphi_2}{\mathrm{d}\sqrt{b}}$$

将上式与偏摩尔量集合公式联合，可解出V_1，同时注意到$M_1/\rho_1 = \hat{V}_1^0$。所以，1kg水配成质量摩尔浓度为b的溶液，$n_1 = 55.51$mol，$n_2 = b$，该溶液中溶剂水的偏摩尔体积为：

$$V_1 = \hat{V}_1^0 + \frac{1}{2\times 55.51}\times\frac{\mathrm{d}\varphi_2}{\mathrm{d}\sqrt{b}}\times b^{\frac{3}{2}}$$

【仪器与试剂】

恒温水浴，电子天平，2个50mL比重瓶，6个100mL烧杯，1个100mL量筒，滴管1支，电吹风，滤纸。

NaCl，丙酮。所用试剂均为分析纯。

【实验步骤】

1. 按操作规程启动恒温水浴，控制实验温度比室温高3～5℃并恒温。

2. 将比重瓶清洗干净，烘干。室温下用精密电子天平准确称量空比重瓶，列表记录称重结果m_e。

3. 取下比重瓶的毛细管塞，用滴管将蒸馏水注满后再装上。擦干接头周围的液体，放入恒温水浴恒温20～30min。恒温水浴中的水不可浸没比重瓶的接头。

4. 恒温条件下用滤纸快速擦干毛细管顶部的多余液体，注意切勿将毛细管中的液体吸出。然后从恒温水浴中取出比重瓶擦干，冷却至室温准确称量，列表记录称重结果。根据水的密度值计算出比重瓶体积V_p，重复三次步骤2和步骤3，取平均值。

5. 配制质量分数分别为2%、4%、8%、12%、16%的NaCl水溶液各约55mL。配制时取五个已洗净烘干的100mL烧杯，用电子天平准确称量，记录称重结果m_1。从干燥器中取出NaCl分别加入烧杯中（依次为1.1g、2.3g、4.8g、7.5g、10.5g），记录称重结果m_2。最后加入55mL蒸馏水，再次准确称量m_3，将称重结果m_1、m_2、m_3一并列表记录。各次称量完毕将烧杯从天平中取出，搅拌使固体样品溶解，溶液待用。

6. 依次以待测溶液代替蒸馏水重复步骤2和步骤3，列表记录称量结果m，计算溶液的密度ρ。

7. 记录实验室温度和大气压。

【操作注意事项】

1. NaCl水溶液的配制与其密度测定的时间间隔不宜太长，勿超过4天。

2. 比重瓶在恒温水浴内必须恒温足够长的时间（20～30min），以保证温度达到平衡。

3. 将蒸馏水或溶液注入比重瓶中，可借助烧杯和滴管，避免比重瓶内产生气泡。

4. 拿取装满液体的比重瓶时操作要快捷，以免人体温度影响，使比重瓶温度升高，同时应避免瓶中液体溢出。

5. 称量前一定要将比重瓶外的液体擦干。称量操作要迅速、准确。

【数据记录及结果处理】

1. 计算 V、b、$\sqrt{b}$、ρ、φ_2。

2. 在坐标纸上作 φ_2-$\sqrt{b}$ 图，求出直线的斜率和截距。

3. 根据上述结果分别得出 φ_2、V_2、V_1 与 b 的关系式，计算所测溶液的 V_2 和 V_1。将数据处理结果列表，与表 2.13-1 进行比较并讨论之。

表 2.13-1　25℃时氯化钠水溶液的偏摩尔性质

b /(mol·kg^{-1})	$\sqrt{b}$ /(mol$^{1/2}$·kg$^{-1/2}$)	$\rho \times 10^{-3}$ /(kg·m^{-3})	$\varphi_2 \times 10^6$ /(m^3·mol^{-1})	$V_2 \times 10^6$ /(m^3·mol^{-1})	$V_1 \times 10^6$ /(m^3·mol^{-1})
0.1728	0.4157	1.00409	17.507	17.773	18.068
0.3792	0.5909	1.0112	17.830	18.281	18.065
0.7130	0.8445	1.02530	18.240	19.042	18.058
1.0922	1.0451	1.03963	18.602	19.667	18.048
1.0488	1.2198	1.05412	18.948	20.226	18.035
1.9013	1.3789	1.06879	19.271	20.748	18.019
2.3334	1.5275	1.08365	19.579	21.247	18.000
2.7856	1.6690	1.09872	19.872	21.731	17.978
3.2593	1.8054	1.11401	20.151	22.207	17.952
3.7562	1.9381	1.12954	20.418	22.679	17.922

【思考题】

1. 可否用容量瓶代替比重瓶进行实验？

2. 如不求表观摩尔体积，如何处理数据才可求出偏摩尔体积 V_1 和 V_2？

3. V_1 和 V_2 随溶质浓度的变化有何不同？恒温恒压下遵从什么规律？

4. 影响本实验结果精度的主要因素有哪些？

5. 对比水的摩尔体积与偏摩尔体积，分析引起这种差别的原因。

第 3 章　电解质溶液性质和电化学性质的测定

3.1　界面法测定电解质水溶液中离子的迁移数

【实验目的】

1. 采用界面法测定 H^+ 和 Cd^{2+} 的迁移数。
2. 掌握测定离子迁移数的原理和方法及库仑计的使用。

【实验原理】

当电流通过电解池中的电解质溶液时，两极发生化学变化，溶液中的阳离子和阴离子分别向阴极和阳极迁移。假若两种离子传递的电量分别为 q_+ 和 q_-，则通过的总电量为：

$$Q = q_+ - q_-$$

每种离子传递的电量与总电量之比，称为离子迁移数。则阴离子的迁移数 $t_- = q_-/Q$，阳离子的迁移数 $t_+ = q_+/Q$，且

$$t_- + t_+ = 1$$

在包含数种阴、阳离子的混合电解质溶液中，t_- 和 t_+ 分别为所有阴、阳离子迁移数的总和。一般增加某种离子的浓度，则该离子传递电量的百分数增加。但对仅含一种电解质的溶液，浓度改变使离子周围的电场改变，离子迁移数也会改变，但变化的大小与离子的种类及浓度密切相关。

当温度改变时，迁移数也会发生变化，一般温度升高时，t_- 和 t_+ 的差别减小。

测定离子迁移数对了解离子性质有重要意义，迁移数的测定方法主要有界面法和希托夫法。下面介绍界面法原理。

界面法分为两种，一种是用两种指示离子，存在两个界面；另一种是用一种指示离子，只有一个界面。本实验是用后一种方法，以镉离子作为指示离子测定一定浓度的盐酸溶液中 H^+ 的迁移数。

在一截面均匀的垂直迁移管中，充满 HCl 溶液，通以电流，当电量为 Q 的电流通过每个静止的截面时，携带 t_+Q 电量的 H^+ 通过截面向上迁移，携带 t_-Q 电量的 Cl^- 通过截面向下迁移。假定在管的下部某处存在一界面，在该界面以下没有 H^+ 存在，而被其他的正离子（例如 Cd^{2+}）取代，则此界面将随着 H^+ 向上迁移而移动，界面的位置可通过界面上下溶液性质的差异而测定。例如，利用不同 pH 时指示剂显示颜色不同测出界面。在正常条件下，界面保持清晰，界面以上的一段溶液保持均匀，H^+ 向上迁移的平均速率等于界面向上移动的速率。在某通电时间 t 内，界面扫过的体积为 V，H^+ 输运电荷的数量 q_+ 为在该体积中 H^+ 带电总量，即

$$q_+ = VcF$$

式中，c 为 H^+ 物质的量浓度；F 为法拉第常数；电量 q_+ 以库仑为单位。

在通电情况下，欲使界面保持清晰，必须使界面上下电解质不相混合，这可以通过选择合适的指示离子来实现。例如，在本实验中 $CdCl_2$ 逐渐代替 HCl，在管中形成界面。由于溶液要保持电中性，且任一截面都不会中断传递电流，H^+ 迁移出的区域，Cd^{2+} 立即补充，电荷的移动速度 v 是相等的，由此可得

$$v_{Cd^{2+}} \frac{dE'}{dL} = v_{H^+} \frac{dE}{dL}$$

但是离子的迁移速率不同

$$v_{Cd^{2+}} < v_{H^+}$$

所以

$$\frac{dE'}{dL} > \frac{dE}{dL}$$

即在 $CdCl_2$ 溶液中电势梯度 $\frac{dE'}{dL}$ 是较大的。因此若 H^+ 因扩散作用进入 $CdCl_2$ 溶液层，它就不仅比 Cd^{2+} 迁移得快，而且比界面上的 H^+ 迁移速率也要快，这样才能迁回到 HCl 层。同样若任何 Cd^{2+} 进入低电势梯度的 HCl 溶液层，它的迁移速率就会降低，直到重新又落后于 H^+ 为止，这样才能在通电过程中使界面保持清晰。

通过的电流可以用电势差计和标准电阻精确测量，也可以用精密的毫安计直接测量。

【仪器与试剂】

迁移管，Cd 电极，铂电极，可变电阻，毫安计，交流稳压器，直流稳压电源（110V），单刀开关，计时器。

$0.05mol \cdot L^{-1}$ HCl 水溶液，甲基橙。

实验装置如图 3.1-1 所示。

【实验步骤】

1. 配制及标定浓度约为 $0.05mol \cdot L^{-1}$ 的 HCl 水溶液，配制时每升溶液中加入甲基橙少许使溶液呈红色（也可用甲基紫，它在酸中显蓝色，在氯化镉溶液中显蓝紫色）。

用少量溶液将迁移管洗两次。之后在管中装满 HCl 溶液。注意：切勿使管壁或镉电极上黏附气泡。将管垂直固定避免振动。按照图 3.1-1 接好线路，检查无误后开始实验。

2. 合上开关，接通直流电源。控制电流在 $6 \sim 7mA$ 之间。随着电解的进行，阳极镉会溶解变为 Cd^{2+}，出现清晰界面，固定电阻不变。当界面移动到第一个刻度时，立即开始计时。此后，每隔 1min 记录毫安计指示的电流一次。每当界面移动至第

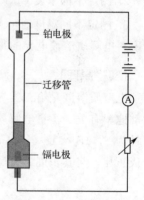

图 3.1-1　界面法测离子迁移数装置

二、第三刻度时，也记下相应的时间和电流读数，直到界面移至第五个刻度（每刻度的间隔为 0.1mL），再记下时间和电流。

3. 打开开关，过数分钟后，观察界面有何变化。再合上开关，过数分钟后，再观察之。记录所观察到的实验现象。

4. 做完实验，将迁移管洗净并充满蒸馏水。

【操作注意事项】

若毫安计未校正，可用电势法校正。用电势法校正毫安计时，电位计"未知"两接线柱接标准电阻，测其两端的电势降。由下式计算真实电流：

$$I = \frac{V}{R} = \frac{\text{标准电阻两端电势降}}{\text{标准电阻值}}$$

并与毫安计指示电流值比较。

【数据记录及结果处理】

1. 作电流 I-时间 t 关系图，从界面扫过刻度 1～4、2～5、1～5 所对应的时间内曲线所包围的面积，求出电量 It。

2. 求出相应刻度间的体积（迁移管的体积可用称量充满两刻度间的水的质量校正）。

3. 将体积、时间与电量数据列表。

4. 求迁移数，取平均值与文献值比较，并分析产生偏差的可能原因。

5. 讨论与解释实验中观察到的现象。

【思考题】

1. 在界面法中，如何划分阳极区、中间区、阴极区？怎样确定划分的原则？

2. 如何计算迁移管中 Cl^- 的迁移速率？

3.2　电解质水溶液导电性质的分析

视频讲解

【实验目的】

1. 学习用电导率仪测定电导率的原理和方法。

2. 测定不同浓度 $CuSO_4$ 溶液的电导率，了解溶液浓度对电导率及摩尔电导率的影响。

3. 测定不同温度时 $0.005mol \cdot L^{-1} CuSO_4$ 溶液的电导率，求电导率的温度系数，了解温度对电解质溶液电导的影响。

【实验原理】

电解质溶液是第二类导体，它通过正、负离子的迁移传递电流，导电能力直接与离子的运动速率有关。衡量电解质溶液导电能力的物理量为电导，用符号 G 表示，单位为西门子，符号为 S，$1S = 1\Omega^{-1}$。电导是电阻的倒数，均匀导体在均匀电场中的电导 G 与导体截面积 A 成正比，与其长度 l 成反比，它们之间的关系为：

$$G = \frac{1}{R} = \kappa \frac{A}{l} \tag{3.2-1}$$

式中　l——导体的长度，m；

　　　A——导体的横截面积，m^2；

　　　κ——电导率或比电导，$S \cdot m^{-1}$，κ 相当于边长各为 1m 的立方导体的电导；

　　　l/A——电导池常数，m^{-1}。

电解质溶液的电导率是两极板为单位面积，距离为单位长度时溶液的电导。摩尔电导率 Λ_m 是将含 1mol 电解质的溶液全部置于距离为 1m 的两平行板电极之间所测得的电导，单位为 $S \cdot m^2 \cdot mol^{-1}$。摩尔电导率与电导率之间的关系为：

$$\Lambda_m = \kappa / c \qquad\qquad (3.2\text{-}2)$$

式中，c 为电解质溶液的浓度，$mol \cdot m^{-3}$。测得一定浓度电解质溶液的电导率 κ，即可根据式（3.2-2）计算出 Λ_m。

当溶液的浓度逐渐降低时，由于溶液中离子间的相互作用力减弱，所以摩尔电导率逐渐增大。科尔劳施（Kohlrausch）根据实验得出强电解质稀溶液的摩尔电导率 Λ_m 与浓度 c 有如下关系：

$$\Lambda_m = \Lambda_m^\infty - A\sqrt{c} \qquad\qquad (3.2\text{-}3)$$

式中，A 为经验常数；Λ_m^∞ 为电解质溶液在浓度 $c \approx 0$ 时的摩尔电导率，称为无限稀释的摩尔电导率。可见，以 Λ_m 对 $\sqrt{c}$ 作图应得一直线，其截距即为 Λ_m^∞。

电解质溶液的电导率 κ 随浓度的增加有一最大值出现。而 Λ_m 随浓度的变化规律，对强、弱电解质是不同的，弱电解质的 Λ_m 与 $\sqrt{c}$ 不呈直线关系。

电解质溶液的电导率随着温度的升高而增大。一般在水溶液中，每增加 $1℃$，电导率增加 $2\%\sim2.5\%$。

【仪器与试剂】

电导率仪1台（附电导电极 1 支。使用方法见 8.14 节），恒温水浴 1 台（使用方法见 8.11 节），试管 2 支，50mL 容量瓶 4 个，5mL 移液管 3 支，10mL 移液管 1 支，15mL 移液管 3 支，50mL 烧杯 1 个，洗瓶，滤纸等。

$0.010mol \cdot L^{-1}$ KCl 标准溶液，$0.500mol \cdot L^{-1}$ $CuSO_4$ 溶液。

【实验步骤】

1. 熟悉使用电导率仪测定电导池常数和溶液电导率的方法，了解仪器使用的注意事项。

2. 配制溶液。用 $0.500mol \cdot L^{-1}$ 的 $CuSO_4$ 溶液，采用逐次稀释的方法配制 $0.100mol \cdot L^{-1}$、$0.050mol \cdot L^{-1}$、$0.010mol \cdot L^{-1}$、$0.005mol \cdot L^{-1}$ 的 $CuSO_4$ 溶液。

3. 准确调节恒温水浴的温度为 $25℃$，温度对电导有较大影响，整个实验过程中必须注意温度的调整及稳定。

4. 清洗电极。（每次测量前）用去离子水冲洗电极三次，再用滤纸将电极周围的水吸干。注意，切勿触及铂黑！

5. 测定电导池常数。用去离子水清洗试管 $2\sim3$ 次，再用少量 $0.010mol \cdot L^{-1}$ 的 KCl 标准溶液洗 $2\sim3$ 次。然后用移液管移入 15mL $0.010mol \cdot L^{-1}$ KCl 标准溶液，插入电极。将试管放入恒温水浴中恒温 $10\sim15min$ 后进行测量。每隔 1min 测定一次，并做好记录，直到三次的测定结果稳定不变为止。

6. 测定不同浓度 $CuSO_4$ 溶液的电导率。倾去 KCl 溶液，按要求用自来水、去离子水洗净试管和电极后，移入 15mL $0.100mol \cdot L^{-1}$ 的 $CuSO_4$ 溶液并测定其电导率。测量前要用少量待测的 $CuSO_4$ 溶液润洗试管 3 次，并在恒温水浴中恒温 $10\sim15min$。每隔 1min 测定一次，并做好原始记录，直到三次的测定数据稳定不变为止。同法对 $0.050mol \cdot L^{-1}$、$0.010mol \cdot L^{-1}$、$0.005mol \cdot L^{-1}$ 的 $CuSO_4$ 溶液进行测定。

7. 调节恒温水浴的温度到 $30℃$、$35℃$、$40℃$，分别测定 $0.005mol \cdot L^{-1}$ $CuSO_4$ 溶液在不同温度下的电导率。

8. 切断电导率仪及恒温水浴的电源，取出电导电极清洗干净后放入装有去离子水的烧杯中浸泡存放（以免电极钝化，影响测定结果），将试管、容量瓶、烧杯等清洗干净后放回原处。

【操作注意事项】

1. 配制溶液时，均需用去离子水。

2. 温度对电导率有较大影响，因此整个实验过程中必须保证温度稳定。

3. 铂电极上镀铂黑是为了增加电极表面积，减小电流密度，减少极化现象，使测定电导时有较高的灵敏度。冲洗和擦拭铂电极时，不要触及铂黑；使用完毕，应将铂电极浸泡在去离子水中，防止电极干燥。

【数据记录及结果处理】

1. 整理实验数据，计算不同浓度 $CuSO_4$ 溶液的 Λ_m 值。

2. 绘制 κ-c 图，绘制 κ-T 图。

3. 求 $0.005mol \cdot L^{-1}$ $CuSO_4$ 溶液电导率的温度系数。

4. 列表，将整理及计算后的数据填入表中。

【思考题】

1. 为什么实验中要用标准 KCl 溶液标定法求取电导池常数？用电极间距 l 除以电极面积 A 直接计算有何不妥？

2. 为什么强电解质溶液的摩尔电导率随浓度的减小而增大？

3. 测定电解质溶液与金属导体电阻的方法有何不同？本实验是采用直流电法还是交流电法？为什么？

4. 电解质溶液与金属导体电阻随温度的变化规律有何不同？为什么？

3.3 电导法测定蛋白质水溶液的等电点

【实验目的】

1. 了解蛋白质水溶液的 pH 值与电导率之间的关系。

2. 用电导法测定明胶的等电点。

【实验原理】

蛋白质是由大量不同氨基酸组成的两性高分子电解质。蛋白质分子中的氨基酸是通过肽键（—CONH—）相互连接形成多肽链，多肽链是蛋白质分子的基本结构（一般把分子量在 10000 以上的多肽叫做蛋白质，相当于 100 个氨基酸单位）。大部分羧基和氨基都形成了肽键，但是在链端和侧链上，仍含有游离羧基和氨基，一个是酸性基团，一个是碱性基团，因此，蛋白质也是两性电解质。为了方便，用下式分别代表蛋白质分子和蛋白质的两性离子：

$$P \diagup^{COOH}_{NH_2} \qquad P \diagup^{COO^-}_{NH_3^+}$$

两性分子与两性离子之间按下式转化：

$$P \diagup^{COOH}_{NH_2} \rightleftharpoons P \diagup^{COO^-}_{NH_3^+}$$

在水溶液中，蛋白质的两性电离可用下式表示：

$$P\begin{array}{c} NH_3^+ \\ COOH \end{array} \underset{H^+}{\overset{OH^-}{\rightleftharpoons}} P\begin{array}{c} NH_3^+ \\ COO^- \end{array} \underset{H^+}{\overset{OH^-}{\rightleftharpoons}} P\begin{array}{c} NH_2 \\ COO^- \end{array}$$

正离子　　　　　　两性离子　　　　　负离子
pH<pI　　　　　　pH=pI　　　　　pH>pI

调节蛋白质溶液的 pH，使其酸式电离和碱式电离程度相等，则蛋白质完全以两性离子形式存在，此时溶液的 pH 为该蛋白质的等电点，常用 pI 表示。在等电状态时，蛋白质溶液的溶解度、黏度、电导率、渗透压及膨胀性都最小。本实验采用电导法测定明胶的等电点。

作为两性电解质的明胶溶于水后，分子带电状态由—COO$^-$ 和—NH$_3^+$ 的数目多少而定。当 pH 小于等电点时，其羧基解离受到抑制而氨基解离，明胶像碱一样反应，—NH$_3^+$ 在数目上大于—COO$^-$，成为正电蛋白质分子；当 pH 大于等电点时，氨基的解离受到抑制而羧基解离，明胶像酸一样反应，—COO$^-$ 在数目上大于—NH$_3^+$，成为负电蛋白质分子；当 pH 等于等电点时，—NH$_3^+$ 在数目上与—COO$^-$ 相等，成为等电蛋白质分子，此时溶液的电导最小。以上关系可用图 3.3-1 表示，曲线上最低点对应的 pH 值即为等电点 pI。

值得注意的是，等电点时蛋白质是电中性的，这并不意味着水溶液是中性的，pH 值不一定为 7。由于不同蛋白质所含的游离氨基和游离羧基数目不同，加之氨基和羧基的电离程度不同，故等电点也不相同，大多数蛋白质等电点小于 7。此状态下，电中性的蛋白质分子受极性水分子的作用小，所以蛋白质的黏度和溶解度均最低，也最易产生沉淀。

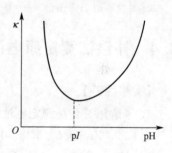

图 3.3-1　蛋白质的电导率 κ-pH 曲线

【仪器与试剂】

电导率仪 1 台（附电导电极 1 支。使用方法见 8.14 节），pH 计 1 台（使用方法见 8.15 节），25mL 移液管 1 支，1mL 刻度移液管 2 支，50mL 烧杯 2 个，玻璃搅拌棒 1 支，洗耳球 1 个。

明胶溶液（0.5%～1.5%），0.025mol·L^{-1} HCl 水溶液，0.01mol·L^{-1} NaOH 水溶液。

【实验步骤】

1. 熟悉电导率仪及 pH 计的使用方法，了解其使用注意事项。接通仪器电源预热 20min。

2. 对 pH 计进行校正定位。调整电导率仪到待测定状态。

3. 移取 25mL 明胶溶液加入 50mL 烧杯中，用 1mL 刻度移液管移取 0.1mL 0.025mol·L^{-1} 的 HCl 溶液加入同一烧杯中，用玻璃棒搅拌均匀。

4. 电导率的测定。将电导电极用去离子水清洗干净、滤纸吸干（切勿触及铂黑！）后，插入溶液中稳定 5～10min，每隔 1min 测一次，做好原始记录，直到三次的测定结果稳定不变为止。取出电导电极用去离子水冲洗、滤纸吸干后放好，备用。

5. pH 值的测定。将洗净的玻璃电极用滤纸吸干表面水分（不要擦拭电极），插入溶液中稳定 5～10min，每隔 1min 测一次，做好原始记录，直到三次的测定结果稳定不变。取出电极用去离子水冲洗、滤纸吸干后放好，备用。

6. 用 1mL 刻度移液管依次向烧杯中加入 0.025mol·L^{-1} HCl 溶液 0.2mL、0.2mL、

0.3mL、0.5mL、0.5mL、1.0mL、1.0mL、1.0mL，搅拌均匀后按步骤 4、5 的方法重复测定其电导率和 pH 值。注意每次测量后要将电极用去离子水清洗干净并用滤纸吸干后放好。

7. 另取一个 50mL 烧杯，用移液管移取 25mL 明胶溶液加入其中。用 1mL 刻度移液管依次加入 $0.01mol \cdot L^{-1}$ NaOH 溶液 0.1mL、0.2mL、0.4mL、0.4mL、0.6mL、0.6mL、0.6mL、0.6mL，搅拌均匀后按上述方法测定其电导率和 pH 值。

8. 实验完毕后关闭电导率仪和 pH 计电源，按要求用去离子水冲洗电极并用滤纸吸干后放回原处。

【数据记录及结果处理】

1. 列表记录实验数据。
2. 以电导率 κ 为纵坐标，以 pH 值为横坐标作图。
3. 从 κ-pH 图中求出明胶的等电点。

【思考题】

1. 测定蛋白质溶液等电点的依据是什么？
2. 实验所用 HCl 溶液、NaOH 溶液的浓度是否需要准确标定？

3.4 补偿法测定原电池的电动势

视频讲解

【实验目的】

1. 了解用补偿法测定电池电动势的原理，并测定 25℃ 时，下列电池的电动势：

(1) $Zn \mid ZnSO_4(0.500mol \cdot L^{-1}) \parallel KCl(饱和) \mid Hg_2Cl_2, Hg$

(2) $Hg, Hg_2Cl_2 \mid KCl（饱和）\parallel CuSO_4(0.500mol \cdot L^{-1}) \mid Cu$

(3) $Zn \mid ZnSO_4(0.500mol \cdot L^{-1}) \parallel CuSO_4(0.500mol \cdot L^{-1}) \mid Cu$

2. 由 (1)、(2) 电池的测定结果，求出 Cu-Zn 电池的电动势，并与 (3) 的测定结果相比较。进一步理解电极电势的意义，从感性上认识由两个单电极可以组成一个原电池。

3. 掌握补偿法测定电动势的原理及电位差综合测试仪测定电池电动势的方法。

【实验原理】

将金属浸于该金属盐的溶液中时，金属形成离子进入溶液，或溶液中的金属离子沉积在金属的表面上。达到平衡时，在金属与溶液界面上建立起平衡电极电势，这个平衡电势叫电极电势。到目前为止，尚不能测得电极电势的绝对值。通常选用氢电极作为比较标准，并规定它的电极电势为零。测定电极电势时，可把一已知电极电势的电极（如氢电极或其他电极）作为参比电极与待测电极组成电池，测定该电池的电动势，从而计算所求的电极电势。因为氢电极的制作复杂，铂黑易被 H_2S、NH_3 等气体污染，而且电极电势达平衡时间较长，所以常用甘汞电极作为参比电极。甘汞电极的电极电势稳定，其电极反应为：

$$Hg_2Cl_2(s) + 2e^- \Longrightarrow 2Hg(l) + 2Cl^-(aq)$$

本实验进行电动势测量时，当甘汞电极与 $Cu \mid CuSO_4$（$0.500mol \cdot L^{-1}$）电极组成电池时，甘汞电极为负极，而与 $Zn \mid ZnSO_4$（$0.500mol \cdot L^{-1}$）组成电池时，甘汞电极应为正极（为什么？）。

测量电池电动势时不能直接使用灵敏的伏特计，因为这时测得的仅仅是电池的端点电压（电池内部的电压降测不出来）。同时，由于有电流通过，电池不断放电，其内部不断发生化学变化，电极极化，因此电动势要不断降低，更难测得一个准确的结果。

为了准确测量电池电动势，常采用补偿法（也称为对消法），其要点如下。

如图 3.4-1 所示，E_N 是标准电池，它的电动势是准确知道的；E_x 是待测电池；G 是检流计，用作示零仪表；R_N 是标准电池的补偿电阻，其大小是根据工作电流来选择的；R 是被测电池电动势的补偿电阻，它是由已经知道阻值的各进位盘电阻所组成的，可以调节 R_K 的数值，使其电压降与 E_x 相补偿；r 是调节工作电流的变阻器；B 是作为电源用的电池；K 是转换开关。

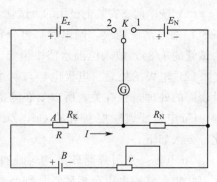

图 3.4-1 补偿法测定原电池电动势的原理线路图

测量时，首先将转换开关 K 合在 1 的位置，调节变阻器 r，使检流计 G 指示为零，这时

$$E_N = IR_N$$

其中 I 是流过 B、R、R_N 和 r 回路的电流。工作电流调好后，将转换开关 K 合在 2 的位置，移动滑线触头 A，再次使检流计 G 指示为零，这时 $E_x = IR_K$，因此得

$$E_x = \frac{E_N}{R_N} R_K$$

所以，当标准电池电动势 E_N 和标准电池的补偿电阻 R_N 的数值确定时，只要正确读出 R_K 的值，就能正确测出未知电动势 E_x。

由上述可知，用补偿法测定电动势的优点如下。

（1）当完全补偿（即检流计指零）时，测量线路与被测量线路之间无电流通过，测量线路不消耗被测量线路的能量，这样被测量线路的电动势不会因为接入电位差计而发生任何改变，测得的电动势十分准确。

（2）不需要测出线路中电流的大小，只要在电流恒定条件下，测出 R_K 和 R_N 即可。

本实验采用的 SDC-Ⅱ型数字电位差综合测试仪，该仪器是将 UJ 系列电位差计、光电检流计、标准电池等集成一体。电位差值六位显示，既可使用内部基准进行校准，还可外接标准电池作基准进行校准。保留电位差计测量功能，电路采用对称漂移抵消原理，克服了元器件的温漂和时漂，提高测量的准确度。

【仪器与试剂】

恒温水浴 1 台，数字电位差综合测试仪 1 台（使用方法见 8.16 节），可调式直流稳压电源 1 台，电镀槽 1 个，Cu 电极和 Zn 电极各 1 支，饱和甘汞电极 1 支，饱和 KCl 盐桥 1 个，试管 2 支，导线，普通砂纸，金相砂纸，滤纸等。

稀 NaOH 溶液，稀 H_2SO_4，稀 HCl，1% $Hg_2(NO_3)_2$ 溶液，0.500mol·L^{-1} $CuSO_4$ 溶液，0.500mol·L^{-1} $ZnSO_4$ 溶液，Cu 电镀液（100mL 溶液中含 15g $CuSO_4$、5mL H_2SO_4、5mL C_2H_5OH）。

【实验步骤】

1. 开启恒温水浴，使其控制在 25℃（若室温高于 25℃ 可通冷却水）。

2. 安装电池

（1）洗净两支安装电极用的大试管，分别用少量 0.500mol·L^{-1} CuSO$_4$ 溶液和 0.500mol·L^{-1} ZnSO$_4$ 溶液清洗两次，倾出后，再分别装入两种溶液（35mL 左右，两液面高度要相同，约为试管的 1/3），放入恒温水浴中恒温。

（2）电极的处理：电极电势与制作电极所用的材料及表面的处理过程有关，所以要在测定前对电极进行处理，Cu 电极要镀一层新鲜的 Cu，Zn 电极要使其汞齐化。方法如下。

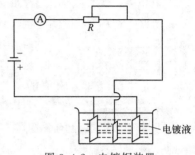

图 3.4-2　电镀铜装置

Cu 电极：先用普通砂纸均匀地打磨，除去电极表面氧化物，然后再用金相砂纸仔细磨光。经自来水、去离子水洗净后，用滤纸吸干，再浸入稀 NaOH 溶液中除油，洗净，用滤纸吸干。再浸入稀 H$_2$SO$_4$ 中洗去表面微量氧化物。用去离子水洗净后，用滤纸吸干，放入电镀槽中镀 Cu。电镀线路连接如图 3.4-2 所示，回路中包含一台直流稳压电源。调节电流旋钮，使电流密度为 15mA·cm^{-2}，镀 20min 后取出，用去离子水洗净，用滤纸吸干后，放入装有 0.500mol·L^{-1} CuSO$_4$ 溶液的试管中，即成为 Cu 电极。

Zn 电极：表面净化过程与 Cu 电极类似，是用稀 HCl 洗去表面微量氧化物，经自来水、去离子水洗净后，用滤纸吸干，将 Zn 电极浸入 1% Hg$_2$(NO$_3$)$_2$ 中 5～8s（注意：切勿触及底部，以免电极沾上金属汞！），用去离子水洗净后，用滤纸吸干，放入装有 0.500mol·L^{-1} ZnSO$_4$ 溶液的试管中，即成为 Zn 电极。汞齐化能防止电极被氧化和保证电极电势稳定，Zn 电极电势并不因其汞齐化而改变。

3. 连线路：方法见 8.16 节。

4. 按理论值计算各电池电动势值［测定每组电池电动势之前，将仪器上的电势读数（V）调整到电动势的计算值附近后，再进行精密测定］。

5. 先测定 Zn｜ZnSO$_4$（0.500mol·L^{-1}）‖ KCl（饱和）｜Hg$_2$Cl$_2$,Hg 电池的电动势。将甘汞电极底端的橡皮帽摘下，洗净吸干后插入半电池中即可组成电池，见图 3.4-3。恒温 10～15min 后开始测定电动势。每隔 2min 测一次，做好原始记录。直到最后三组数据相邻两次的测定值之差在 0.0005V 之内即可停止测定，取最后三次的平均值。

6. 取出甘汞电极，用去离子水清洗干净，滤纸擦干后，插入 Cu 半电池中，如上法测量。

7. 取出甘汞电极，洗净，套好橡皮帽，放入饱和 KCl 溶液中保存。在 Cu、Zn 两半电池中，插入洗净的盐桥，测定 Cu-Zn 电池电动势。

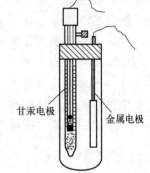

图 3.4-3　电池的构造

8. 关闭仪器电源，拆除线路。将溶液倾入回收瓶中，洗净电极、盐桥及试管等后放回原处。

【操作注意事项】

1. 连接线路时，切勿将被测电池的正负极接反。

2. 测量前应估算被测电池电动势大小，以便在测量时迅速调整到测量值，避免电极极化。

3. 实验结束后，盐桥与甘汞电极应洗净并保存在饱和 KCl 溶液中。

【数据记录及结果处理】

1. 列表记录实验数据。

2. 根据电池的测定结果，分别计算 Cu｜CuSO$_4$（0.500mol·L^{-1}）和 Zn｜ZnSO$_4$（0.500mol·L^{-1}）的电极电势。

3. 根据 Cu、Zn 的单电极电势，计算 Cu-Zn 电池的电动势，并与电池（3）的测定结果进行比较。

【思考题】

1. 电极电势的大小与哪些因素有关？

2. 为什么电极表面要进行处理？Zn 电极汞齐化有什么好处？

3. 盐桥有什么作用？应选择什么样的电解质作盐桥？

4. 若甘汞电极的电极电势不准，对测得的 $\varphi_{Zn^{2+}/Zn}$、$\varphi_{Cu^{2+}/Cu}$ 和计算得到的 E_{Cu-Zn} 有无影响？

3.5　电化学法测定化学反应的热力学函数

视频讲解

【实验目的】

1. 学会用电化学方法测定电动势温度系数以及有关化学反应的热力学函数，加深对可逆电池、可逆电极等概念的理解。

2. 掌握补偿法测定电动势的原理及电位差综合测试仪测定电池电动势的方法。

3. 掌握一些电极的制备和处理方法。

【实验原理】

化学反应的 $\Delta_r G_m$、$\Delta_r S_m$、$\Delta_r H_m$ 等热力学函数的数据来源一般有热力学法和电化学法两种。所谓电化学法即按化学反应设计一个可逆电池，且测定该可逆电池在不同温度下的电动势，求得电动势的温度系数，从而计算各热力学函数。由于采用电化学法测量比较简便易行，且测量结果也比较准确，故许多化学反应热力学数据常来自电化学测定方法。本实验测定下面反应的 $\Delta_r G_m$、$\Delta_r S_m$、$\Delta_r H_m$：

$$Zn(s)+2AgCl(s)\Longrightarrow ZnCl_2(aq)+2Ag(s)$$

将此反应设计为可逆电池：

$$Zn(s)｜ZnCl_2(0.100mol·L^{-1})｜AgCl(s)，Ag(s)$$

恒温恒压下，原电池电动势与电池反应的摩尔吉布斯自由能的变化 $\Delta_r G_m$ 之间有如下关系：

$$\Delta_r G_m = -zFE \tag{3.5-1}$$

式中，z、F、E 分别代表原电池反应转移的电子数、法拉第常数（C·mol^{-1}）、电池电动势（V）。因为

$$\Delta_r S_m = - \left[\frac{\partial(\Delta_r G_m)}{\partial T}\right]_p \tag{3.5-2}$$

$$\Delta_r G_m = \Delta_r H_m - T \Delta_r S_m \tag{3.5-3}$$

故

$$\Delta_r S_m = zF \left(\frac{\partial E}{\partial T}\right)_p \tag{3.5-4}$$

$$\Delta_r H_m = -zFE + zFT \left(\frac{\partial E}{\partial T}\right)_p \tag{3.5-5}$$

$\left(\frac{\partial E}{\partial T}\right)_p$ 称为电池电动势的温度系数。从式(3.5-1)、式(3.5-4)、式(3.5-5) 可知，根据恒压下测定的不同温度的电池电动势即能计算出反应的 $\Delta_r G_m$、$\Delta_r S_m$、$\Delta_r H_m$。

【仪器与试剂】

恒温水浴 1 台，数字电位差综合测试仪 1 台（使用方法见 8.16 节），直流稳压电源 1 台，直流电流表 1 个，电解槽装置 1 个，Ag 电极 2 支，Zn 电极 1 支，H 管 1 个，导线，金相砂纸，滤纸等。

3mol·L^{-1} HNO$_3$ 溶液，1mol·L^{-1} HCl 溶液，0.100mol·L^{-1} ZnCl$_2$ 溶液，1％ Hg$_2$(NO$_3$)$_2$ 等。

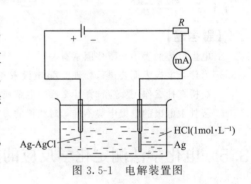

图 3.5-1 电解装置图

【实验步骤】

1. Ag-AgCl 电极的制备

取一支银电极于 3mol·L^{-1} HNO$_3$ 溶液中浸泡 1min，用去离子水冲洗干净后，将此电极作为阳极，另一银电极为阴极，在 1mol·L^{-1} HCl 溶液中，以 2.5mA·cm^{-2} 电流电解约 1h，见图 3.5-1。取出，用去离子水冲洗干净，将制得的紫褐色 AgCl 电极浸入 0.100mol·L^{-1} ZnCl$_2$ 溶液中，避光保存 24h 以上，使之达平衡，因新制备的 Ag-AgCl 电极需放置 24h 以后才能稳定，故实验时所用电极均需提前制备。

2. Zn 电极的处理

用金相砂纸轻轻把 Zn 电极磨光，用去离子水洗净、经滤纸擦干后，插入 1％ Hg$_2$(NO$_3$)$_2$ 溶液 5～8s，使 Zn 电极表面形成一薄层 Zn-Hg 齐。取出后，用去离子水冲洗，并用滤纸轻轻吸干表面水迹。汞齐化的目的是防止电极电势不稳。

3. 电池的构成

在干净的 H 管中注入 0.100mol·L^{-1} ZnCl$_2$ 溶液，分别插入 Zn 电极和 Ag-AgCl 电极，组成电池，见图 3.5-2。

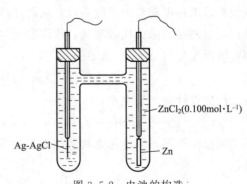

图 3.5-2 电池的构造

4. 测定

(1) 开启恒温水浴，使其控制在当前温度。

(2) 连接好线路，将电池置于恒温水浴中。按恒温水浴的当前温度恒温 15min，温度恒定不变后停止搅拌，测出电池的电动势。每隔 2min 测定一次，做好原始记录。直到最后三组数据相邻两次测定值之差在 0.0005V 之内为止，取稳定后最后三次的平均值。

（3）调节恒温水浴温度，每次升高 5℃，按上述方法测定其电池电动势值，共测定四个不同温度下的电动势。

（4）拆除线路，关闭仪器电源。洗净电极放回原处。

【数据记录及结果处理】

1. 列表记录实验数据。

2. 以温度 T 为横坐标，电池电动势 E 为纵坐标，作 $E\text{-}T$ 图，求出电池的温度系数 $\left(\dfrac{\partial E}{\partial T}\right)_p$。

3. 求出 298K 时电池的 E 以及电池反应的 $\Delta_r G_m$、$\Delta_r S_m$、$\Delta_r H_m$ 值。

【思考题】

1. 为何测定电动势要用补偿法？其原理是什么？

2. 写出盐酸电解制备电极时的电极反应。

3. 为什么测定电池反应的热力学函数变化时，电池内进行的化学反应必须是可逆的？

4. 上述电池电动势与 $ZnCl_2$ 的浓度是否有关？为什么？

3.6　电极电势-pH 图的绘制及分析

【实验目的】

1. 测定 Fe^{3+}/Fe^{2+}-EDTA 络合体系在不同 pH 条件下的电极电势，绘制电势-pH 曲线。

2. 了解电势-pH 图的意义及应用。

3. 掌握电极电势、电池电动势和 pH 的测量原理和方法。

【实验原理】

许多氧化还原反应的发生，都与溶液的 pH 值有关，此时电极电势不仅随溶液的浓度和离子强度变化，还随溶液的 pH 值的不同而改变。如果指定溶液的浓度，改变其酸碱度，同时测定相应的电极电势与溶液的 pH 值，然后以电极电势对 pH 作图，就可绘制出电势-pH 曲线。

电极电势-pH 曲线在电化学分析工作中具有实际应用价值。例如，本实验讨论的 Fe^{3+}/Fe^{2+}-EDTA 体系可用于天然气脱硫。在天然气中含有 H_2S，它是一种有害物质。利用 Fe^{3+}-EDTA 溶液可将 H_2S 氧化为元素 S 而过滤除去，溶液中的 Fe^{3+}-EDTA 络合物还原为 Fe^{2+}-EDTA 络合物，通入空气又可使 Fe^{2+}-EDTA 迅速氧化为 Fe^{3+}-EDTA，从而使溶液复原，并循环利用。EDTA 的酸根离子用 Y^{4-} 表示，则上述反应如下：

$$2FeY^- + H_2S \xrightarrow{\text{脱硫}} 2FeY^{2-} + 2H^+ + S\downarrow$$

$$2FeY^{2-} + \frac{1}{2}O_2 + H_2O \xrightarrow{\text{再生}} 2FeY^- + 2OH^-$$

图 3.6-1 为 Fe^{3+}/Fe^{2+}-EDTA 和 S-H_2S 体系的电势与 pH 关系示意图。对于 Fe^{3+}/Fe^{2+}-EDTA 体系，在不同 pH 值时，其络合产物有所差异。下面将 pH 值分为三个区间来

讨论电极电势的变化。

1. 在高 pH 值时（图 3.6-1 中的 ab 区间），溶液中的络合物为 $Fe(OH)Y^{2-}$ 和 FeY^{2-}，其电极反应为：

$$Fe(OH)Y^{2-} + e^- \rightleftharpoons FeY^{2-} + OH^-$$

根据能斯特方程，其电极电势为：

$$\varphi = \varphi^{\ominus} - \frac{RT}{F} \ln \frac{a(FeY^{2-}) \cdot a(OH^-)}{a[Fe(OH)Y^{2-}]}$$

式中，$\varphi^{\ominus}$ 为标准电极电势；a 为活度。

由活度 a 与活度系数 γ 和质量摩尔浓度 b 的关系可得

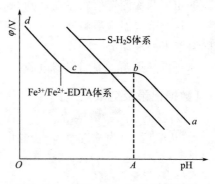

图 3.6-1 电极电势-pH 关系示意图

$$a = \gamma b$$

同时考虑到在稀溶液中水的活度积 K_w 等于水的离子积，又按照 pH 的定义，则

$$\varphi = \varphi^{\ominus} - \frac{RT}{F} \ln \frac{\gamma(FeY^{2-}) \cdot K_w}{\gamma[Fe(OH)Y^{2-}]} - \frac{RT}{F} \ln \frac{b(FeY^{2-})}{b[Fe(OH)Y^{2-}]} - \frac{2.303RT}{F} pH$$

令

$$c_1 = \frac{RT}{F} \ln \frac{\gamma(FeY^{2-}) \cdot K_w}{\gamma[Fe(OH)Y^{2-}]}$$

在溶液离子强度和温度一定时，c_1 为常数。则

$$\varphi = (\varphi^{\ominus} - c_1) - \frac{RT}{F} \ln \frac{b(FeY^{2-})}{b[Fe(OH)Y^{2-}]} - \frac{2.303RT}{F} pH$$

在 EDTA 过量时，生成的络合物的浓度可近似地看作配制溶液时铁离子的浓度，即

$$b(FeY^{2-}) \approx b(Fe^{2+})$$

$$b[Fe(OH)Y^{2-}] = b(Fe^{3+})$$

当 $b(Fe^{3+})$ 与 $b(Fe^{2+})$ 比例一定时，φ 与 pH 呈线性关系，即图 3.6-1 中的 ab 段。

2. 在一定的 pH 范围内 Fe^{3+} 和 Fe^{2+} 与 EDTA 生成稳定的络合物 FeY^{2-} 和 FeY^-，其电极反应为：

$$FeY^- + e^- \rightleftharpoons FeY^{2-}$$

电极电势表达式为：

$$\varphi = \varphi^{\ominus} - \frac{RT}{F} \ln \frac{a(FeY^{2-})}{a(FeY^-)} = \varphi^{\ominus} - \frac{RT}{F} \ln \frac{\gamma(FeY^{2-})}{\gamma(FeY^-)} - \frac{RT}{F} \ln \frac{b(FeY^{2-})}{b(FeY^-)}$$

$$= (\varphi^{\ominus} - c_2) - \frac{RT}{F} \ln \frac{b(FeY^{2-})}{b(FeY^-)}$$

式中

$$c_2 = \frac{RT}{F} \ln \frac{\gamma(FeY^{2-})}{\gamma(FeY^-)}$$

当温度一定时，c_2 为常数，在此 pH 范围内，该体系的电极电势只与 $b(FeY^{2-})/b(FeY^-)$ 的大小有关，或者说只与配制溶液时 $b(Fe^{3+})/b(Fe^{2+})$ 的大小有关，见图 3.6-1 中出现的平台区 bc 段。

3. 在低 pH 时，体系的电极反应为：

$$FeY^- + H^+ + e^- =\!\!=\!\!= FeHY^-$$

同理可求得

$$\varphi = (\varphi^\ominus - c_a) - \frac{RT}{F} \ln \frac{b(FeHY^-)}{b(FeY^-)} - \frac{2.303RT}{F} pH$$

在 $b(Fe^{3+})/b(Fe^{2+})$ 不变时，φ 与 pH 呈线性关系，即图 3.6-1 中的 *cd* 段。

由此可见，只要将 Fe^{3+}/Fe^{2+}-EDTA 体系用惰性金属（Pt 丝）作导体组成一个电极（作为待测电极），并且与另一参比电极（银-氯化银电极）组合成一个电池再测定该电池的电动势，即可求得体系中待测电极的电极电势。与此同时，采用酸度计测出相应条件下的 pH 值，从而可绘制出电极电势-pH 曲线。

【仪器与试剂】

数字电位差综合测试仪 1 台（使用方法见 8.16 节），酸度计 1 台（使用方法见 8.15 节），500mL 五口烧瓶（带恒温套）1 个，磁力搅拌器 1 台，银-氯化银电极 1 支，玻璃电极 1 支，氮气钢瓶 1 个，铂丝电极。

$(NH_4)_2Fe(SO_4)_2 \cdot 6H_2O$，$NH_4Fe(SO_4)_2 \cdot 12H_2O$，HCl，NaOH，EDTA（二钠盐）。所用试剂均为分析纯。

实验装置见图 3.6-2。

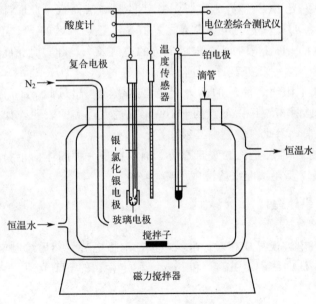

图 3.6-2　电极电势-pH 测定装置图

【实验步骤】

1. 配制溶液

$0.100mol \cdot kg^{-1}$ 的 $NH_4Fe(SO_4)_2$ 水溶液；

$0.100mol \cdot kg^{-1}$ 的 $(NH_4)_2Fe(SO_4)_2$ 水溶液；

$0.50mol \cdot kg^{-1}$ 的 EDTA 水溶液；

$4.00mol \cdot kg^{-1}$ 的 HCl 水溶液；

$2.00mol \cdot kg^{-1}$ 的 NaOH 水溶液。

2. 按下列次序将试剂加入五口烧瓶中

30mL 0.100mol·kg^{-1} 的 $NH_4Fe(SO_4)_2$ 溶液、30mL 0.100mol·kg^{-1} 的 $(NH_4)_2Fe(SO_4)_2$ 溶液、40mL 0.50mol·kg^{-1} 的 EDTA 溶液、50mL 去氧蒸馏水，并迅速通入氮气。

3. 电极电势和 pH 的测定

打开电磁搅拌器，待搅拌子旋转稳定后，再插入玻璃电极、铂丝电极和银-氯化银电极，然后用 2.00mol·kg^{-1} 的 NaOH 调节溶液的 pH 值（7.5～8.0 之间）。在电位差综合测试仪和酸度计上，直接读取电动势与相应的 pH 值。随后用滴管滴加 HCl 溶液调节 pH，每次改变值约为 0.3 即可，逐一进行测定，直到溶液的 pH 为 3 左右，即可停止实验并及时取出玻璃电极、铂丝电极和银-氯化银电极，用水冲洗干净，然后使仪器复原。

【操作注意事项】

1. 利用测定的 Fe^{3+}/Fe^{2+}-EDTA 络合体系的电极电势-pH 曲线可以选择较合适的脱硫条件。例如，低含硫天然气中 H_2S 含量为 1×10^{-4}～6×10^{-4}kg·m^{-3}，在 25℃时相应的 H_2S 的分压为 7.29～43.56Pa。根据电极反应

$$S+2H^++2e^-\text{==}H_2S(g)$$

在 25℃时，其电极电势为：

$$\varphi/V=-0.072-0.0296\lg[p(H_2S)/Pa]-0.0591pH$$

将 φ、$p(H_2S)$ 和 pH 三者关系在电极电势-pH 图中画出，如图 3.6-1 所示。从图中不难看出，对任何具有一定 $b(Fe^{3+})/b(Fe^{2+})$ 大小的脱硫液而言，此脱硫液的电极电势与反应 $S+2H^++2e^-\text{==}H_2S(g)$ 的电极电势之差值在电势平台区的 pH 范围内随着 pH 的增大而增大，到平台区的 pH 上限时，两电极电势的差值最大，超过此 pH 值，两电极电势差值不再增大而为定值。这一事实表明，任何具有一定 $b(Fe^{3+})/b(Fe^{2+})$ 大小的脱硫液在它的电势平台区的 pH 上限时，脱硫的热力学趋势达最大，超过此 pH 后，脱硫趋势不再随 pH 增大而增加。可见图 3.6-1 中 A 点的 pH 值不宜过大，实验表明，如果 pH 大于 12，会有 $Fe(OH)_3$ 沉淀出来，因此在实验中必须注意。

2. 本实验所用的 EDTA 是乙二胺四乙酸二钠，它是一种固体白色粉末。在使用 EDTA 二钠盐时，配制溶液需要在碱性水溶液中加热溶解。

【数据记录及结果处理】

1. 列表记录实验数据。

2. 将测定的电极电势换算成相对标准氢电极的电极电势，然后绘制电极电势-pH 曲线。

3. 由电极电势-pH 曲线确定 FeY^- 和 FeY^{2-} 稳定存在的 pH 范围。

【思考题】

1. 写出 Fe^{3+}/Fe^{2+}-EDTA 体系在电势平台区、低 pH 和高 pH 值时，体系的基本电极反应及其所对应的电极电势公式的具体表示式，并指出各项的物理意义。

2. 脱硫液的 $b(Fe^{3+})/b(Fe^{2+})$ 大小不同，测得的电极电势-pH 曲线有什么差异？

3.7　测量锌电极的稳态极化曲线

【实验目的】

视频讲解

1. 掌握通过线性电势扫描测定稳态极化曲线的原理、测试方法和实验数据处理。

2. 测定 Zn/Zn^{2+} 的阴极极化曲线。

【实验原理】

金属锌浸在其盐溶液中，构成 Zn/Zn^{2+} 电极系统，存在如下平衡：

$$Zn^{2+} + 2e^- \Longrightarrow Zn$$

当电极电势处于平衡电极电势，即 φ_e 时，正逆两方向反应速率相等，电极处于平衡态，电极上无外电流通过。

当有外电流通过电极时，电极反应的平衡遭到了破坏，使电极电势离开平衡电极电势 φ_e，这种现象称为电极的极化。随着电流的增加，电极电势偏离平衡电极电势的程度增加，极化程度增强。

电极电势与电流密度关系的曲线，称为极化曲线。电极电势从平衡电极电势正移，发生氧化反应时的极化曲线为阳极极化曲线。电极电势从平衡电极电势负移，发生还原反应时的极化曲线为阴极极化曲线。

电极反应达稳定状态时电流密度与电极电势关系的曲线为稳态极化曲线。一般而言，可通过静态的恒电势法、恒电流法、动态的电势扫描法、电流扫描法测定稳态极化曲线。采用恒电势法/恒电流法时，逐点控制电势/电流，测定电极反应达稳态时一系列对应的电流/电势，然后绘制极化曲线。

采用电势扫描法/电流扫描法时，控制电极电势/电流线性变化，同时测试对应的电流/电极电势，得极化曲线。动态法测稳态极化曲线的关键是选择合理的扫描速度。扫描速度过快时，电极未来得及建立新电势/电流条件下的稳态，相应的响应电流/电极电势为非稳态数据，此时测试的极化曲线为非稳态极化曲线。扫描速度不同，测试的非稳态极化曲线不同。只有扫描速度慢到一定程度，保证电极来得及建立新电势/电流下的稳态，才可以得到稳态极化曲线，稳态极化曲线与扫描速度无关。建立新电势/电流下稳态所需的时间由系统特性决定，因此不同电极系统测试稳态极化曲线需要的扫描速度也有差异。

本实验采用电势扫描法测定 Zn/Zn^{2+} 的阴极极化曲线。

采用三电极系统进行测试（图 3.7-1），Zn/Zn^{2+} 为工作电极，参比电极采用饱和甘汞电极，辅助电极采用铂丝电极。利用 CHI 电化学工作站控制工作电极的电极电势以一定的速度线性负移，同时测试流过电极的电流，得到的电流与电极电势的关系曲线即为阴极极化曲线（图 3.7-2）。

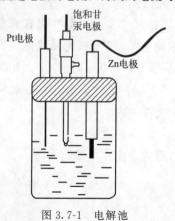

图 3.7-1　电解池

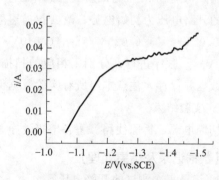

图 3.7-2　阴极极化曲线

【仪器与试剂】

电化学工作站 1 台，控制仪器电脑 1 台，电解池 1 个，Zn 电极 1 支（电极面积约为

$0.7cm^2$），Pt 电极 1 支，饱和甘汞电极 1 支，金相砂纸，滤纸等。

电解液为 $0.6mol·L^{-1} ZnCl_2 + 4.5mol·L^{-1} NH_4Cl$。

【实验步骤】

1. 组装电池

（1）将电解池清洗干净，注入适量的 $0.6mol·L^{-1} ZnCl_2 + 4.5mol·L^{-1} NH_4Cl$ 电解液。

（2）用金相砂纸打光 Zn 表面，然后用 5％ HCl 溶液洗去表面氧化物，用去离子水冲洗干净后用滤纸吸干，置于电解池中；另将 Pt 电极、饱和甘汞电极用去离子水冲洗干净并用滤纸吸干后放入电解池中。

2. 连接线路

将 Zn 电极、Pt 电极、饱和甘汞电极分别与 CHI 电化学工作站的工作电极、辅助电极、参比电极接线柱相连（绿色为工作电极接线柱，红色为辅助电极接线柱，白色为参比电极接线柱）。确定连接正确后，打开 CHI 电化学工作站电源开关，预热 10min。

3. 测定开路电压

从计算机桌面上打开 CHI 软件，运行"控制"菜单下的"开路电压"命令，获取开路电压，并记录。

4. 测定极化曲线

（1）运行"设置"菜单下的"实验技术"命令（或点击▥图标），选择"线性扫描伏安法"；再运行"设置"菜单下的"实验参数"命令（或点击▤图标），在弹出的窗口中设定以下参数。

① 初始电势：读取的稳定开路电压，保留到小数点后第三位。

② 终止电势：$-1.5V$。

③ 扫描速度：$0.1V·s^{-1}$。

④ 静置时间：0。

（2）点击图标▶开始实验，$0.1V·s^{-1}$ 时测试的极化曲线如图 3.7-2 所示。

（3）实验结束后，点击▥图标，在 E 盘"极化曲线实验"文件夹内，新建一个文件夹并命名，双击打开该文件夹，用扫描速度（如 100 等）命名极化曲线原始数据，并将其保存在该文件夹内，注意本组所有实验数据均保存在该文件夹内。

（4）每隔 2min，测试新的开路电压。点击▤图标，打开"实验参数"设置页面，以新测试的开路电压为初始电势，改变扫描速度（其他参数同上），重复极化曲线测定。扫描速度按 $0.05V·s^{-1}$，$0.025V·s^{-1}$，$0.010V·s^{-1}$，$0.005V·s^{-1}$，$0.004V·s^{-1}$，$0.003V·s^{-1}$，$0.002V·s^{-1}$ 顺序进行；分别用相应的扫描速度（50，25，10，5，4，3，2）命名极化曲线原始数据并保存，注意本组所有实验数据保存在同一个文件夹内。

5. 实验结束

切断电源，拆除线路。将各电极洗净并按要求放回原处，洗净电解池。

【数据记录及结果处理】

1. 记录每次测试的开路电压。

2. 自定义不同扫速极化曲线的文件名，并记录初始电势、扫描速度等实验条件。

3. 利用 CHI 控制软件将实验数据转换成".txt"文件。运行"文件"菜单下"转换为文本"命令后，选择所有扫速下测试的极化曲线数据，点击打开，文件即转化为文本数据，并存储在原实验数据文件夹内。

4. 利用 Origin 软件分析实验数据,确定采用电势扫描法测试该系统稳态极化曲线的合理扫描速度。

(1) 打开 Origin 软件,点击工作栏中的多组数据导入 ⊞ 图标,选择测试数据所在文件夹,按住 shift 键选择 "2. txt,3. txt,4. txt,5. txt,10. txt,25. txt,50. txt,100. txt" 数据,点击 "Add File(s)",再点击 "OK"。随后会弹出导入设置窗口,在 "Import Options" 下找到 "Import Mode",点开下拉菜单选择 "Start New Column",最后点击 "OK" 就完成了数据导入。

(2) 关掉 "Results Log" 及 "Classic Script Window" 窗口,放大 "Book1" 窗口,对 "Comments" 行命名:B 列命名为 2(直接在 B 列 Comment 行位置处填 "2"),D 列为 3,F 列为 4,H 列为 5,J 列为 10,L 列为 25,N 列为 50,P 列为 100;同时选中 B、D、F、H、J、L、N、P 列,再点击画图工作栏中的 ⁄· 图标(软件界面左下角)作图。

(3) 鼠标双击横轴,弹出 X 轴(X Axis)信息窗口,在 "Horizontal" 界面中将 "From" 和 "to" 中的数据对调,以改变极化曲线横轴变化方向,使横轴电势从开路电压逐渐负移;在 "Vertical" 界面中将 "From" 和 "to" 中的数据对调,改变极化曲线纵轴变化方向。

(4) 参考图 3.7-2 标明横、纵坐标物理量和单位,保证图片美观、信息完整。点击 "File",选择 "Print" 对图片进行打印。因输出时非彩印,请根据 Origin 界面各曲线(通过颜色分辨曲线)在打印的报告单上手动标出各曲线名称。

(5) 根据叠加的极化曲线,判断测试该系统稳态极化曲线的最大扫描速度。

【思考题】

1. 何为稳态极化曲线?可以采用哪些方法测定稳态极化曲线?
2. 采用电势扫描法测试稳态极化曲线时,如何确定扫描速度?
3. 电解池中三个电极的作用分别是什么?

3.8 恒电势法测量并分析铁的极化和钝化曲线

【实验目的】

1. 测定铁在 H_2SO_4 中的阴极极化曲线、阳极极化曲线和钝化曲线。
2. 求算铁的自腐电势、腐蚀电流、钝化电流等。
3. 掌握恒电势法的测量原理和实验方法。

【实验原理】

铁在 H_2SO_4 溶液中会被不断溶解,同时产生 H_2,即

$$Fe + 2H^+ \Longrightarrow Fe^{2+} + H_2 \uparrow \tag{3.8-1}$$

在 Fe-H_2SO_4 界面上同时进行两个电极反应:

$$Fe \Longrightarrow Fe^{2+} + 2e^- \tag{3.8-2}$$

$$2H^+ + 2e^- \Longrightarrow H_2 \tag{3.8-3}$$

反应(3.8-2)和反应(3.8-3)称为共轭反应。正是由于反应(3.8-3)存在,反应(3.8-2)

才能不断进行，这就是铁在酸性介质中腐蚀的主要原因。

当电极不与外电路接通时，其净电流 $I_总$ 为零。在稳定状态下，铁溶解的阳极电流 I_{Fe} 和 H^+ 还原出 H_2 的阴极电流 I_H 在数值上相等但符号相反，即

$$I_总 = I_{Fe} + I_H = 0$$

I_{Fe} 的大小反映了 Fe 在 H_2SO_4 中的溶解速率，而维持 I_{Fe} 和 I_H 相等时的电势称为 Fe-H_2SO_4 体系的自腐电势 ε_{cor}。

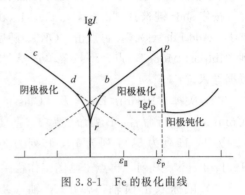

图 3.8-1 Fe 的极化曲线

当对电极进行阳极极化（即加更大正电势）时，反应(3.8-3)被抑制，反应(3.8-2)加快。此时，电化学过程以 Fe 的溶解为主要倾向。通过测定对应的极化电势和极化电流，就可得到 Fe-H_2SO_4 体系的阳极极化曲线 rba，见图 3.8-1。由于反应(3.8-2)是由扩散速率控制，所以符合塔菲尔半对数关系，即电极的过电位为

$$\eta_H = a_{Fe} + b_{Fe} \lg I_{Fe}$$

直线的斜率为 b_{Fe}。

当对电极进行阴极极化（即加更负的电势）时，反应(3.8-2)被抑制，电化学过程以反应(3.8-3)为主要倾向，同理，可获得阴极极化曲线 rdc，见图 3.8-1。由于 H^+ 在 Fe 电极上还原出 H_2 的过程也是由扩散速率控制，故阴极极化曲线也符合塔菲尔关系，即

$$\eta_H = a_H + b_H \lg I_H$$

当把阳极极化曲线的直线部分和阴极极化曲线的直线部分外延，理论上应交于一点，此点的纵坐标就是腐蚀电流 I_{cor} 的对数 $\lg I_{cor}$，横坐标则表示自腐电势 ε_{cor} 的大小。

当阳极极化进一步加强时，铁的阳极溶解进一步加快，极化电流迅速增大。当极化电势超过 ε_p 时，I_{Fe} 很快下降到 I_p。此后虽然不断增加极化电势，但 I_{Fe} 一直维持在一个很小的数值。直到极化电势超过 1.5V 时，I_{Fe} 才重新开始增加。此时 Fe 电极开始出氧。ε_p 称为钝化电势，I_p 称为钝化电流。

铁的钝化现象可作如下解释：当铁处在活化状态时，Fe 正常溶解。当 Fe 大量快速溶解时出现极限电流。再进一步极化时，Fe^{2+} 与溶液中的 SO_4^{2-} 形成 $FeSO_4$ 沉淀层，阻滞了阳极反应。H^+ 不易达到 $FeSO_4$ 层内部，使 Fe 表面的 pH 值增加；在电势超过 0.6V 时，Fe_2O_3 开始在 Fe 的表面生成，形成了致密的氧化膜，极大地阻滞了 Fe 的溶解，因而出现了钝化现象。由于 Fe_2O_3 在高电势范围内能够稳定存在，故铁能保持在钝化状态，直到电势超过 O_2/H_2O 体系的平衡电势（+1.23V）较多时（+1.6V），才开始产生氧气，电流重新增大。

金属钝化现象在实际中有很多应用。金属处于钝化状态，对于防止金属的腐蚀和在电解过程中保护不溶性阳极是极为重要的。而在另一些情况下，钝化现象十分有害。如在化学电源、电镀中的可溶性阳极等，则应尽力防止阳极钝化现象的发生。

凡能促使金属保护层破坏的因素都能使钝化后的金属重新活化，或能防止金属钝化。例如，加热、通入还原性气体、阴极极化、加入某些活性离子（如 Cl^-）、改变 pH 值等均能使钝化后的金属重新活化或能防止金属钝化。

对 Fe-H_2SO_4 体系进行阴极极化或阳极极化（在不出现钝化情况下）既可采用恒电流方法，也可采用恒电势的方法，所得到的实验结果一致。但对钝化曲线的测定，必须采用恒电

势方法，如采用恒电流方法则无法测得完整的钝化曲线。

【仪器与试剂】

电化学工作站 1 台（使用方法详见 8.18 节），三电极电解池 1 个，铂片电极 1 支，饱和甘汞电极 1 支，圆柱形铁工作电极 1 支，水砂纸等。

$2mol \cdot L^{-1}$ 的 H_2SO_4 水溶液。

【实验步骤】

1. 准备实验装置

实验装置采用三电极电解池。辅助电极室和工作电极室之间采用玻璃砂隔板。工作电极采用纯铁，并加工成直径 2.5mm、长 10mm 的小圆棒，一端有螺纹，可拧在电极杆末端的螺丝上。

工作电极分别用 $200^{\#} \sim 800^{\#}$ 水砂纸打磨，抛光成镜面。用卡尺测量其外径和长度。将电极固定在电极杆上，擦拭干净后放入乙醇、丙酮中去油。

去油后的工作电极进一步进行抛光处理。即将电极放入 $HClO_4$、HAc 的混合液中（按 4∶1 配制）进行电解。工作电极为阳极，Pt 电极为阴极，电流密度为 $85mA \cdot cm^{-2}$（铁电极），电解 2min，取出后用去离子水洗净，用滤纸吸干后立即放入电解池中。

2. 连接线路

将铁电极、铂电极、饱和甘汞电极分别与电化学工作站的工作电极、对电极、参比电极连接线相连（绿色为工作电极连接线，红色为对电极连接线，白色为参比电极连接线）。确定连接正确后，打开电化学工作站电源开关，预热 10min。

3. 测定自腐电势

从计算机桌面上打开电化学工作站测试软件，运行"控制"菜单下的"开路电压"命令，获取开路电压，直至 2min 内所测得的开路电压数值相差不大于 2mV 为止，此即为自腐电势 ε_{cor}（相对于参比电极）。

4. 阴极极化曲线的测定

(1) 运行"设置"菜单下的"实验技术"命令（或点击▥图标），选择"线性扫描伏安法"，再运行"设置"菜单下的"实验参数"命令（或点击▤图标），在弹出的窗口中设定以下参数。

① 初始电势：为步骤 3 中所测定的自腐电势 ε_{cor}，保留到小数点后第三位。

② 终止电势：$\varepsilon_{cor} - 250mV$。

③ 扫描速度：$0.010V \cdot s^{-1}$。

④ 静置时间：0。

(2) 点击图标▶开始实验。

(3) 实验结束后，点击图标▤，在 E 盘"极化曲线实验"文件夹内，新建一个文件夹并命名，双击打开该文件夹，用适当名称命名极化曲线原始数据，并将其保存在该文件夹内，注意本组所有实验数据均保存在该文件夹内。

5. 阳极极化曲线和钝化曲线的测定

阴极极化曲线测试完成后需更换工作电极和溶液。按照步骤 2 的方式连接线路。仍从自腐电势的测试开始，即从步骤 3 开始测试。待自腐电势测试完成以后，按照步骤 4 的方式测定阳极极化曲线。只是将终止电势设置为1.8V，其余保持不变。

6. 测定结束

复原仪器，清洗电极，记录室温。

【数据记录及结果处理】

1. 记录每次测试的开路电压。

2. 自定义不同自腐电势、极化曲线的文件名，及其他实验条件。

3. 利用电化学工作站控制软件将实验数据转换成".txt"文件。

4. 利用Origin软件分析处理实验数据，并绘制自腐电势曲线、阳极极化曲线和阴极极化曲线，由两条极化曲线直线部分延长线的交点 Z 求 I_{cor}、i_{cor}（$mA \cdot cm^{-2}$），并分别求出斜率 b_H 和 b_{Fe}。

5. 绘制钝化曲线，由此钝化曲线求出钝化电势 ε_0、钝化电流 I_p 和钝化电流密度 i_p。

【思考题】

1. 从极化电势的改变，如何判断所进行的极化是阳极极化还是阴极极化？

2. 测定钝化曲线为什么不能采用恒电流法？

3.9 锌电极循环伏安曲线的测量

【实验目的】

1. 学会测定循环伏安曲线的原理和方法。

2. 测定锌在 $ZnCl_2$-三乙酸胺电镀液中的循环伏安曲线。

【实验原理】

循环伏安法，也叫三角波电势法。实质是通过控制电极电势随时间的变化来测定稳态极化曲线，如图3.9-1所示。锌电极浸在溶液中发生可逆反应

$$Zn^{2+} + 2e^- \Longrightarrow Zn$$

假定电极电势从 φ_1 开始向负方向扫描，且 φ_1 较 φ_2 正得多。开始时没有法拉第电流，随着电势负移至 φ_2 附近，还原电流逐渐增大，这时电极反应主要受界面电荷传递动力学控制。但当电势进一步负移达到扩散控制区电势后，电流则转而受扩散过程控制，因而会随时间（也就是随电势的进一步负移）而衰减，使得 i-φ 曲线上出现电流峰。当电流衰减到某一程度（在某一电势）时进行反向电势扫描，原来在电极上还原的产物又重新被氧化。同样道理，在比 φ_2 稍正的电势形成氧化电流峰。典型的循环伏安曲线如图3.9-2所示。

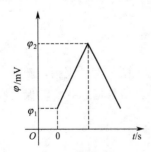

图 3.9-1 循环伏安法中控制
电极电势随时间变化

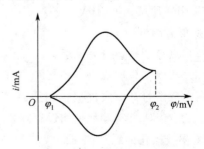

图 3.9-2 循环伏安曲线

这种方法可用于分析物质的电化学活性、测量物质的氧化还原电势、考察电化学反应的可逆性和反应机理等。循环伏安法已成为研究物质电化学性质和进行电化学分析的基本手段，应用范围十分广泛。

【仪器与试剂】

电化学工作站 1 台（使用方法详见 8.18 节），电解池 1 个，铂电极 1 支，甘汞电极 1 支，锌电极 1 支。

$ZnCl_2$-三乙酸酰胺溶液。

【实验步骤】

1. 实验准备

按图 3.9-3 连接线路，待老师检查无误后，打开电化学工作站电源及所连接的计算机测试系统。

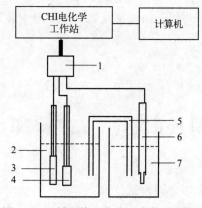

图 3.9-3　循环伏安曲线测定装置示意图

1—接线盒；2—$ZnCl_2$ 电镀液；3—Zn 电极；4—Pt 电极；5—盐桥；6—甘汞电极；7—KCl 水溶液

2. 测定开路电压

从计算机桌面上打开电化学工作站软件，运行"控制"菜单下的"开路电压"命令，获取开路电压，直至 2min 内所测得的开路电压数值相差不大于 2mV 为止（相对于参比电极）。

3. 测定循环伏安曲线

（1）运行"设置"菜单下的"实验技术"命令（或点击▥图标），选择"循环伏安法"，再运行"设置"菜单下的"实验参数"命令（或点击▥图标），在弹出的窗口中设定以下参数。

① 初始电势：步骤 2 中所测定的开路电压。

② 最高电势：0.5V。

③ 最低电势：-1.8V。

④ 扫描速度：$0.010V\cdot s^{-1}$。

⑤ 扫描方向：反扫。

⑥ 扫描段数：7。

⑦ 静置时间：0。

（2）点击图标▶开始实验。

（3）实验结束后，点击■图标，在 E 盘"锌循环伏安曲线实验"文件夹内，新建一个文件夹并命名，双击打开该文件夹，用适当名称命名原始数据，并将其保存在该文件夹内，注意本组所有实验数据均保存在该文件夹内。

4．测定不同扫描速率下的循环伏安曲线

在 $50V\cdot s^{-1}$、$100V\cdot s^{-1}$、$150V\cdot s^{-1}$、$200V\cdot s^{-1}$、$250V\cdot s^{-1}$、$300V\cdot s^{-1}$ 不同扫描速率下重复步骤 2 和 3。

5．实验结束

测定结束后，应使仪器复原，清洗电极，记录室温。

【数据记录及结果处理】

1．记录每次测试的开路电压。

2．利用电化学工作站控制软件将实验数据转换成".txt"文件。

3．利用 Origin 软件分析处理实验数据，并绘制不同扫描速率下的循环伏安曲线。

4．将不同扫描速率下的循环伏安曲线集成到 1 个图形中并进行比较。

【思考题】

1．何谓循环伏安曲线？测定的基本原理是什么？

2．分析图中所测的氧化还原电流峰。

3.10　循环伏安法研究 $[Fe(CN)_6]^{3-}/[Fe(CN)_6]^{4-}$ 电极反应动力学

【实验目的】

1．了解循环伏安法的基本原理和测试技术。

2．对 $[Fe(CN)_6]^{3-}/[Fe(CN)_6]^{4-}$ 电对的循环伏安曲线进行分析，获取动力学信息。

【实验原理】

在电极反应动力学研究中，循环伏安法是一种有效的手段，被称为"电化学光谱"。利用循环伏安实验可以方便地判断电极反应的可逆性，获取电极过程动力学信息。

当溶液中粒子参与的电极反应完全可逆时，在 25℃时峰值电流 I_p（A）服从式（3.10-1）：

$$I_p = 269n^{3/2}AD^{1/2}v^{1/2}c \tag{3.10-1}$$

式中　n——转移电子数；

　　A——研究电极的面积，cm^2；

　　D——反应物的扩散系数，$cm^2\cdot s^{-1}$；

　　c——反应物的浓度，$mol\cdot L^{-1}$；

　　v——扫描速率，$V\cdot s^{-1}$。

电极过程的可逆性可通过峰电位差、峰电流比值及扫描速率对峰电位、峰电流的影响判断。可逆电极过程有如下特点：

（1）峰电位 E_p 与扫描速率无关；

（2）阳极、阴极峰电流比值 $\dfrac{I_{p,a}}{I_{p,c}} = 1$；

（3）25℃时，阳极、阴极峰电位差 $\Delta E_p = E_{p,a} - E_{p,c} = \dfrac{59}{n}mV$。

【仪器与试剂】

电化学工作站 1 台（使用方法见 8.18 节），玻碳电极 1 支，Pt 电极 1 支，饱和甘汞电极 1 支，电解池 1 个。

$1mol \cdot L^{-1} H_2SO_4$ 溶液，$K_3Fe(CN)_6$（分析纯），$K_4Fe(CN)_6$（分析纯），KCl（分析纯）。

【实验步骤】

1. 配制表 3.10-1 中①～⑤共 5 种溶液各 100mL。

表 3.10-1　5 种溶液中各种溶质的浓度

溶液编号	各种溶质的浓度/$(mol \cdot L^{-1})$		
	$c_{K_3Fe(CN)_6}$	$c_{K_4Fe(CN)_6}$	c_{KCl}
①	0.020	0.020	0.5
②	0.010	0.010	0.5
③	0.005	0.005	0.5
④	0.002	0.002	0.5
⑤	0.001	0.001	0.5

2. 用游标卡尺测量玻碳电极的表面积。然后依次用 $0.3\mu m$ 和 $0.05\mu m$ 的 Al_2O_3 抛光玻碳电极，每次抛光后在蒸馏水和乙醇中交替超声清洗电极 3 次，每次 1min。之后吹干备用。

3. 按照图 3.10-1 所示，将玻碳工作电极、铂辅助电极、饱和甘汞参比电极安放在装有 $1mol \cdot L^{-1} H_2SO_4$ 溶液的电解池内，并分别与电化学工作站的相应接线柱相连接。

4. 在 $1mol \cdot L^{-1} H_2SO_4$ 溶液中，以 $50mV \cdot s^{-1}$ 的扫描速率，在 0.1～1.0V 电位范围内进行循环伏安扫描，重复 10 次。

5. 分别以 $5mV \cdot s^{-1}$、$10mV \cdot s^{-1}$、$20mV \cdot s^{-1}$、$50mV \cdot s^{-1}$、$100mV \cdot s^{-1}$、$200mV \cdot s^{-1}$ 的扫描速率，在②号溶液［即 $0.010mol \cdot L^{-1} K_3Fe(CN)_6 + 0.010mol \cdot L^{-1} K_4Fe(CN)_6 + 0.5mol \cdot L^{-1} KCl$ 体系］中进行循环伏安扫描。

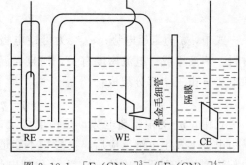

图 3.10-1　$[Fe(CN)_6]^{3-}/[Fe(CN)_6]^{4-}$ 电对循环伏安实验装置

6. 在①～⑤号溶液中，以 $50mV \cdot s^{-1}$ 的扫描速率进行循环伏安扫描。

【操作注意事项】

1. 实验前应将电极表面处理干净，并保持清洁。

2. 实验过程中电解池应稳定放置，以保证池中溶液静止。

【数据记录及结果处理】

1. 从循环伏安图上读取峰电位和峰电流 E_{pa}、E_{pc}、I_{pa}、I_{pc} 的值，根据峰电位差与峰电流比值及扫描速率对峰电位、峰电流的影响判断电极反应的可逆性。

2. 讨论不可逆及准可逆过程循环伏安曲线的特点。

3. 根据 I_{pc}-c 关系，判断电极反应是否服从式(3.10-1)，并讨论其应用。

【思考题】

1. 请对比实验测定的电位值与文献值之间的差异，并说明产生差异的原因。

2. 如果实验过程中电解液不是处于静止状态则会对实验结果产生什么影响？

3.11 氢超电势的测定

【实验目的】

1. 测定氢在光亮电极上的活化超电势，并求出塔菲尔公式中的两个常数 a 和 b。
2. 了解超电势的种类和影响超电势的因素。
3. 掌握测量不可逆电极电势的实验方法。

【实验原理】

许多化学反应都是在水溶液中发生的，电极反应更离不开水溶液。研究氢超电势不仅与生产实际密切相关，而且对理论研究有着重要意义。本实验测定了塔菲尔公式中的两个常数 a 和 b，它们是电极过程反应动力学的重要参数，是探讨和研究电极反应机理和动力学的重要途径之一。

对于氢电极，在没有电流通过时，氢离子和氢分子处于平衡状态；当有电流通过时，氢离子在电极上不断反应并化合生成氢分子，使电极反应成为单向不可逆过程。此时电极电势比可逆（即无电流通过）时移向负值，它们的差值定义为氢超电势：

$$\eta = \varphi_{可逆} - \varphi_{不可逆} \tag{3.11-1}$$

式中，η 为氢超电势；$\varphi_{可逆}$ 为可逆电极电势；$\varphi_{不可逆}$ 为不可逆电极电势。η 不但与电极材料、溶液组成、电流密度有关，而且与温度、电极表面处理程度、溶液的搅拌等有关。氢超电势 η 由三个部分组成：

$$\eta = \eta_1 + \eta_2 + \eta_3 \tag{3.11-2}$$

式中，η_1 为电阻超电势，是由电极上的氧化膜及溶液电阻引起的；η_2 为浓差超电势，是由电极上发生电解反应后，反应物不能迅速从溶液扩散到电极，形成电极附近浓度和溶液内部浓度的差别所造成的；η_3 为活化超电势，是由电极反应本身需要一定的活化能而引起的。对氢电极来说，前两项比第三项要小得多，在测量时，可设法将前两项减小或避免到可忽略的程度。一般从文献上查到的超电势是活化超电势。本实验是测量氢在光亮铂电极上的活化超电势。

1905 年塔菲尔总结了大量的实验数据，在一定电流密度范围内，得出超电势与电流密度的关系式：

$$\eta = a + b\ln i$$

该式被称为塔菲尔公式。式中，η 为电流密度为 i 时的氢超电势；a 和 b 为常数，单位都是 V。a 的物理意义是指电流密度 $i = 1\mathrm{A \cdot cm}^{-2}$ 时的超电势的值；b 为超电势与电流密度的自然对数的线性方程式的斜率。如图 3.11-1 所示。a 值大小与电极材料、表面状态、电流密度、溶液组成和温度等有关，它基本上表征着电极反应不可逆程度的大小，a 值越大，在所给定电流密度下氢超电势也

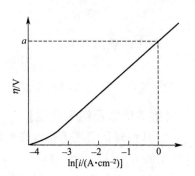

图 3.11-1 η 与 $\ln i$ 关系图

越大，即与可逆电势偏差也越大。铂电极材料属于低氢超电势金属，其 a 值在 $0.1 \sim 0.3\mathrm{V}$ 之间。b 值随电极性质等的变化通常改变不大，对许多有清洁表面而未氧化的金属来说，

b 值接近于 $2\dfrac{RT}{F}$ 或 $\dfrac{RT}{aF}$（对大多数金属 $a=0.5$），即 b 值接近于 50mV，如塔菲尔公式中以常用对数计算，b 的数值接近 118mV。

当电流密度极低时，η 与 i 并不服从塔菲尔公式，从实验和理论上都可以证明这点。此时超电势与电流密度成正比，即为 $\eta \propto i$。

所以，氢超电势的测量归结为如何测量在一定范围内一系列不同电流密度下的电极电势，以及在实验中如何采取措施避免电阻超电势和浓差超电势等问题。

选择另一电极（辅助电极）与被测电极组成一个电解池，使氢在电极上发生反应；同时选择一个参比电极与被测电极组成电池，测量电池的电动势，以获得被测电极的电极电势。

当电流密度较大时，电阻超电势不可忽略，这时可将鲁金毛细管口置于与被测电极相距不同的距离处，测量各个对应距离下的超电势，再外延到被测电极与鲁金毛细管距离为零时的超电势而校正之，从而获得活化超电势。

关于氢在阴极上电解时的反应机理，曾有人作过研究，提出了迟缓放电理论和复合理论。在这两种理论中，都认为从 H^+ 在电极上放电到 H_2 逸出，有以下步骤。

（1）扩散：H_3O^+ 向电极（M）扩散。

（2）放电：$H_3O^+ + M + e^- \longrightarrow M{-}H + H_2O$。

在碱性溶液中，由于 H_3O^+ 很少，可能是 H_2O 分子放电。即

$$H_2O + M + e^- \longrightarrow M{-}H + OH^-$$

或者

$$H_3O^+ + M{-}H + e^- \longrightarrow M + H_2 + H_2O$$

（3）复合：$M{-}H + M{-}H \longrightarrow 2M + H_2$。

（4）逸出：H_2 从电极上逸出。

在以上步骤中，（1）和（4）不能影响反应速率，那么（2）和（3）中究竟哪一步最慢（即为控制步骤）呢？迟缓放电理论认为步骤（2）最慢，而复合理论认为步骤（3）最慢。

一般来说，对氢超电势较高的金属如 Hg、Zn、Pb、Cd 等可用迟缓放电理论来解释其实验事实，对氢超电势较低的金属如 Pt、Pd 等，可用复合理论来解释其实验事实。至于氢超电势介于两者之间的金属，情况较为复杂些。但是，不论采用何种理论，都能得出经验的塔菲尔公式。

【仪器与试剂】

电化学工作站 1 台（使用方法详见 8.18 节），游标卡尺 1 个，数字电压表 1 台（0～2V），直流稳压电源 1 台，电镀装置 1 套，毫安表 1 个（0～2mA），光亮铂丝电极 2 支（1.0cm×1.0cm），恒温水浴 1 台，银-氯化银电极 1 个。

盐酸（超纯），氢气发生器（或超纯氢气），硝酸（化学纯），去离子水（$\kappa < 2 \times 10^{-6}\text{S·cm}^{-1}$），镀银溶液。

实验装置见图 3.11-2。

【实验步骤】

1. 先将电解池中的各电极取出，妥善放置。电解池先用铬酸洗液浸泡，再用自来水、蒸馏水荡洗，然后用少量电导水荡洗，最后用浓度为 0.0365kg·L^{-1} 的 HCl 电解液（少许）荡洗两遍。再灌入一定量的电解液，使电解液浸没电极并超出约 1cm 的高度。

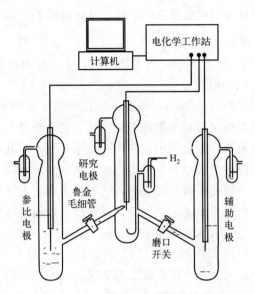

图 3.11-2　氢超电势测量装置示意图

2. 参比电极可用氢电极，也可以选用其他参比电极，本实验采用银-氯化银电极。

3. 两支铂丝电极均用直径 0.5mm 的铂丝烧结在玻璃管中，一头露出管外约 10mm，另一头留在玻璃管中与其他导体（铜丝）相连。电极做成后，先浸入王水中约 5min。取出后用水冲洗，再用热 NaOH 溶液浸泡 5min。然后依次用自来水、蒸馏水、去离子水、电解液充分淋洗，备用。

4. 将三支电极分别插入装有电解液的电解池中，并以电解液封闭磨口活塞和进出口。安装研究电极时要注意尽量使鲁金毛细管口紧靠铂丝电极表面，毛细管中不得有气泡存在。

5. 在接好线路后，开启氢气发生器或打开超纯氢气钢瓶开关，旋开各气阻夹，调节通入电解池的氢气量（每秒约出现 2 个气泡），使整个电解池中始终充满氢气。

6. 测定析氢曲线

(1) 运行"设置"菜单下的"实验技术"命令（或点击 ▥ 图标），选择"线性扫描伏安法"，再运行"设置"菜单下的"实验参数"命令（或点击 ▤ 图标），在弹出的窗口中设定以下参数。

① 初始电势：-0.15V。

② 终止电势：-0.25V。

③ 扫描速度：$0.005V \cdot s^{-1}$。

④ 静置时间：0。

(2) 点击图标 ▶ 开始实验。

(3) 实验结束后，点击 ▣ 图标，在 E 盘"氢超电势实验"文件夹内，新建一个文件夹并命名，双击打开该文件夹，用适当名称命名析氢曲线原始数据，并将其保存在该文件夹内，注意本组所有实验数据均保存在该文件夹内。

7. 上述测试过程重复三次，三次测试曲线对比，相同电流下的电势值最大差值不应大于 2mV。

8. 测量完毕后，取出电极并清洗干净。小心倾去电解池中的电解液，清洗干净后注入蒸馏水。其余仪器设备，一律复原。

【操作注意事项】

1. 影响氢超电势的因素较多，在测量过程中除应避免电阻超电势和浓差超电势之外，特别要注意电极的处理和溶液的清洁，这是做好本实验的关键。电极处理必须严格，如果电极表面存在杂质，会使铂中毒。

2. 对电解池磨口也要用电解质溶液湿润封闭，而不能用油脂。

3. 配制溶液时，特别要注意电解质和水的高度纯净。

4. 通入的氢气必须是高纯度的。同时所用的橡皮管应预先用浓 NaOH 溶液浸泡，然后用水冲洗干净。

【数据记录及结果处理】

1. 根据测量数据，计算 $0\sim8mA\cdot cm^{-2}$ 范围内 10 个不同电流密度所对应的超电势。

2. 以 η 对 $\ln i$ 作图，通过直线斜率求常数 b，并将数据代入塔菲尔公式求算常数 a 值（或用外推法求出），写出超电势与电流密度的经验式。

【思考题】

1. 电解池中三个电极的作用分别是什么？

2. 为什么通电流测得的电动势与不通电流时测得的电动势之间的差值即为该电流密度下的超电势？

3.12　$ZnSO_4$ 水溶液分解电压的测定

【实验目的】

1. 了解分解电压的意义。

2. 以 $0.5mol\cdot L^{-1}$ 的 $ZnSO_4$ 溶液为例，熟悉分解电压的测定方法。

【实验原理】

电解时，能使电解以明显的速率进行所需的最小电压，叫做分解电压。其测定方法是：将两片惰性电极（Pt 电极）插入待测的电解液中（如 $0.5mol\cdot L^{-1}ZnSO_4$ 溶液），按图 3.12-1 连接线路，使可变电阻的阻值由大变小，加在两极的电压由小变大。相应的电流和电压数值，可由电流表和电压表读出。所加的电压与流过的电流之间的关系如图 3.12-2 所示。图中 AB 段的电流很小，几乎没有电解产物析出。在 AB 段内，增加电压时，开始有较大的电流流过电极，然后电流又马上减小，停止在一个很小的数值上，通常称此电流为残余

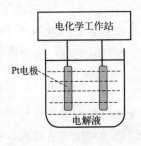

图 3.12-1　实验装置简图

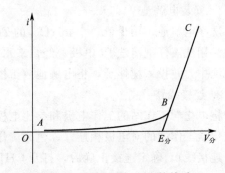

图 3.12-2　电压与电流的关系

电流。残余电流也随电压的增加而增加。当电压达到某一数值时，电流急剧增大，此时两极上明显有电解产物析出。此后，电流与电压呈直线关系，即 CB 段，CB 延长线与横轴的交点所具有的电压，称为 $ZnSO_4$ 溶液的分解电压（$E_分$）。

需注意的是，当没有达到分解电压之前，电解池中仍有很小的电流流过（如 AB 段），此电流称为残余电流。它与电极上有气体产物析出有关。例如用 Pt 电极电解 $ZnSO_4$ 时，在阴极上开始有少量的氢离子放电，而后由于电极附近的 pH 迅速上升，H^+ 的放电不能继续进行，因此 Zn^{2+} 开始在铂片上还原，迅速析出一层 Zn 而变成 Zn 电极，与溶液建立起平衡电势。但在阳极铂片上，开始无氧存在，当有一很小电压加上去时，OH^- 放电，形成的单质氧会吸附在铂片上，形成一氧电极，它与 Zn 电极形成一电池。它的电势与外加电压方向相反，称此电势为反电势。由于氧原子不断地向溶液内部扩散，致使反电势不能与外加电压相等，在电极上能够维持有一微小的电流通过，即残余电流。当达到分解电压时，OH^- 的放电速率急剧增加，氧在电极上的分压达到 1atm（1atm＝101325Pa），而以气泡的形式逸出。此时，反电势达到一最大值。当 $E_外$ 再增加时，电流迅速增加，并与电压呈直线关系，$E_外－E_分＝IR$。

由于此电解过程有明显的电流通过，是不可逆过程，所以分解电压的数值与在电解池两极析出的电解产物所形成电池的可逆电势是不相等的。后者为理论分解电压（$E_理$），$E_分＞E_理$。分解电压包括如下各项：

$$E_分＝E_理＋I(R_{溶液}＋R_{电极}＋R_{触点})＋\eta_浓＋\eta_化 \tag{3.12-1}$$

式中　　$\eta_浓$——两极的浓差极化超电势；

　　　　$\eta_化$——两极的电化学极化超电势。

对于不同条件下的电解过程来说，$E_分$ 和 $E_理$ 在数值上的差别也各不相同，溶液的浓度、电极材料、电极表面状态、极间距、搅拌情况等都有影响，因此，分解电压也不是一个确定不变的数值。但是，研究分解电压在生产上具有重大意义。$E_理/E_分$ 叫做电压效率，它可用于电化生产中的经济核算。

【仪器与试剂】

电化学工作站（使用方法见 8.18 节），电解池，Pt 电极 2 支，磁力加热搅拌器 1 台（使用方法见 8.13 节）。

$0.5mol\cdot L^{-1}$ 的 $ZnSO_4$ 溶液，洗液。

【实验步骤】

1. 安装电解池

洗净电解池，用少量 $0.5mol\cdot L^{-1}$ 的 $ZnSO_4$ 溶液清洗两次后，装入此溶液（约为容器的 2/3）。用洗液仔细清洗 Pt 电极，经自来水冲洗，再用去离子水洗净后，用滤纸吸干，放入电解池中，并投入搅拌子，将电解池放于搅拌器上。

2. 连接线路

将电化学工作站的工作电极和参比电极短接，并与一支铂电极相连。将另外一支铂电极与电化学工作站的对电极相连（绿色为工作电极连接线，红色为对电极连接线，白色为参比电极连接线）。确定连接正确后，打开 CHI 电化学工作站电源开关，预热 10min。

3. 线性扫描伏安曲线测量

（1）运行"设置"菜单下的"实验技术"命令（或点击▋图标），选择"线性扫描伏安法"，再运行"设置"菜单下的"实验参数"命令（或点击█图标），在弹出的窗口中设定以下参数。

　　① 初始电势：$-0.05V$。

　　② 终止电势：$1.75V$。

　　③ 扫描速度：$0.01V \cdot s^{-1}$。

　　④ 静置时间：0。

　　（2）点击图标▶开始实验。

　　（3）实验结束后，点击█图标，在 E 盘"水溶液分解实验"文件夹内，新建一个文件夹并命名，双击打开该文件夹，用适当名称命名伏安曲线原始数据，并将其保存在该文件夹内，注意本组所有实验数据均保存在该文件夹内。

　　（4）重复测定一次。

【数据记录及结果处理】

　　1. 利用电化学工作站控制软件将实验数据转换成 .txt 文件。

　　2. 利用 Origin 软件分析处理实验数据，绘制电流-电压曲线，求出分解电压数值。

【思考题】

　　1. 线路中各接触点要求接触好，否则对实验结果会有影响，其原因是什么？

　　2. 什么叫分解电压？什么叫残余电流？

第4章 化学反应动力学性质的测定

4.1 电导法测定乙酸乙酯皂化反应的速率常数

【实验目的】

1. 用电导法测定乙酸乙酯皂化反应的速率常数，并求出反应的活化能。

2. 了解二级反应的特点。

视频讲解

【实验原理】

乙酸乙酯与碱（如 NaOH）的反应称为皂化反应，其反应方程式为：

$$CH_3COOC_2H_5 + Na^+ + OH^- \Longrightarrow CH_3COO^- + Na^+ + C_2H_5OH$$

已知该反应是一个二级反应。使 $CH_3COOC_2H_5$ 和 NaOH 有相同的初始浓度 c_0，在反应 t 时刻时，反应所生成的 CH_3COO^- 和 C_2H_5OH 的浓度为 c_x，则有

$$CH_3COOC_2H_5 + NaOH \Longrightarrow CH_3COONa + C_2H_5OH$$

$t=0$	c_0	c_0	0	0
$t=t$	c_0-c_x	c_0-c_x	c_x	c_x
$t\to\infty$	0	0	c_0	c_0

反应的速率方程为：

$$\frac{dc_x}{dt} = k(c_0-c_x)(c_0-c_x) = k(c_0-c_x)^2$$

积分得

$$kt = \frac{c_x}{c_0(c_0-c_x)} \tag{4.1-1}$$

由式（4.1-1）看出，只要测出 t 时刻的 c_x 值，就可以求出反应速率常数 k。但测定反应过程中各物质浓度随时间的改变时，如用化学法是比较麻烦的。本实验将采用测定溶液电导率的办法，间接测定反应进程中浓度的变化。这是因为参与本反应的各物质中，$CH_3COOC_2H_5$、C_2H_5OH 是不电离的，不参与导电。而随着反应的进行，Na^+ 浓度并不发生变化。在整个反应过程中，只有两种物质的浓度在不断发生改变，即 OH^- 浓度随反应的进行不断减小，CH_3COO^- 浓度不断增加。这两种离子中，OH^- 的导电能力很强，CH_3COO^- 的导电能力很弱，故在反应过程中，电导率是不断减小的。若能找出电导率的降低与浓度的关系，即可求得 k 值。

在溶液很稀的条件下，体系电导率的减小与 CH_3COONa 浓度 c_x 的增大近似呈线性关系，即

$t=t$ 时	$c_x = \beta(\kappa_0 - \kappa_t)$	(4.1-2)
$t\to\infty$ 时	$c_0 = \beta(\kappa_0 - \kappa_\infty)$	(4.1-3)

式中，κ_0 为起始电导率；κ_t 为 t 时刻的电导率；κ_∞ 为 $t \to \infty$ 时的电导率，亦即反应终了时的电导率；β 为比例常数。式（4.1-3）减式（4.1-2）得

$$c_0 - c_x = \beta(\kappa_t - \kappa_\infty) \tag{4.1-4}$$

将式（4.1-4）及式（4.1-2）代入式（4.1-1）得

$$kt = \frac{\kappa_0 - \kappa_t}{\kappa_t - \kappa_\infty} \times \frac{1}{c_0} \tag{4.1-5}$$

由式（4.1-5）看出，$\dfrac{\kappa_0 - \kappa_t}{\kappa_t - \kappa_\infty}$ 对 t 作图为一直线，其斜率 $m' = c_0 k$，则 $k = \dfrac{m'}{c_0}$，故 k 值可求。这里只需测定 κ_0、κ_∞ 及 t 时刻的 κ_t 即可。

若将式（4.1-5）加以变换可得

$$\kappa_t = \frac{1}{kc_0} \times \frac{\kappa_0 - \kappa_t}{t} + \kappa_\infty \tag{4.1-6}$$

根据式（4.1-6）可以看出，以 κ_t 为纵坐标，$\dfrac{\kappa_0 - \kappa_t}{t}$ 为横坐标作图，可求得直线的斜率 m，由 $m = \dfrac{1}{kc_0}$，可求出 $k = \dfrac{1}{mc_0}$。

比较式（4.1-5）与式（4.1-6）看出，如用式（4.1-6）求 k，实验中可不测 κ_∞，这会减少测量误差，故本实验采用测定 κ_0、κ_t，按式（4.1-6）作图求 m 的方法，从而计算 k 值。

反应速率常数 k 与温度 T 的关系一般符合阿伦尼乌斯方程，其微分式为：

$$\frac{\mathrm{d}\ln k}{\mathrm{d}T} = \frac{E_a}{RT^2}$$

积分上式，得

$$\ln k = -\frac{E_a}{RT} + B$$

式中，B 为积分常数；E_a 为反应的表观活化能。

显然在不同的温度下测定速率常数 k，以 $\ln k$ 对 $1/T$ 作图，应得一直线，由直线的斜率可算出 E_a 值；也可通过测定两个温度下的速率常数，用定积分式来计算，即

$$\ln \frac{k_2}{k_1} = \frac{E_a}{R}\left(\frac{1}{T_1} - \frac{1}{T_2}\right)$$

【仪器与试剂】

恒温水浴 1 台，电导率仪 1 台（附电导电极 1 支。使用方法见 8.14 节），叉形管 3 个，15mL 移液管 3 支，1mL 吸量管 1 支，250mL 容量瓶 1 个，计时器 1 个，50mL 烧杯 3 个，洗耳球 1 个，洗瓶，滤纸等。

$0.02\text{mol} \cdot \text{L}^{-1}$ 的 NaOH 溶液，$CH_3COOC_2H_5$，去离子水等。

【实验步骤】

1. 熟悉电导率仪的构造和使用注意事项。

2. 开启恒温水浴，控制水浴温度为 25℃。

3. 配制与 NaOH 溶液等浓度的 $CH_3COOC_2H_5$ 溶液。用 1mL 吸量管吸取体积为 V（mL）的 $CH_3COOC_2H_5$ 溶液放入洁净的 250mL 容量瓶中，用去离子水稀释至刻度，盖塞摇匀待用（动作要迅速，以防挥发）。根据下面公式计算应移取乙酸乙酯的体积（mL）：

$$V = \frac{c \times V_{容量瓶} \times M}{1000 \times x \times \rho}$$

式中　c——欲配制 $CH_3COOC_2H_5$ 溶液的物质的量浓度，亦即 NaOH 的浓度，$mol \cdot L^{-1}$；

　$V_{容量瓶}$——所用容量瓶的容积，250mL；

　M——$CH_3COOC_2H_5$ 的摩尔质量，$88.11g \cdot mol^{-1}$；

　x——$CH_3COOC_2H_5$ 的质量分数，99%；

　ρ——$CH_3COOC_2H_5$ 的密度，$0.9kg \cdot L^{-1}$。

4. 用移液管取 15mL NaOH 溶液和 15mL 去离子水，放入洁净、干燥的叉形管的大管中，盖上带有电导电极（电导电极预先清洗干净，用滤纸拭干时一定注意不要触及铂黑!）的胶塞，混合均匀后，置于 25℃ 的水浴中，恒温 15min。

5. 与步骤 4 同时，接通电导率仪的电源并按要求进行预热和校正。待 NaOH 溶液恒温后，测定其电导率 κ_0。

6. 测定完电导率 κ_0 后，从恒温水浴中取出叉形管，同时将电导电极取出。将内装 NaOH 溶液的叉形管用橡皮塞塞好备用（用来测定其他温度下的 κ_0）。将电导电极冲洗干净，用滤纸吸干。

7. 另取一只干净的叉形管，用移液管移取 15mL $CH_3COOC_2H_5$ 溶液注入大管内，再取 15mL NaOH 溶液注入支管中，盖上带有电导电极的胶塞，置于水浴中恒温 15min。

8. 待温度恒定后，将叉形管从水浴中取出并倾斜，使支管中的 NaOH 溶液流进大管中，摇晃均匀，放回水浴中，同时启动计时器（注意计时器一经启动切勿按停，直到实验结束）。每 2min 记录 1 个数据，共测定 20 个数据。

9. 从恒温水浴中取出叉形管，取出电导电极。倾出管中溶液并清洗干净，将电导电极洗净后用滤纸吸干。

10. 将恒温水浴升温至 35℃，将步骤 6 留用的内装稀 NaOH 溶液的叉形管放入水浴中恒温 15min 后，测定其电导率 κ_0。

11. 同法按步骤 7、8，测定 35℃ 时的 κ_t 值。

12. 切断电导率仪及恒温水浴的电源。取出电导电极清洗干净后放入内装去离子水的烧杯中存放，将叉形管、容量瓶、烧杯等清洗干净后放回原处。

【操作注意事项】

1. 为使 NaOH 和 $CH_3COOC_2H_5$ 溶液混合均匀，需使两溶液在叉形管中多次来回往复。

2. 电极的引线不能受潮，否则将影响测量的准确性。

3. 小心取放电导电极，切勿触及铂黑。电导电极的插入，不能污染待测液，也不能影响溶液的浓度。

4. 盛放被测溶液的容器必须清洁，无离子污染。

【数据记录及结果处理】

1. 列表记录实验数据并根据所得数据计算 $\dfrac{\kappa_0 - \kappa_t}{t}$ 值。

2. 以 κ_t 为纵坐标，$\dfrac{\kappa_0 - \kappa_t}{t}$ 为横坐标作图，求出两个实验温度下的 k 值。

3. 求不同反应温度下，乙酸乙酯皂化反应的半衰期 $t_{1/2}$。

4. 计算此反应的活化能 E_a。

【思考题】

1. 测定 κ_0 时，为什么在 NaOH 中加入等体积的水？

2. 本实验中用 $k = \dfrac{1}{mc_0}$ 求 k 值时，c_0 应代入多大浓度？

3. 如何从实验结果验证乙酸乙酯皂化反应是二级反应？

4. 如果 NaOH 与 $CH_3COOC_2H_5$ 溶液为浓溶液，能否用此试验方法求 k 值？

4.2　量气法测定过氧化氢分解反应的速率常数

视频讲解

【实验目的】

1. 熟悉一级反应的特点，了解浓度、温度和催化剂等因素对反应速率的影响。

2. 用量气法测定过氧化氢分解反应的速率常数和半衰期。

3. 掌握量气技术，学会用图解法求出一级反应的速率常数。

【实验原理】

过氧化氢是许多重要电化学反应（如氧电极的电化学还原）的中间产物，其分解反应为电化学反应总反应的控制步骤。常温下，过氧化氢的分解反应进行得较慢。过氧化氢分解的化学计量方程式如下：

$$H_2O_2 \longrightarrow H_2O + \frac{1}{2}O_2 \uparrow \tag{4.2-1}$$

反应体系中加入某些催化剂可以明显加速过氧化氢的分解，如铂黑、银、尖晶石结构的 Cu、KI、二氧化锰等。本实验以 KI 为例研究催化剂存在条件下过氧化氢分解反应的动力学原理。由于反应在均匀相（溶液）中进行，故称为均相催化反应。该反应的机理是：

(1) $H_2O_2 + I^- \longrightarrow H_2O + IO^-$

(2) $IO^- \longrightarrow I^- + \frac{1}{2}O_2 \uparrow$

由于反应(1) 的速率比反应(2) 慢得多，故步骤(1) 为整个反应的速率决定步骤，即总反应的速率等于该步骤的反应速率，因此，可以假定其反应的速率方程式为：

$$-\frac{dc_{H_2O_2}}{dt} = k' c_{I^-} c_{H_2O_2} \tag{4.2-2}$$

式中　c——各物质的浓度，$mol \cdot L^{-1}$；

　　k'——反应速率常数。

反应过程中催化剂 KI 经步骤(1)、(2) 的循环不断再生，所以其浓度保持不变，c_{I^-} 可视为常数，则式(4.2-2) 可以简化为：

$$-\frac{dc_{H_2O_2}}{dt} = k c_{H_2O_2} \tag{4.2-3}$$

式中，$k = k' c_{I^-}$ 为表观反应速率常数。式(4.2-3) 表明，H_2O_2 的分解反应为一级反应。将上式积分得

$$\ln c_{H_2O_2} = -kt + \ln c_{H_2O_2}^0 \tag{4.2-4}$$

式中 $c_{H_2O_2}^0$——反应开始时 H_2O_2 的浓度，$mol \cdot L^{-1}$；

$c_{H_2O_2}$——反应某时刻 H_2O_2 的浓度，$mol \cdot L^{-1}$。

式(4.2-4)是 $\ln c_{H_2O_2}$-t 的直线方程。反应进行过程中，测定不同时刻 t 时反应系统中 H_2O_2 的浓度 $c_{H_2O_2}$，取得若干组 $c_{H_2O_2}$、t 的数据后，以 $\ln c_{H_2O_2}$ 对 t 作图，得一直线，则可验证反应为一级反应（准一级反应）。该直线的斜率为 $-k$，截距为 $\ln c_{H_2O_2}^0$。

当 $c_{H_2O_2} = \dfrac{1}{2} c_{H_2O_2}^0$ 时，t 可用 $t_{1/2}$ 表示，称为反应半衰期，代入式(4.2-4)得

$$t_{1/2} = \frac{\ln 2}{k} = \frac{0.693}{k} \tag{4.2-5}$$

式(4.2-5)表明，当温度一定时，一级反应的半衰期与反应速率常数成反比，与反应初始浓度无关。

过氧化氢分解反应的速率取决于许多因素，例如温度、H_2O_2 和催化剂的浓度等。由式(4.2-1)可知，在 H_2O_2 催化分解过程中，t 时刻 H_2O_2 的浓度 $c_{H_2O_2}$ 可通过测量在相应的时间内分解放出的氧气的体积得出。因为分解过程中，放出的氧气的体积与已被分解的 H_2O_2 的浓度成正比，且比例常数为定值。

设 V_∞ 表示 H_2O_2 全部分解放出氧气的体积，V_t 表示在 t 时刻分解放出的氧气的体积，$V_\infty - V_t$ 可视为 t 时刻尚未分解的 H_2O_2 量，则显然

$$V_\infty \propto c_{H_2O_2}^0$$

$$V_\infty - V_t \propto c_{H_2O_2}$$

将上面关系式代入式(4.2-4)，并考虑到以上两式比例系数相等，则可得

$$\ln \frac{V_\infty - V_t}{V_\infty} = -kt$$

或
$$\ln(V_\infty - V_t) = -kt + \ln V_\infty \tag{4.2-6}$$

式(4.2-6)为 $\ln(V_\infty - V_t)$-t 的直线方程，在反应温度及 KI 浓度一定时，V_∞ 不随时间改变。实验过程中只需要测定反应进行到不同时刻 t 时 H_2O_2 分解放出的氧气的体积 V_t（若干个数据）和反应终了时 H_2O_2 全部分解放出的氧气的体积 V_∞（一个数据），以 $\ln(V_\infty - V_t)$ 对 t 作图得一直线，即可验证上述分解反应是一级反应，由直线的斜率就可求出反应速率常数 k。

式(4.2-6)中的 V_∞ 可采用以下三种方法求得。

1. 外推法

以 $1/t$ 为横坐标，V_t 为纵坐标作图，将直线外推至 $1/t = 0$，其截距即为 V_∞。

2. 化学分析法

先在酸性溶液中用 $KMnO_4$ 标准溶液滴定法求出过氧化氢的起始浓度 $c_{H_2O_2}^0$，反应方程式如下：

$$2MnO_4^- + 6H^+ + 5H_2O_2 \longrightarrow 2Mn^{2+} + 5O_2\uparrow + 8H_2O$$

过氧化氢的物质的量浓度可由下式求得：

$$c_{H_2O_2}^0 = \frac{5c_{MnO_4^-} V_{MnO_4^-}}{2V_{H_2O_2}} \tag{4.2-7}$$

式中 $V_{H_2O_2}$——滴定时的取样体积，mL；

$V_{MnO_4^-}$——滴定用的 $KMnO_4$ 溶液的体积，mL。

由 H_2O_2 分解反应的化学计量式(4.2-1) 可知，$1mol\ H_2O_2$ 分解能放出 $1/2mol\ O_2$，根据理想气体状态方程可以计算出 V_∞（mL）。

$$V_\infty = \frac{5c_{MnO_4^-}V_{MnO_4^-}}{4V_{H_2O_2}}V'_{H_2O_2}\frac{RT}{p} \tag{4.2-8}$$

式中　$V'_{H_2O_2}$——分解反应所用 H_2O_2 溶液的体积，mL；

　　　　p——氧气的分压，即大气压减去实验温度下水的饱和蒸气压，kPa；

　　　　T——实验温度，K；

　　　　R——摩尔气体常数。

3. 加热法

在测定若干个 V_t 数据之后，将 H_2O_2 溶液加热至 $50\sim60℃$，维持约 $15min$，至没有气体放出，可以认为 H_2O_2 已基本分解完毕。待溶液冷却至实验温度时，读出量气管读数，即为 V_∞。本实验即采用此方法求 V_∞。

因为该反应的速率常数只是温度的函数，与反应物的初始浓度无关，所以在相同温度下取不同浓度的 H_2O_2 溶液进行实验，所得 k 应相同。需要注意的是，因为本实验的 k 值与 KI 的浓度有关，所以两次实验过程中 KI 的浓度必须保持相同。

图 4.2-1　叉形
反应器

【仪器与试剂】

恒温水浴 1 台，叉形反应器 1 个（见图 4.2-1），量气装置 1 套（铁架、三通活塞、水准瓶、100mL 量气管、胶管），500mL 烧杯，25mL 移液管，10mL 吸量管，秒表，洗瓶，滤纸，250mL 容量瓶，电热水壶。

H_2O_2 溶液（约 $2mol\cdot L^{-1}$），KI 溶液（$0.100mol\cdot L^{-1}$），上述两种溶液均要求在实验前新配制。

【实验步骤】

1. 按图 4.2-2 安装好实验装置。水准瓶中装入红色染料水，其水量要使水准瓶提起时，量气管和水准瓶中水面能同时达到量气管的最高刻度处（打开三通活塞，使大气与量气管相通）。

2. 开启恒温水浴的开关，控制恒温水浴的温度为 $25℃$。

3. 用移液管移取 $25mL\ 0.100mol\cdot L^{-1}$ 的 KI 溶液，放入干燥的叉形反应器 6 大管中，再用吸量管移入 4mL 纯水。用吸量管小心地向反应器的支管中注入 $3mL\ H_2O_2$ 溶液，戴上乳胶头 7，并与量气管 3 接通。

4. 试漏。旋转三通活塞 4，使量气管 3 与大气相通，提升水准瓶 2，使液体充满量气管，再转动三通活塞，使量气管与反应器相通，与大气不通，把水准瓶放到最低位置，注意观察量气管内液面是否变化。若在 2min 内不变，则不漏气；否则，应找出系统漏气的原因，并设法排除。

5. 将反应器放在水浴内夹好，恒温 15min。

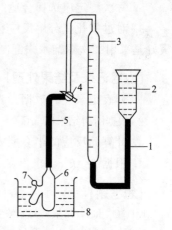

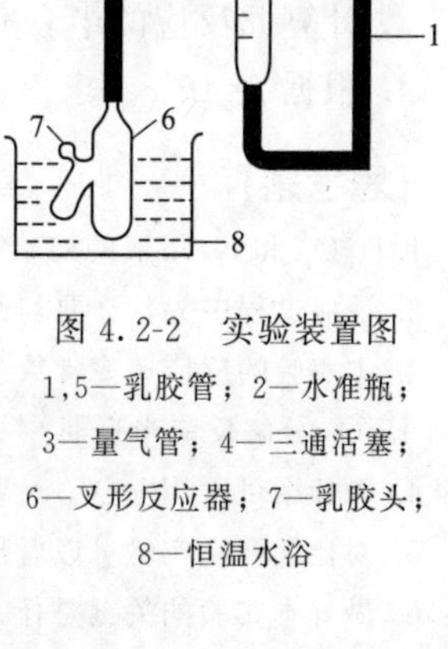

图 4.2-2　实验装置图

1,5—乳胶管；2—水准瓶；

3—量气管；4—三通活塞；

6—叉形反应器；7—乳胶头；

8—恒温水浴

6. 调零。转动三通活塞 4，使量气管 3 与大气及叉形反应器 6 均相通，用水准瓶 2 调节量气管内的液面，使之处于零刻度位。转动三通活塞使量气管与反应管相通，而不与大气相通，等待量气（不量气时放下水准瓶）。

7. 从水浴内取出反应器迅速倾斜，使支管内 H_2O_2 流入大管中，与此同时启动秒表累加计时，并反复摇动使其混合均匀，再迅速将反应器放入恒温水浴中并轻轻摇动。此时 H_2O_2 在催化剂作用下分解，可观察到量气管液面缓慢下降。当 O_2 开始释放出后应随时保持水准瓶和量气管液面在一水平线上。每 2min 读取量气管读数一次，记录数据共 8~9 次。

8. 选用加热法求 V_∞ 时，从电热水壶中倒出 60℃ 左右的热水于 500mL 大烧杯中，并将反应器浸入此热水中保持约 15min，使 H_2O_2 全部分解。将反应器放回恒温水浴中，使反应器的温度降回到 25℃，待体积恒定后读取 V_∞。

9. 另外量取 7mL H_2O_2 溶液放入干净的反应器支管中，在反应器主管中加入 25mL KI 溶液。重复上述步骤再进行一次实验。

10. 整理仪器，洗净反应器放回原处，烘干后待用。

【操作注意事项】

1. 为测量准确，应在支管内 H_2O_2 流入大管瞬间启动秒表计时。

2. 为保持 KI 溶液浓度不变，KI 溶液、H_2O_2 溶液及纯水的体积一定要量准。

3. 为量准气体体积，在整个实验过程中反应器浸入恒温水浴中的深度应保持稳定。可在反应器的底部与恒温水浴中的铝板相接触的情况下轻轻摇动。

4. 在加热分解 H_2O_2 时，因氧气量增多且受热膨胀，体积会迅速增大，注意用水准瓶控制，切勿让氧气跑掉。

5. 在测定过程中，体系要保持恒温。

6. 在进行实验时，反应体系必须与外界隔离，以避免氧气逸出。

7. 在量气管内读数时，要使水准瓶和量气管内液面保持同一水平面。

8. 每次测定应选择合适的搅拌速率，且测定过程中搅拌速率应恒定。

9. 对过氧化氢分解反应有催化作用的物质很多，所以过氧化氢溶液应现用现配，而且最好是采用二次蒸馏水来配制。

【数据记录及结果处理】

1. 列表记录实验数据。

2. 根据所得结果以 $\lg(V_\infty - V_t)$ 为纵轴，t 为横轴作图，求出不同条件下的 k 值，并加以比较。

3. 计算此反应的半衰期 $t_{1/2}$。

4. 根据 $k = k' c_{I^-}$ 求出 k'。

【思考题】

1. H_2O_2 和 KI 溶液的初始浓度对实验结果是否有影响？应根据什么条件选择它们？

2. 反应过程中为什么要匀速搅拌？搅拌速率对测定结果会产生怎样的影响？

3. 本实验的反应速率常数与催化剂用量有无关系？化学反应速率常数与哪些因素有关？催化剂是否会影响 H_2O_2 分解反应半衰期？

4. 为什么可以用 $\lg(V_\infty - V_t)$ 代替 $\lg c_t$ 对 t 作图？这样做对所得的斜率是否有影响？

5. 对比此两次实验可以看出什么问题？

6. 做好本实验的关键是什么？KI 与 H_2O_2 的浓度是否必须准确？为什么？

4.3　分光光度法推测丙酮碘化反应的速率方程

【实验目的】

1. 初步认识复杂反应机理，了解复杂反应的表观速率常数的求算方法。
2. 采用初始速率法，测定丙酮碘化反应的级数、速率常数和活化能。
3. 掌握分光光度计的使用方法。

视频讲解

【实验原理】

只有少数化学反应是由一个基元反应组成的简单反应，而大多数化学反应是由若干个基元反应组成的复杂反应，并且复杂反应的反应速率和反应物浓度之间的关系不能直接由质量作用定律给出。以实验方法测定反应速率和反应物浓度的计量关系，是研究反应动力学的一个重要内容。对复杂反应，可采用一系列实验方法获得可靠的实验数据，并据此建立反应速率方程式，以其为基础，推测反应的机理，提出反应模式。

本实验以丙酮碘化为例，说明如何推导反应的速率方程以及可能的反应机理。酸催化的丙酮碘化反应是一个复杂反应，初始阶段反应为：

$$
\underset{\text{(A)}}{CH_3-\overset{\overset{\displaystyle O}{\|}}{C}-CH_3} + I_2 \rightleftharpoons \underset{\text{(E)}}{CH_3-\overset{\overset{\displaystyle O}{\|}}{C}-CH_2I} + H^+ + I^-
$$

该反应能不断产生 H^+，H^+ 对上述反应又起催化作用，故是一个自催化反应。其速率方程可表示为：

$$
v = \frac{dc_E}{dt} = \frac{-dc_A}{dt} = \frac{-dc_{I_2}}{dt} = kc_A^p c_{I_2}^q c_{H^+}^r \tag{4.3-1}
$$

式中　　　　v——反应速率；

$c_A, c_E, c_{I_2}, c_{H^+}$——丙酮、碘化丙酮、碘、盐酸的浓度，$mol \cdot L^{-1}$；

　　　　　　k——反应速率常数；

　　　　p, q, r——丙酮、碘和氢离子的反应级数。

实验的反应速率、速率常数以及反应级数均可由实验测定。在本实验条件下（酸的浓度较低），实验证明丙酮碘化反应对碘是零级反应，即 q 为零。由于反应并不停留在一元碘化丙酮上，还会继续反应下去，故采用初始速率法，测量开始一段的反应速率。因此，丙酮和酸应大大过量，而用少量的碘来限制反应程度。这样，在碘完全消耗前，丙酮和酸的浓度基本保持不变。由于反应速率与碘的浓度无关（除非在很高的酸度下），因而直到全部碘消耗完以前，反应速率是常数，若以 c_A^0、$c_{H^+}^0$ 表示丙酮和酸的初始浓度，则有

$$
-\frac{dc_{I_2}}{dt} = k(c_A^0)^p (c_{H^+}^0)^r = 常数 \tag{4.3-2}
$$

因此，以 c_{I_2} 对时间 t 作图应为一直线，直线的斜率就是反应速率。

对于复杂反应，当知道反应速率方程的具体形式后，就可能对反应机理作出某些推测。由以上事实，可推测丙酮碘化反应机理如下：

$$
(1)\ \underset{\text{(A)}}{CH_3-\overset{\overset{\displaystyle O}{\|}}{C}-CH_3} + H^+ \underset{k_{-1}}{\overset{k_1}{\rightleftharpoons}} \underset{\text{(B)}}{CH_3-\overset{\overset{\displaystyle +OH}{\|}}{C}-CH_3}\quad (快速平衡)
$$

$$(2)\quad CH_3-\overset{\overset{+OH}{\|}}{C}-CH_3 \xrightarrow[k_2]{慢} CH_3-\overset{\overset{OH}{\|}}{C}=CH_2+H^+ \quad (速控)$$
$$\qquad\qquad\qquad (B) \qquad\qquad\qquad (D)$$

$$(3)\quad CH_3-\overset{\overset{OH}{\|}}{C}=CH_2+I_2 \underset{k_{-3}}{\overset{k_3}{\rightleftharpoons}} CH_3-\overset{\overset{O}{\|}}{C}-CH_2I+I^-+H^+$$
$$\qquad\qquad (D) \qquad\qquad\qquad\qquad (E)$$

总反应的速率由烯醇化步骤(2)控制，即

$$v=v_2=kc_B$$

由于在上述机理中，步骤(1)是快速反应步骤，故根据稳态近似法可得

$$c_B=\frac{k_1}{k_{-1}}c_A c_{H^+}=k'c_A c_{H^+}$$

式中，$k'=\dfrac{k_1}{k_{-1}}$，因此

$$v=\frac{dc_B}{dt}=k_2\frac{k_1}{k_{-1}}c_A c_{H^+}=kc_A c_{H^+}$$

上式与 $q=0$ 时的式(4.3-1)相吻合，表明上述所拟机理的合理性及可靠性。

为了确定反应级数 p，至少需要进行两次实验，在这两次实验中，丙酮初始浓度不同，而碘离子、氢离子的初始浓度分别相同。若用脚注数字分别表示这两次实验，则 $c_{A,2}=uc_{A,1}$、$c_{I_2,2}=c_{I_2,1}$、$c_{H^+,2}=c_{H^+,1}$，由式(4.3-1)可得

$$\frac{v_2}{v_1}=\frac{kc_{A,2}^p c_{I_2,2}^q c_{H^+,2}^r}{kc_{A,1}^p c_{I_2,1}^q c_{H^+,1}^r}=\frac{u^p c_{A,1}^p}{c_{A,1}^p}=u^p$$

$$\lg\frac{v_2}{v_1}=p\lg u$$

$$p=\left(\lg\frac{v_2}{v_1}\right)/\lg u \tag{4.3-3}$$

同理，可求指数 r，假设 $c_{A,3}=c_{A,1}$、$c_{I_2,3}=c_{I_2,1}$、$c_{H^+,3}=wc_{H^+,1}$，可得出

$$r=\left(\lg\frac{v_3}{v_1}\right)/\lg w \tag{4.3-4}$$

又 $c_{A,4}=c_{A,1}$、$c_{H^+,4}=c_{H^+,1}$、$c_{I_2,4}=xc_{I_2,1}$，则有

$$q=\left(\lg\frac{v_4}{v_1}\right)/\lg x \tag{4.3-5}$$

因为碘在可见光区有一个吸收带，而在这个吸收带中盐酸和丙酮没有明显的吸收，所以可采用分光光度法直接观察溶液中碘浓度的变化，由此可以跟踪反应的进程。由朗伯-比尔定律可知

$$A=\lg T=\lg\frac{I}{I_0}=-Klc_{I_2} \tag{4.3-6}$$

式中　A——吸光度；

　　　T——透光率；

　　I,I_0——某一定波长的光线通过待测溶液和空白溶液后的光强；

l——样品池的光径长度；

K——取 10 为底的对数时的吸收系数。

Kl 可由测定已知浓度碘液的透光率求得。由式(4.3-2)、式(4.3-6) 可得

$$v = \frac{\lg T_2 - \lg T_1}{Kl(t_2 - t_1)} \tag{4.3-7}$$

式中，T_1、T_2 为时间 t_1、t_2 时体系的透光率。$\dfrac{\lg T_2 - \lg T_1}{t_2 - t_1}$ 可由测定反应体系在不同时刻 t 的透光率 T，再以 $\lg T$ 对 t 作图所得直线的斜率求得，如果以 m 表示此斜率，则

$$v = \frac{m}{Kl}$$

故式(4.3-3)、式(4.3-4)、式(4.3-5) 可化为

$$p = \lg\left(\frac{m_2}{m_1}\right) / \lg u \tag{4.3-8}$$

$$r = \lg\left(\frac{m_3}{m_1}\right) / \lg w \tag{4.3-9}$$

$$q = \lg\left(\frac{m_4}{m_1}\right) / \lg x \tag{4.3-10}$$

由式(4.3-2) 和式(4.3-7) 可得

$$\frac{\lg T_2 - \lg T_1}{Kl(t_2 - t_1)} = k\,(c_A^0)^p\,(c_{H^+}^0)^r$$

即

$$k = \frac{\lg T_2 - \lg T_1}{Kl(t_2 - t_1)(c_A^0)^p\,(c_{H^+}^0)^r}$$

或

$$k = \frac{m}{Kl\,(c_A^0)^p\,(c_{H^+}^0)^r} \tag{4.3-11}$$

如果能测得两个或多于两个温度下的反应速率常数，据阿伦尼乌斯关系式就可以估算出反应的活化能 E_a。

$$E_a = 2.303R\,\frac{T_1 T_2}{T_2 - T_1}\lg\frac{k_2}{k_1}$$

【仪器与试剂】

紫外-可见分光光度计 1 台（使用方法见 8.19 节），恒温水浴 1 台，50mL 容量瓶，5mL 及 10mL 量液管，100mL 碘量瓶，50mL 烧杯。

丙酮，盐酸溶液，KIO_3，KI。

【实验步骤】

1. 溶液的配制

$4.000\,mol \cdot L^{-1}$ 丙酮溶液：用称量法配制。

$1.000\,mol \cdot L^{-1}$ 盐酸溶液：用浓盐酸稀释并标定。

$0.02000\,mol \cdot L^{-1}$ 碘溶液：准确称取 $0.1427g$ KIO_3，在 50mL 烧杯中加少量水微热溶解，加入 1.1g KI 加热溶解，再加入 10mL $0.41\,mol \cdot L^{-1}$ 的盐酸混合均匀，冷却至室温后转

移到 100mL 容量瓶中，稀释至刻度。在溶液中生成碘的反应如下：

$$KIO_3 + 5KI + 6HCl = 3I_2 + 6KCl + 3H_2O$$

2. 调节紫外-可见分光光度计

接通分光光度计电源 10min 后，在透光率挡，用纯水校正分光光度计，即在光路断开（样品室上盖打开）时，用"0"钮调节读数为 0，光路通（样品室上盖关闭）时用"100"钮调节读数为 100。

3. 求 Kl 值

在 50mL 容量瓶中配制 $0.001mol \cdot L^{-1}$ 碘溶液。用少量的碘溶液润洗 1cm 的比色皿 2 次，再注入 $0.001mol \cdot L^{-1}$ 碘溶液，在波长为 510nm 下测其透光率 T。更换碘溶液再重复测定两次，取其平均值，求 Kl 值。

4. 丙酮碘化反应速率常数的测定

按表 4.3-1 所列四种配比配制四种反应体系，分别测定这四种不同反应体系的反应速率。

表 4.3-1　待测反应速率的四组溶液配比

序　号	$V_{碘溶液}$/mL	$V_{丙酮溶液}$/mL	$V_{盐酸溶液}$/mL	$V_{水}$/mL
1	10.0	3.0	10.0	27.0
2	10.0	1.5	10.0	28.5
3	10.0	3.0	5.0	32.0
4	5.0	3.0	10.0	32.0

反应前，将烧杯烘干，容量瓶洗净。准确移取上述体积的丙酮和盐酸到烧杯中，移取碘溶液和水到容量瓶中，其中加水的体积须少于应加体积约 2mL，以便将溶液总体积准确稀释到 50mL。将装有液体的烧杯和容量瓶放入 25℃恒温水浴中恒温 10～15min，而后将烧杯中的液体倒入容量瓶中，用少量水将烧杯中剩余的丙酮和盐酸洗入容量瓶中，并加水到刻度后混匀。当将烧杯中液体一半倒入容量瓶中时开始计时，作为反应的初始时间。

将反应液装入 1cm 的比色皿并放入分光光度计中，在波长 510nm 下，每隔 0.5min 测定一次透光率，共测定 25～30 个数据。在测定过程中需用去离子水多次校正透光率"0"点和"100"点。

将恒温水浴温度调节至 35℃，重复上述实验。

【操作注意事项】

1. 碘液见光分解，所以从溶液配制到测量应尽量迅速。

2. 本实验只测定反应开始一段时间的透光率，故反应液混合后应迅速进行测定。

3. 计算 k 时要用到丙酮和酸溶液的初始浓度，因此实验中所用的丙酮及酸溶液的浓度一定要配准。

4. 温度对实验结果影响很大，应把反应温度准确控制在实验温度的 ± 0.1℃范围之内。

5. 生成物碘化丙酮对眼睛有刺激作用，故测定完毕，反应液不能乱倒，应倒入指定回收容器中。

【数据记录及结果处理】

1. 列表记录实验数据，并用式(4.3-6) 计算 Kl 值。

2. 用表中数据，以 $\lg T$ 对 t 作图，求出斜率 m。

3. 用式(4.3-8)～式(4.3-10)计算反应级数 p、r 和 q。

4. 用式(4.3-11)计算各次实验的 k 及 $\bar{k}$。

5. 利用 25℃、35℃ 的 $\bar{k}$ 计算丙酮碘化反应的活化能 E_a。

6. 文献值：$p=1$，$q=0$，$r=1$，活化能 $E_a = 86.2\text{kJ} \cdot \text{mol}^{-1}$，反应速率常数见表 4.3-2。

表 4.3-2　不同温度条件下丙酮碘化反应的速率常数

$t/℃$	0	25	27	35
$10^5 k/(\text{L} \cdot \text{mol}^{-1} \cdot \text{s}^{-1})$	0.115	2.86	3.60	8.80
$10^3 k/(\text{L} \cdot \text{mol}^{-1} \cdot \text{min}^{-1})$	0.690	1.72	2.16	5.28

【思考题】

1. 动力学实验中，准确记录时间是很重要的。本实验中，若将丙酮、盐酸溶液的一半加到含碘、水的容量瓶中时，并不立即开始计时，而是当混合物稀释到 50mL，摇匀，并倒入样品池测透光率时，再开始计时，这样处理是否可以？为什么？

2. 在实验中如改变加入各溶液的顺序，对实验结果会有什么影响？

3. 若本实验中原始碘浓度不准确，对实验结果是否有影响？为什么？

4. 影响本实验结果精确度的主要因素有哪些？

4.4　分光光度法测定蔗糖酶的米氏常数

【实验目的】

1. 了解酶催化反应的一般机理和米氏常数 K_M 的测定方法。

2. 了解底物浓度与酶反应速率之间的关系。

3. 用分光光度法测定蔗糖酶的米氏常数。

4. 掌握分光光度计的使用方法。

【实验原理】

在生物体内进行的各种复杂反应，如蛋白质、脂肪、碳水化合物的合成和分解等基本上都是酶催化反应。所有已知的酶也是一种蛋白质，其直径范围在 $10 \sim 100\text{nm}$ 之间，因此酶催化作用可看作介于均相与非均相催化之间，既可以看成是反应物（在讨论酶催化作用时，常将反应物叫做底物）与酶形成了中间化合物，也可以看成是在酶的表面上首先吸附了底物，而后再进行反应。其催化作用一般在常温、常压和近中性的溶液条件下进行。

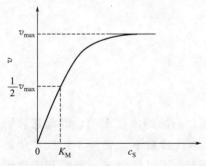

图 4.4-1　酶反应速率与底物浓度的关系

与一般催化剂一样，在相对浓度较低的情况下，酶仅能影响化学反应速率，而不改变反应平衡点，并在反应前后本身不发生变化。酶的催化效率比一般催化剂高 $10^7 \sim 10^{13}$ 倍，且具有高度的选择性，一种酶只能作用某一种或某一类特定的物质。

在酶催化反应中，底物浓度远远超过酶的浓度，在指定实验条件下，酶的浓度一定时，总的反应速率随底物浓度的增加而增加，直至底物过剩，此时底物浓度的进一步增加就不再影响反应速率了，而反应速率为最大，以 v_{max} 表示，如图 4.4-1 所示。图中 v 为反应速率，c_S 为底物浓度。在反应达到最大速率 v_{max} 之前的速率，一般称为反应初始速率。

米切尔斯提出了酶催化反应机理。米氏认为酶（E）首先和底物（S）形成中间络合物（ES），而后，中间络合物再进一步分解为产物（P），并释放出酶（E）：

$$S + E \underset{k_{-1}}{\overset{k_1}{\rightleftharpoons}} ES \overset{k_2}{\longrightarrow} E + P \tag{4.4-1}$$

式(4.4-1) 称为米切尔斯-门顿方程，式中 k_1、k_{-1}、k_2 代表反应各步的速率常数。当反应以稳态进行时，ES 的生成速率等于分解速率，即

$$k_1 c_E c_S = (k_{-1} + k_2) c_{ES} \tag{4.4-2}$$

或

$$\frac{c_E c_S}{c_{ES}} = \frac{k_{-1} + k_2}{k_1}$$

式中，c_E、c_S 和 c_{ES} 分别代表酶、底物和中间产物的浓度。令

$$K_M = \frac{k_{-1} + k_2}{k_1} \tag{4.4-3}$$

则

$$K_M = \frac{c_E c_S}{c_{ES}} \tag{4.4-4}$$

K_M 称为米氏常数。设反应前酶的初始浓度为 $c_{0,E}$，则

$$c_E = c_{0,E} - c_{ES} \tag{4.4-5}$$

由式(4.4-4) 和式(4.4-5) 得

$$\frac{c_{0,E}}{c_{ES}} = \frac{K_M}{c_S} + 1 \tag{4.4-6}$$

当酶的浓度一定时，测定的反应速率是底物反应的初速率，那么由 S→P 的反应速率为 v，但在反应方程式(4.4-1) 中，ES 的分解速率很慢，这一步成了总反应的决定步骤，则有

$$v = k_2 c_{ES} \tag{4.4-7}$$

在反应开始阶段，随着底物浓度 c_S 的增加，反应速率也增加；当 c_S 增加到过剩时，c_S 进一步增加不再影响反应速率了，即达到 v_{max}。此时绝大部分酶与底物都结合了，可近似地看作 $c_{0,E} \approx c_{ES}$，则有

$$v_{max} = k_2 c_{0,E} \tag{4.4-8}$$

由式(4.4-7) 和式(4.4-8) 可得

$$\frac{c_{0,E}}{c_{ES}} = \frac{v_{max}}{v} \tag{4.4-9}$$

将式(4.4-9) 代入式(4.4-6)，整理后即为米氏方程的反应速率：

$$v = \frac{v_{max} c_S}{K_M + c_S} \tag{4.4-10}$$

在指定条件下每一种酶的反应都有它特定的 K_M 值，与酶的浓度无关，因此它对研究酶反应动力学有很重要的实际意义。从以上可以看出，米氏常数 K_M 是一个比较复杂的常数，它由 k_1、k_{-1}、k_2 三个反应速率常数决定。但实际上，可以认为 K_M 是酶和底物形成的活化络合物的不稳定常数，是酶催化反应的一项很好的定量标志。K_M 越小，表示酶和底

物反应越完全。所以 K_M 值的大小可以表示酶与底物的亲和力的大小。

由式(4.4-10)不难看出,米氏常数 K_M 是反应速率达到最大值的一半时的底物浓度,即当 $v=\dfrac{1}{2}v_{max}$ 时,$K_M=c_S$(K_M 的单位与底物浓度的单位一致)。基于这一点,测定不同底物浓度时的酶反应速率,利用作图法,求出 v_{max},在 $\dfrac{1}{2}v_{max}$ 处的相应位置上就可以求出 K_M 的近似值。但用这种方法并不理想,因为即使是用很大的底物浓度,也只能求得 K_M 的近似值。

为了准确求得 K_M 值,可采用双倒数作图法,即将方程(4.4-10)改写成直线方程:

$$\frac{1}{v}=\frac{K_M}{v_{max}}\times\frac{1}{c_S}+\frac{1}{v_{max}} \tag{4.4-11}$$

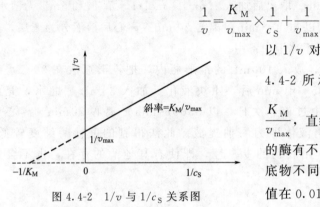

图 4.4-2　$1/v$ 与 $1/c_S$ 关系图

以 $1/v$ 对 $1/c_S$ 作图应得到一条直线,如图 4.4-2 所示。直线的截距是 $\dfrac{1}{v_{max}}$,斜率为 $\dfrac{K_M}{v_{max}}$,直线与横坐标的交点为 $-\dfrac{1}{K_M}$。不同的酶有不同的 K_M 值,对同一种酶来说,若底物不同,K_M 值也不同。大多数酶的 K_M 值在 $0.01\sim100\,mol\cdot L^{-1}$ 之间。

本实验用的蔗糖酶是一种水解酶,它能使蔗糖水解成葡萄糖和果糖,反应式如下:

蔗糖　　　　　　　　　　　　　　　　　　葡萄糖　　　　　果糖

该反应的速率可以用单位时间内葡萄糖(产物)浓度的增加来表示。葡萄糖是一种还原糖,它与 3,5-二硝基水杨酸共热(100℃)后被还原成棕红色的氨基化合物,在一定浓度范围内,还原糖(葡萄糖)的量和棕红色物质颜色的深浅程度成一定比例关系,因此可以用分光光度法在 540nm 波长下测定反应在单位时间内生成葡萄糖的量。在实验中,以 A_{540nm} 代表反应速率,以 $1/A_{540nm}$ 对 $1/c_S$ 作图,即可求出米氏常数 K_M 值。

另外,酶反应速率除与底物浓度、酶浓度有关外,还与温度、离子强度、pH 值和其他干扰物质(如微生物、抑制剂)等因素有关,因此在实验中必须严格控制这些条件。

【仪器与试剂】

高速离心机(使用方法见 8.20 节),紫外-可见分光光度计(使用方法见 8.19 节),恒温水浴,电子天平,移液管(1mL 和 2mL),比色管,容量瓶(50mL),磨口锥形瓶(50mL),试管。

甲苯,3,5-二硝基水杨酸试剂(DNS),$0.1\,mol\cdot L^{-1}$ 醋酸缓冲液,蔗糖,$1.00\,mol\cdot L^{-1}$

NaOH 水溶液。

蔗糖酶溶液（2～5 单位·mL^{-1}，在 20℃时，质量分数为 2.5％的蔗糖溶液在 3min 内释放出 1mg 还原糖的酶量，即定为一个［活力］单位。粗制酶液经精制后，按此法测定，再稀释至所需浓度）。

【实验步骤】

1. 蔗糖酶的制取

（1）方法一：在 50mL 磨口锥形瓶中，加入约 10g 鲜酵母。加少许无菌蒸馏水，把鲜酵母调成干糊状。再加 0.8g NaAc，搅拌 20min 后加入 1.5mL 甲苯。用磨口塞塞住瓶口摇动 10min。放入 37℃的恒温箱中保温 60h。取出后加入 1.6mL 4mol·L^{-1}醋酸和 5mL 无菌水，使混合物的 pH 为 4.5 左右。混合物以 3000r·min^{-1}离心 30min。离心后溶液分为三层，用滴管将中层移出，注入试管中，放置于冰柜中备用。

（2）方法二：称取 10g 酵母粉，放入 100mL 的锥形瓶内，把锥形瓶放在 30℃水浴中，不断搅拌并加入 5mL 甲苯。35～40min 后，团块液化，加入 30mL 蒸馏水，充分混合后将锥形瓶放在 30℃恒温箱中过夜。次日，以 3500r·min^{-1}离心 20min。离心后管内样品分为三层，在中层的透明液体即为酶抽提液。此法得到的蔗糖酶纯度较低，含有其他的酶，但由于该酶对其作用底物的专一性，即使有其他酶的存在，也不会影响实验结果。

2. 溶液的配制

（1）DNS 试剂：将 6.3g 3,5-二硝基水杨酸和 262mL 的 2mol·L^{-1} NaOH 加到酒石酸钾钠的热溶液（182g 酒石酸钾钠溶于 500mL 水中）中，再加 5g 重蒸酚和 5g 亚硫酸钠，微热搅拌溶解，冷却后加蒸馏水定容至 1000mL，储于棕色瓶中备用（需要在冰箱中放置一周方可使用）。

（2）0.1mol·L^{-1}蔗糖液：准确称取 34.2g 蔗糖于 100mL 烧杯中，加少量蒸馏水溶解后，定量转移到 1000mL 容量瓶中，稀释至刻度。

（3）0.1mol·L^{-1} pH＝4.6 的醋酸缓冲液

① A 液（0.2mol·L^{-1}的醋酸溶液）：把 11.55mL 的冰醋酸加蒸馏水稀释到 1000mL。

② B 液（0.2mol·L^{-1}的醋酸钠溶液）：把 16.4g 醋酸钠溶于大约 100mL 蒸馏水中，并加蒸馏水稀释到 1000mL（注：若使用含 3 分子结晶水的醋酸钠，需把 27.2g 醋酸钠溶于蒸馏水并加蒸馏水稀释到 1000mL）。

使用前将 255mL 的 A 液和 245mL 的 B 液混合，并加蒸馏水稀释到 1000mL。

3. 蔗糖酶米氏常数 K_M 的测定

取 11 支试管，分别编号，按表 4.4-1 数据在 11 支试管中分别加入 0.1mol·L^{-1}蔗糖液、0.1mol·L^{-1}醋酸缓冲液（pH＝4.6），总体积达 2mL，置于 35℃水浴中预热。另取预先制备的酶液在 35℃水浴中保温 10min，依次向试管中加入稀释过的酶液各 2.0mL，准确作用 5min（用秒表计时）后，再按次序加入 0.5mL 1.00mol·L^{-1}NaOH 溶液，摇匀，令酶反应终止。

另取 11 支 25mL 比色管，对应编号，从表 4.4-1 所示各试管中依次吸取 0.5mL 酶反应液加入盛有 1.5mL DNS 试剂的对应比色管中，混合均匀并分别加入 1.5mL 蒸馏水，在沸水浴中加热 5min 后用冷水冷却，再用蒸馏水稀释至刻度，摇匀。然后用分光光度计逐一进行比色测定吸光度值，测定时以管 1 为空白对照，波长为 540nm。

表 4.4-1　蔗糖酶催化蔗糖水解反应的配制数据表

试管号	0.1mol·L^{-1}蔗糖/mL	醋酸缓冲液/mL	酶抽提液/mL	备注	1mol·L^{-1} NaOH/mL
1	0	2.00	2.0		0.5
2	0.20	1.80	2.0		0.5
3	0.25	1.75	2.0		0.5
4	0.30	1.70	2.0	试剂加入后,	0.5
5	0.35	1.65	2.0	立即混合, 将试	0.5
6	0.40	1.60	2.0	管放入 35℃ 水	0.5
7	0.50	1.50	2.0	浴中精确保	0.5
8	0.60	1.40	2.0	温 5min	0.5
9	0.80	1.20	2.0		0.5
10	1.0	1.0	2.0		0.5
11	1.5	0.5	2.0		0.5

注：1. 酶与底物反应的时间为 5min, 因此, 以 2min 的时间间隔向每支试管中加入酶液, 确保每管中反应时间相等。

2. 加入碱液是为了终止酶的反应, 所以也应以同样的时间间隔加入。

【操作注意事项】

1. 酶易被细菌破坏而失去活性, 故制备时所用一切器皿均需经蒸煮消毒后才能使用。

2. 酶和底物应预先保温数分钟。

3. 反应时间应准确把握。

【数据记录及结果处理】

1. 列表记录各反应液反应完成后的吸光度值。

2. 计算 $1/A_{540nm}$ 和 $1/c_S$。

3. 将 $1/A_{540nm}$ 对 $1/c_S$ 作图应得一直线, 由图求出 K_M 值。

4. 某些酶的 K_M 文献值见表 4.4-2。

表 4.4-2　某些酶的 K_M 值

酶	底物	$K_M/(mol·L^{-1})$	酶	底物	$K_M/(mol·L^{-1})$
麦芽糖酶	麦芽糖	$2.1×10^{-1}$	乳酸脱氢酶	丙酮酸	$3.5×10^{-5}$
蔗糖酶	蔗糖	$2.8×10^{-2}$	琥珀酸脱氢酶	琥珀酸	$5.0×10^{-7}$
磷酸酯酶	磷酸甘油	$<3.0×10^{-3}$			

【思考题】

1. 米氏常数 K_M 的物理意义是什么? 为什么测定酶的 K_M 值要采用初始速率法?

2. 试讨论本实验米氏常数的测定结果与底物浓度、反应温度和酸度的关系。

4.5　弛豫法测定铬酸根-重铬酸根离子反应速率常数

【实验目的】

1. 了解弛豫法测定反应速率常数的实验原理和方法。

2. 用跳浓弛豫法测定铬酸根-重铬酸根离子平衡反应的正、逆反应速率常数和弛豫时间。

【实验原理】

在研究一个化学反应的动力学问题时, 常在一定温度条件下将反应物混合, 再以检查器跟踪反应物或产物浓度随时间变化的情况，借以探讨有关的反应机理并求得其动力学数据。由于受到混合时间和检测器响应速率的限制，常规的方法只能适用于半衰期较长的反应。近年来，先进的实验技术已经被用于研究一些速率较快的反应。然而，对于半衰期只有秒、毫秒、微秒以至更短的快速反应则必须另辟其他途径。弛豫法就是一种应用广泛的研究快反应动力学的较新的技术。

弛豫是指一个因受外来因素快速扰动而偏离原平衡位置的体系在新条件下趋向新平衡的过程。弛豫法包括快速扰动方法和快速监测扰动后的不平衡态趋近新平衡态的速率或弛豫时间的方法。由于弛豫时间与速率常数、平衡常数、物种平衡浓度有一定函数关系，因此，如果用实验方法测出弛豫时间，就可根据该关系式求出反应的速率常数。化学弛豫是一种用来研究快速反应的重要手段，其最大优点就在于可以将总速率方程简化为线性关系，而不论其反应级数是多少，从而使对较复杂反应体系的处理更为直接。

快速扰动的方法有多种，跳浓弛豫法是其中之一。跳浓弛豫法是促使一个已经达到化学平衡或准平衡态的反应体系中反应物质的浓度发生突变（2～4s），使其瞬间偏离平衡态，然后监测体系自浓度扰动后从非平衡态趋向新平衡态过程中浓度随时间变化的方法。

设一化学平衡体系中 i 物质的平衡浓度为 $c_{i,e}^s$，在微扰发生后 t 时间其浓度为 c_i，达到新平衡态后其平衡浓度为 $c_{i,e}^f$。令

$$\Delta c_i = c_i - c_{i,e}^f$$

由于是微扰，Δc_i 是很小的。对于一级反应动力学过程，离开平衡的微小浓度偏离 Δc_i 的消失速率 $\dfrac{\mathrm{d}\Delta c_i}{\mathrm{d}t}$ 正比于此偏离值的大小，即

$$\frac{\mathrm{d}\Delta c_i}{\mathrm{d}t} = -\frac{1}{\tau}\Delta c_i \tag{4.5-1}$$

式中的 τ 称为体系的弛豫时间。设弛豫刚开始时，即 $t=0$ 时偏离为 Δc_i^0，$\Delta c_i^0 = c_{i,e}^s - c_{i,e}^f$；在 $t=t$ 时，偏离为 Δc_i。对式(4.5-1) 积分

$$\int_{\Delta c_i^0}^{\Delta c_i} \frac{\mathrm{d}\Delta c_i}{\Delta c_i} = -\int_0^t \frac{\mathrm{d}t}{\tau}$$

$$\Delta c_i = \Delta c_i^0 \mathrm{e}^{-t/\tau} \tag{4.5-2}$$

当 $t=\tau$ 时

$$\Delta c_i = \Delta c_i^0 \mathrm{e}^{-1} \tag{4.5-3}$$

所以弛豫时间 τ 的物理意义是指反应体系在趋向新平衡过程中，体系某物质浓度与新的平衡浓度之偏差值 Δc_i 减少到最大偏离 Δc_i^0 的 e^{-1} 时所需的时间。显然，弛豫时间 τ 的大小反映出化学弛豫速率的大小，它与使体系达到平衡的每一反应的速率有关。

对式(4.5-1) 作不定积分可得

$$\ln\Delta c_i = -\frac{t}{\tau} + A \tag{4.5-4}$$

其中 A 为积分常数。$\ln\Delta c_i$-t 图应为一直线。由直线斜率可求弛豫时间 τ。而 Δc_i 和 t 的相应数据，可根据具体测定体系的性质"跟踪"某一物理量的变化得到。例如，可以选用分光光度法跟踪体系透光率的变化。选用分光光度法测定 τ 时，由朗伯-比尔定律得

$$\Delta c_i = B'(\lg T_{平} - \lg T_i) \tag{4.5-5}$$

式中　$T_{平}$——体系在新平衡态下的透光率；

T_i ——在微扰发生 t 时刻的透光率；

B' ——比例系数。

将式(4.5-5)代入式(4.5-4)，得

$$\ln\left[B'(\lg T_{\text{平}}-\lg T_i)\right]=-\frac{t_i}{\tau}+A$$

即

$$\ln(\lg T_{\text{平}}-\lg T_i)=-\frac{t_i}{\tau}+A'$$

其中，$A'=A-\ln B'$。作 $\ln(\lg T_{\text{平}}-\lg T_i)\text{-}t_i$ 图，由斜率求反应的 τ。

对于本实验所研究的体系，反应的机理是：

(1) $H_3O^+ + CrO_4^{2-} \xrightarrow{k_1} HCrO_4^- + H_2O(l)$ 　　　　（快）

(2) $2HCrO_4^- \underset{k_{-2}}{\overset{k_2}{\rightleftharpoons}} Cr_2O_7^{2-} + H_2O$ 　　　　（慢）

为了跟踪 H_3O^+ 浓度，常在溶液中加入溴百里酚蓝指示剂 In^- 产生第三个平衡：

(3) $H_3O^+ + In^- \underset{k_{-3}}{\overset{k_3}{\rightleftharpoons}} HIn + H_2O$ 　　　　（快）

K_1 和 K_2 分别是反应(1)、(2)的平衡常数，k_3 与所选指示剂有关。反应(2)的正、逆反应的速率常数为 k_2、k_{-2}。

反应(1)和(3)比反应(2)更快达到平衡，则反应(2)的弛豫时间 τ 可按下式计算：

$$\frac{1}{\tau}=4k_2[HCrO_4^-]\frac{K_1R}{1+K_1R}+k_{-2}\{[H_2O]+[Cr_2O_7^{2-}]\} \tag{4.5-6}$$

上式推导见相关参考书，其中

$$R=[H_3O^+]+[CrO_4^{2-}]\frac{1+k_3[H_3O^+]}{1+k_3\{[H_3O^+]+[In^-]\}}$$

若实验条件选择 $K_1R\gg1$，$[H_2O]\gg[Cr_2O_7^{2-}]$，则式(4.5-6)化简为：

$$\frac{1}{\tau}=4k_2[HCrO_4^-]+k_{-2}[H_2O] \tag{4.5-7}$$

以 $\frac{1}{\tau}$ 对 $[HCrO_4^-]$ 作图可得一直线，从直线的斜率和截距可求出反应速率常数 k_2 和 k_{-2}。

$[HCrO_4^-]$ 可以从物料平衡和反应(1)、(2)的平衡常数计算出来，其中物料平衡关系式和反应(1)、(2)的平衡常数关系式如下：

$$[Cr(Ⅵ)]=[Cr_{\text{总}}]=[CrO_4^{2-}]+[HCrO_4^-]+2[Cr_2O_7^{2-}] \tag{4.5-8}$$

$$K_1=\frac{[HCrO_4^-]}{[CrO_4^{2-}][H_3O^+]} \tag{4.5-9}$$

$$K_2=\frac{[Cr_2O_7^{2-}]}{[HCrO_4^-]^2} \tag{4.5-10}$$

将式(4.5-9)中 $[CrO_4^{2-}]$ 和式(4.5-10)中 $[Cr_2O_7^{2-}]$ 分别代入式(4.5-8)中得到

$$2K_2[HCrO_4^-]^2+\left(1+\frac{1}{K_1[H_3O^+]}\right)[HCrO_4^-]-[Cr_{\text{总}}]=0$$

解此一元二次方程得到

$$[HCrO_4^-] = \frac{1}{4K_2}\left(\sqrt{\left(\frac{K_1[H_3O^+]+1}{K_1[H_3O^+]}\right)^2 + 8K_2[Cr_{总}]} - \frac{1+K_1[H_3O^+]}{K_1[H_3O^+]}\right) \quad (4.5\text{-}11)$$

如果测得反应体系在新平衡态时的 $[H_3O^+]$ 和由反应物的浓度计算得 $[Cr_{总}]$，则由式 (4.5-11) 可求出 $[HCrO_4^-]$。本实验采用紫外-可见分光光度计监测扰动后的铬酸盐-重铬酸盐反应速率常数。

【仪器与试剂】

紫外-可见分光光度计（使用方法见 8.19 节），pH 计（使用方法见 8.15 节），0.25mL 和 3mL 注射器，电子天平，烧杯。

$K_2Cr_2O_7$，KNO_3，甲醇，溴百里酚蓝。

【实验步骤】

1. 溶液的配制

(1) 配制 $2.0 mol \cdot L^{-1}$ KOH 溶液及 $0.001 mol \cdot L^{-1}$ 溴百里酚蓝的甲醇溶液。

(2) 扰动液（A 溶液）的配制：准确移取三个不同体积的 $K_2Cr_2O_7$ 溶液于三个 25mL 容量瓶中，用 $0.1 mol \cdot L^{-1}$ KNO_3 溶液稀释至刻度，摇匀，分别得到浓度为 $5 \times 10^{-2} mol \cdot L^{-1}$、$2.5 \times 10^{-2} mol \cdot L^{-1}$ 和 $1.25 \times 10^{-2} mol \cdot L^{-1}$ 的三个溶液 A_1、A_2 和 A_3。

由于所有反应物和中间络合物均带有电荷，离子强度对反应速率有显著影响，因此要求反应液的离子强度维持恒定，所以 $K_2Cr_2O_7$ 溶液需要用 $0.1 mol \cdot L^{-1}$ KNO_3 溶液配制，即先用二次蒸馏水配制 $0.1 mol \cdot L^{-1}$ KNO_3 溶液，然后配制含有 $0.1 mol \cdot L^{-1}$ KNO_3 的 $K_2Cr_2O_7$ 扰动液。

(3) 被扰动液（B 溶液）的配制：根据配制要求，分别移取三个不同体积的 $5 \times 10^{-2} mol \cdot L^{-1}$ 的 $K_2Cr_2O_7$ 溶液于三个 50mL 容量瓶中。加入 0.5mL 溴百里酚蓝指示剂，用 $0.1 mol \cdot L^{-1}$ 的离子强度调节剂 KNO_3 溶液加至接近刻度（比刻度体积少 2~3mL），再用滴定管加入适量的 $2.0 mol \cdot L^{-1}$ KOH 溶液，调节反应液 B 的 pH 值，使其达到 6.6~7.2。用 KNO_3 溶液稀释至刻度，摇匀，可得到被扰动液 B_1、B_2 和 B_3。B 溶液浓度较稀，约为 $1 \times 10^{-3} mol \cdot L^{-1}$，其中含有溴百里酚蓝指示剂浓度约为 $1 \times 10^{-5} mol \cdot L^{-1}$。溶液 pH 值用 pH 计准确测定，A 和 B 溶液浓度见表 4.5-1。

表 4.5-1　A 和 B 溶液的浓度

序　号	浓　　度	
	$A/(10^{-2} mol \cdot L^{-1})$	$B/(10^{-3} mol \cdot L^{-1})$
1	5.000	0.5000
2	2.500	1.000
3	1.250	5.000

2. 透光率测量

(1) 在 722 型分光光度计中，在样品池和参比池（光程为 1cm）中，分别注入 3mL 的 B 溶液和水，然后用 0.25mL 注射器吸入 A 溶液 0.1mL，同时再吸入 0.4mL 空气，尽快（2~4s 内）注入 B 溶液中，并同时用 3mL 注射器吸、放溶液，使其充分混合，在 620nm 下，立即跟踪监测扰动后溶液中指示剂的透光率 T 随时间 t 的变化，直到透光率不变为止，即反应达到新的平衡,在平衡点附近左右漂移。读取 $T_平$,最后在 pH 计上准确测定反应液的 pH 值。

(2) 按表 4.5-2 所示重复实验步骤(1)9 次。表中 A 溶液量为 0.1mL,B 溶液量为 3mL;t 是从微扰开始(即用 0.1mL 的 A 溶液向 3mL 的 B 溶液中快速混合)至反应达到平衡的时间。以 $-\ln(\lg T_平 - \lg T_i)$ 对 t_i 作图求出弛豫时间 τ,T_i 为任意时刻 t_i 时的溶液透光率,$T_平$ 为新平衡态时溶液的透光率。

表 4.5-2　A 溶液微扰 B 溶液

溶液名称	t/s	T_i	$T_平$	τ/s
A$_1$-B$_1$				
A$_2$-B$_1$				
A$_3$-B$_1$				
A$_1$-B$_2$				
A$_2$-B$_2$				
A$_3$-B$_2$				
A$_1$-B$_3$				
A$_2$-B$_3$				
A$_3$-B$_3$				

【操作注意事项】

1. A、B 两溶液必须尽可能在短时间内快速混合,并立即跟踪透光率 T_i 随 t_i 的变化。

2. 必须准确测定溶液的 pH 值。

【数据记录及结果处理】

1. 以 $-\ln(\lg T_平 - \lg T_i)$ 对 t_i 作图,由图的斜率求算弛豫的时间 τ,并列表记录结果。

2. 根据式(4.5-11)求算 $[HCrO_4^-]$,结果列表。

3. 由表中数据,以 $1/\tau$ 对 $[HCrO_4^-]$ 作图,求出截距和斜率。根据式(4.5-7)计算 k_2 和 k_{-2}。

4. 文献值:25℃时,平衡常数 $K_1=1.3\times10^6 L\cdot mol^{-1}$,$K_2=50L\cdot mol^{-1}$。

【思考题】

1. 什么是弛豫及弛豫时间?

2. 推导式(4.5-11),在计算 $[HCrO_4^-]$ 时,为什么用反应达到新的平衡后的 pH?

3. 为什么体系的 pH 值选择在 6.6~7.2 之间?

4. 弛豫法为什么能应用于快速反应动力学研究?对一般速率的反应,弛豫法是否适用?为什么?

5. 实验时反应液中加入 KNO$_3$ 起什么作用?

6. 要实现用弛豫法研究某反应的动力学规律,主要需找出哪些函数关系式?

4.6　旋光光度法测定蔗糖水解反应的速率常数

视频讲解

【实验目的】

1. 了解旋光仪的结构和使用方法,掌握测定旋光性物质旋光度的原理。

2. 利用旋光仪测定蔗糖水解作用的速率常数。

【实验原理】

根据实验确定反应 $A+B \longrightarrow C$ 的速率公式为：

$$\frac{\mathrm{d}x}{\mathrm{d}t}=k'(c_A^0-x)(c_B^0-x)$$

式中，c_A^0 和 c_B^0 分别表示反应物 A 和 B 的起始浓度；x 为时间 t 时生成物 C 的浓度；k' 为反应速率常数。

这是一个二级反应。但若起始时两物质的浓度相差很远，即 $c_B^0 \gg c_A^0$，那么在反应过程中 B 的浓度变化相对较小，可视为常数，因此上式可写为：

$$\frac{\mathrm{d}x}{\mathrm{d}t}=k(c_A^0-x)$$

此式为一级反应动力学微分式，移项后积分

$$\int_0^x \frac{\mathrm{d}x}{c_A^0-x}=\int_0^t k \, \mathrm{d}t$$

得一级反应动力学积分式

$$k=\frac{2.303}{t}\lg\frac{c_A^0}{c_A^0-x}$$

或由

$$\int_{x_1}^{x_2} \frac{\mathrm{d}x}{c_A^0-x}=\int_{t_1}^{t_2} k \, \mathrm{d}t$$

得一级反应动力学积分式的另一种形式

$$k=\frac{2.303}{t_2-t_1}\lg\frac{c_A^0-x_1}{c_A^0-x_2}$$

蔗糖水解反应就属于此类反应，反应式如下：

$$C_{12}H_{22}O_{11}+H_2O \xrightarrow{H^+} C_6H_{12}O_6+C_6H_{12}O_6$$

蔗糖   葡萄糖   果糖

这个反应的反应速率与蔗糖、水以及作为催化剂的氢离子的浓度有关。在这个反应体系中，水作为溶剂，其量远大于蔗糖，可看作常数（例如，对于 100g 浓度为 20% 的蔗糖水溶液而言，蔗糖的浓度为 $0.06\,\mathrm{mol \cdot L^{-1}}$，$H_2O$ 的浓度为 $4.4\,\mathrm{mol \cdot L^{-1}}$，当 $0.06\,\mathrm{mol \cdot L^{-1}}$ 的蔗糖全部水解后，水的浓度仍有 $4.34\,\mathrm{mol \cdot L^{-1}}$，所以相对而言，水的量可看作不变），所以蔗糖水解反应可看作一级反应。当温度及氢离子浓度为定值时，反应速率常数一定。蔗糖及其水解产物都具有旋光性，且它们的旋光能力不同，所以可以通过监测体系旋光度的变化来跟踪反应的进程。

在实验过程中，将一定浓度的蔗糖溶液与一定浓度的盐酸溶液等体积混合，用旋光仪测定旋光度随时间的变化关系，推算蔗糖的水解程度。蔗糖具有右旋光性，比旋光度 $[\alpha]_D^{20}=66.37°$，水解产生的葡萄糖也为右旋性物质，其比旋光度为 $[\alpha]_D^{20}=52.7°$，果糖为左旋光性物质，其比旋光度为 $[\alpha]_D^{20}=-92°$。由于果糖的左旋光性比较大，故反应进行时，溶液的右旋光度数值逐渐减小，最后变成左旋，因此蔗糖水解作用又称为转化作用。用旋光仪测得旋光度的大小与溶液中被测物质的旋光性、溶剂性质、光的波长、光所经过溶液的厚度、测定时的温度等因素有关，当这些条件一定时，旋光度 α 与被测溶液的浓度呈直线关系，所以

$$\alpha_0 = A_{反} a \qquad (t = 0)$$
$$\alpha_\infty = A_{生} a \qquad (t = \infty)$$
$$\alpha_t = A_{反}(a - x) + A_{生} x \qquad (t = t)$$

式中，α_0、α_∞ 和 α_t 分别为蔗糖未转化时、全部转化时和蔗糖浓度为 $a - x$ 时的旋光度；$A_{反}$ 和 $A_{生}$ 分别为反应物与生成物的比例常数；a 为反应物的起始浓度，也是水解结束生成物的浓度；x 为 t 时刻生成物的浓度。由上面三个式子得

$$\frac{a}{a - x} = \frac{\alpha_0 - \alpha_\infty}{\alpha_t - \alpha_\infty}$$

因此

$$k = \frac{2.303}{t} \lg \frac{\alpha_0 - \alpha_\infty}{\alpha_t - \alpha_\infty}$$

整理得

$$\lg(\alpha_t - \alpha_\infty) = -\frac{k}{2.303} t + \lg(\alpha_0 - \alpha_\infty)$$

以 $\lg(\alpha_t - \alpha_\infty)$ 对 t 作图，由直线斜率求出速率常数 k。这样只要测出蔗糖水解过程中不同时间的旋光度 α_t 以及蔗糖全部水解后的旋光度 α_∞，就可求得速率常数 k。本实验采用古根哈姆（Guggenheim）法处理数据，可不必测 α_∞。

把在 t 和 $t + \Delta t$（Δt 代表一定的时间间隔）测得的 α 分别用 α_t 和 $\alpha_{t + \Delta t}$ 表示，则有

$$\alpha_t - \alpha_\infty = (\alpha_0 - \alpha_\infty) e^{-kt}$$
$$\alpha_{t + \Delta t} - \alpha_\infty = (\alpha_0 - \alpha_\infty) e^{-k(t + \Delta t)}$$

取 Δt 为固定时间间隔，则有

$$\alpha_t - \alpha_{t + \Delta t} = (\alpha_0 - \alpha_\infty) e^{-kt} (1 - e^{-k\Delta t})$$
$$\ln(\alpha_t - \alpha_{t + \Delta t}) = -kt + \ln[(\alpha_0 - \infty)(1 - e^{-k\Delta t})]$$

以 $\ln(\alpha_t - \alpha_{t + \Delta t})$ 对 t 作图，由直线的斜率即可求出 k。

应该指出，若时间间隔 Δt 取得太小，会导致实验结果误差较大，Δt 可选为半衰期的 2~3 倍，或反应完成时间的一半为宜。本实验取 $\Delta t = 30\min$，每隔 $5\min$ 读一次旋光度。

如果测出不同温度时的 k 值，利用 Arrhenius 公式就可以求出反应在该温度范围内的平均活化能。

$$\frac{\mathrm{d}\ln k}{\mathrm{d}T} = \frac{\Delta E}{RT^2}$$

【仪器与试剂】

旋光仪及附件（使用方法见 8.21 节），秒表，50mL 容量瓶，25mL 移液管，50mL 烧杯，锥形瓶，洗瓶，洗耳球。

蔗糖（化学纯），$2.0\mathrm{mol \cdot L^{-1}}$ HCl 水溶液。

【实验步骤】

1. 旋光仪零点的校正

打开电源开关，需经 $5\min$ 钠光灯预热，使之发光稳定。洗净旋光管各部分零件，将旋光管一端的盖子旋紧，由另一端向管内注满去离子水，在上面形成一凸面，盖上玻璃片，此

时管内不应有气泡存在，再旋紧旋光管螺帽，勿使其漏水或有气泡产生。通光面两端的雾状水滴应用软布揩干。试管螺帽不宜旋得过紧，以免产生应力，影响读数。试管安放时应注意标记的位置和方向。盖好箱盖，按下"清零"键，使旋光示值为零。

2. 蔗糖水解过程中 α_t 的测定

在小烧杯中称取10g蔗糖，溶于少量去离子水中，配成50mL溶液。用移液管取25mL蔗糖溶液注入干燥的锥形瓶中，移取25mL 2mol·L^{-1}HCl溶液倒入蔗糖溶液中，同时记下反应开始时间。混合均匀，迅速取少量混合溶液清洗旋光管2次，以此混合液注满旋光管，盖好玻璃片，旋紧螺帽，检查是否漏液、有气泡。擦净旋光管两端玻璃片，立即置于旋光仪试样槽中测定旋光度。此后每隔5min测一次，经1h后停止实验。

3. 实验结束

关闭电源开关，并将旋光管洗净擦干，防止酸对旋光管腐蚀。

【操作注意事项】

1. 蔗糖在配制溶液前，需先经380K烘干。

2. 在进行蔗糖水解速率常数测定以前，要熟练掌握旋光仪的使用方法，才能正确而迅速地读数。

3. 旋光管管盖只要旋至不漏水即可，过紧地旋扭会造成旋光管损坏，或因玻片受力产生应力而指示有一定的假旋光。

4. 旋光仪中的钠光灯不宜长时间开启，测量间隔较长时，应熄灭，以免损坏。

5. 实验结束时，应将旋光管洗净干燥，防止酸对旋光管的腐蚀。

【数据记录及结果处理】

1. 取 Δt 为30min，每5min记录一次数据，将时间 t、旋光度 α_t、$\alpha_{t+\Delta t}$、$\ln(\alpha_t - \alpha_{t+\Delta t})$ 列表。

2. 以 $\ln(\alpha_t - \alpha_{t+\Delta t})$ 对 t 作图，从所得直线斜率求出 k。

3. 计算蔗糖水解反应的半衰期 $t_{1/2}$。

【思考题】

1. 蔗糖的水解速率常数 k 和哪些因素有关？

2. 在测量蔗糖水解速率常数时，选用长的旋光管好还是短的旋光管好？

3. 配制蔗糖溶液时，若称量不准确，或所用蔗糖纯度不高会对实验结果产生什么影响？

4. 试估计本实验的误差，怎样减少实验误差？

【讨论】

1. 比旋光度 $[\alpha]$ 一般是随温度、浓度、波长而变化的。但是蔗糖的这种变化比较小，当蔗糖质量分数 $w=0\%\sim50\%$ 时，比旋光度可用如下实验式表示：

$$[\alpha]_D^{20} = +66.412 + 0.01267w - 0.000376w^2$$

当实验温度 $t=14\sim30℃$ 时，比旋光度可用下式表示：

$$[\alpha]_D^t = [\alpha]_D^{20}[1 - 0.00037 \times (t/℃ - 20)]$$

求 $[\alpha]_D^{20}$ 时可将 $w=5\%\sim30\%$ 的溶液的 $[\alpha]$ 值外推到 $w\to0$ 而求得。

一般将 $[\alpha]$ 随波长 λ 的变化称为旋光分散性。对于蔗糖，一般用下式表示这种变化（波长 λ 单位为 μm）：

$$[\alpha]_\lambda = \frac{21.948}{\lambda^2 - 0.0213}$$

2. 测定旋光度的用途

(1) 检定物质的纯度；

(2) 确定物质在溶液中的浓度或含量；

(3) 测定溶液的密度；

(4) 光学异构体的鉴别等。

3. 蔗糖水解作用通常进行得很慢，但加入酸后会加速反应，其速率的大小与 H^+ 浓度有关（当 H^+ 浓度较低时，水解速率常数 k 正比于 H^+ 浓度，但在 H^+ 浓度较高时，k 和 H^+ 浓度不成比例）。同一浓度的不同酸液（如 HCl、HNO_3、H_2SO_4、HAc、$ClCH_2COOH$ 等）因 H^+ 活度不同，其水解速率亦不一样，故由水解速率比可求出两酸液中 H^+ 活度比，如果知道其中一个活度，则可以求得另一个活度。

4. 蔗糖水解反应中 H^+ 是催化剂，水解反应的速率正比于 H^+ 的浓度 $[H^+]$，因此反应速率常数与 $[H^+]$ 的关系可用 $v=k_{H^+}[H^+]$ 表示。若已知 k_{H^+}，根据求得的反应速率 v 即可以求得其中的 $[H^+]$。此法称为催化 pH 测定法，是精确测定 pH 的方法之一。

4.7　指示剂法测定 $Na_2S_2O_3$ 在胶体中的扩散系数

【实验目的】

以 I_2 为指示剂，确定 $Na_2S_2O_3$ 在明胶胶体中的扩散系数。

【实验原理】

无论在液相还是在固相体系中，若其中某种组分存在浓度梯度，那么该组分就会向浓度较低的方向扩散。正确地测定所给体系的扩散系数通常比较困难。但是，若巧妙地选择体系，简单而正确地确定扩散系数是有可能的。当低分子量的物质向高分子量物质的凝胶中扩散时，通常会显示出非常明显的分界线，随着时间的推移分界线向凝胶内部推进。例如，当将呈褐色的含碘（I_2）凝胶浸入含有硫代硫酸根离子（$S_2O_3^{2-}$）的溶液中时，由于 $S_2O_3^{2-}$ 向其中扩散而使得褐色消失，从而形成鲜明的分界线。原因是发生了下面的反应，I_2 变成了 I^-：

$$I_2 + 2S_2O_3^{2-} === 2I^- + S_4O_6^{2-}$$

测定该分界线的位置随时间的变化，就能确定硫代硫酸盐向凝胶中的扩散系数。同样的测定也可以在 $\{Na_2S+Pb(CH_3COO)_2+琼脂\}$ 的体系中进行。

设扩散是沿 x 方向发生，x 轴的原点取在溶液和胶体的接触面上。在 t 时刻，分界线推进到 $x=\xi$ 的位置。设溶液中 $S_2O_3^{2-}$ 的初始浓度 c_0 一定，胶体中 I_2 的浓度用 b 表示。$S_2O_3^{2-}$ 扩散所到之处，I_2 立刻反应变成 I^-。也就是说，在 ξ 的左侧不存在游离的 I_2，只存在能够自由扩散的 $S_2O_3^{2-}$；而在 ξ 的右方只存在游离的 I_2。ξ 随着时间的延长向右移动，在 $0<x<\xi$ 的任意地方，x 处 $S_2O_3^{2-}$ 的浓度 $c(x,t)$ 由下列扩散方程式给出：

$$\frac{\partial c}{\partial t} = D\frac{\partial^2 c}{\partial x^2}$$

式中，D 是硫代硫酸盐（$Na_2S_2O_3$）在凝胶中的扩散系数，为了简便，假定它是与浓度无关的常数。表示上述状况的初始条件为：

$$c(0,t)=c_0$$

$$c(x,0)=0$$

边界条件为：

$$c(\xi,0)=0$$

$$D\left(\frac{\partial c}{\partial x}\right)^2_{x=\xi}=b\left(\frac{\partial c}{\partial t}\right)_{x=\xi}$$

在此初始条件及边界条件下解扩散微分方程，则可得分界线的位置 ξ 随时间 t 的变化关系：

$$\xi=2Z\sqrt{Dt}$$

式中，t 是凝胶浸入溶液之后经过的时间；Z 是与 c_0 和 b 有关的常数：

$$Ze^{z^2}\Phi(Z)=\frac{1}{\sqrt{\pi}}\times\frac{c_0}{b}$$

$\Phi(Z)$ 是高斯误差函数，在一般高等函数表中列有 $\Phi(Z)$ 的数值表。例如 c_0、b 以及 D 一定，则分界线位置 ξ 对 $\sqrt{t}$ 作图就成为直线，其斜率为 $2Z\sqrt{D}$。因此，若已知 c_0 和 b，就可计算出 Z 值，从而求出扩散系数 D。

为了抑制由 $S_2O_3^{2-}$ 的扩散而产生的扩散电势，实验中还需加入 NaCl。

【仪器与试剂】

测量显微镜（使用方法见 8.22 节），恒温水浴，秒表，内径 1～3mm 的玻璃管，内径 12～15mm 的粗试管，软木塞或橡皮塞。

明胶，I_2，淀粉，$0.5mol\cdot L^{-1}$ 的 $Na_2S_2O_3$ 水溶液，10%（质量分数）的 KI 溶液，$4mol\cdot L^{-1}$ 的 NaCl 水溶液。

【实验步骤】

1. 含 I_2 明胶的配制

（1）将 I_2 溶于 10% 的 KI 溶液中，并使 I_2 浓度为 $0.1mol\cdot L^{-1}$，配制成 KI-I_2 溶液。

（2）把 2g 可溶性淀粉与水一起搓揉成泥状，再加入 200mL 沸腾的水搅拌之，放置一段时间，取上层清液作为实验用淀粉水溶液。

（3）精确称取 1.000g 明胶，加入试管中，并加入 2mL 的 KI-I_2 溶液、1.8mL 的淀粉水溶液以及 $4mol\cdot L^{-1}$ 的 NaCl 水溶液 0.5mL，装上回流冷凝器，在 60℃ 水浴中加热 1h。

（4）将生成的溶液（明胶＋I_2）流入内径为 1～3mm 的玻璃毛细管中，在室温下放置冷却。1h 后切取约 15cm 长一段供实验用。这样制成的明胶-凝胶中 I_2 浓度 $b=0.04mol\cdot L^{-1}$，明胶浓度约 18%，NaCl 浓度为 $0.4mol\cdot L^{-1}$。

2. $Na_2S_2O_3$-NaCl 水溶液的配制

（1）在 40mL 浓度为 $0.5mol\cdot L^{-1}$ 的 $Na_2S_2O_3$ 溶液中加 50mL 水以及 10mL 浓度为 $4mol\cdot L^{-1}$ 的 NaCl 水溶液，制得 100mL 溶液，其中 $Na_2S_2O_3$ 的浓度 $c_0=0.2mol\cdot L^{-1}$，NaCl 浓度为 $0.4mol\cdot L^{-1}$。

（2）根据上述方法配制 $Na_2S_2O_3$ 初始浓度 c_0 分别等于 $0.20mol\cdot L^{-1}$、$0.16mol\cdot L^{-1}$、$0.10mol\cdot L^{-1}$、$0.08mol\cdot L^{-1}$、$0.05mol\cdot L^{-1}$ 及 $0.04mol\cdot L^{-1}$ 的六种 $Na_2S_2O_3$-NaCl 水溶液，这些溶液中 NaCl 的浓度均为 $0.4mol\cdot L^{-1}$。

3. 试管的安装

将 $Na_2S_2O_3$-NaCl 溶液放入带橡皮塞的试管中，固定在带恒温水浴（25℃）的支持台上。然后，将装好凝胶的毛细管从橡皮塞孔中插入试管，但需注意，它的末端尚不能浸入 $Na_2S_2O_3$-NaCl 溶液。橡皮塞的孔要开得比毛细管稍大，以保持毛细管垂直且能任意改变高度。调整测量显微镜的焦点使之与毛细管吻合，并使显微镜上下移动时与毛细管平行。

4. 测试

将充填有凝胶的毛细管很快浸入 $Na_2S_2O_3$ 溶液，凝胶浸入溶液的瞬间开始记录时间，用测量显微镜追踪毛细管中透明部分与蓝色部分的分界线，线的位置要用游标读到 1/100mm。这样求得的 ξ 为时间 t 的函数，测定大约持续 100min。因为开始时界线移动很快，故在开始阶段需增加测定点。移动变慢后，适当地放宽时间间隔，读取 ξ 即可。在第一次测定中掌握要领后，为了在下面的测定中节约时间，可在第 1 号的测定进行到 40～60min 时把测量显微镜的位置向旁边滑，开始第 2 号的测定。此时需要时常对第 1 号的试管进行测定。

【数据记录及结果处理】

1. 列表记录在不同浓度的 $Na_2S_2O_3$-NaCl 水溶液中测得的时间 t 及 ξ 的数据。

2. 将这样得到 ξ 的数据对 $\sqrt{t}$ 作曲线。如果得到的是通过原点的直线，则实验是成功的。若不通过原点，则可能是测定 ξ 的原点位置的误差 $\Delta\xi$（与 ξ 轴的交点从原点的偏离），也可能是扩散开始经过一定时间仍未到达稳定的扩散条件，也可能两者兼而有之。若是前者，可用 $\xi-\Delta\xi$ 对 $\sqrt{t}$ 作图；若是后者，则用 ξ^2 对 t 作图，将在 t 轴的交点从原点偏离的 Δt 加到 t 上，再用 ξ 对 $\sqrt{t+\Delta t}$ 作图即可。由此两种方法均可求得直线的斜率。

3. 对应于各种 c_0 值，求不同浓度 $Na_2S_2O_3$-NaCl 水溶液在凝胶中的扩散系数 D 值，讨论其与浓度的关系。

表 4.7-1 给出了由不同 $Na_2S_2O_3$ 的初始浓度 c_0 和 I_2 浓度 b 值计算得到的 Z 值。

表 4.7-1 不同 $Na_2S_2O_3$ 的初始浓度 c_0 和 I_2 浓度 b 值对应的常数 Z 值

Z	$\dfrac{1}{\sqrt{\pi}} \times \dfrac{c_0}{b}$	Z	$\dfrac{1}{\sqrt{\pi}} \times \dfrac{c_0}{b}$	Z	$\dfrac{1}{\sqrt{\pi}} \times \dfrac{c_0}{b}$
0	0	0.60	0.51934	1.10	3.24693
0.10	0.01136	0.70	0.77446	1.15	3.86732
0.20	0.04636	0.80	1.12590	1.20	4.61052
0.30	0.10787	0.90	1.61222	1.25	5.50337
0.40	0.20109	1.00	2.29071	1.30	6.58036
0.50	0.33416	1.05	2.72716	1.35	7.88355

4.8 复相催化甲醇分解反应的动力学分析

【实验目的】

1. 测量 ZnO 催化剂对甲醇分解反应的催化活性，了解反应温度对催化反应的影响。

2. 了解动力学实验中流动法的特点，掌握分析处理实验数据的方法。

【实验原理】

参与反应过程，但其数量及化学性质在反应前后没有改变的物质称为催化剂。催化剂使反应速率改变的现象称为催化作用。有催化剂参加的反应为催化反应。

不同催化剂的制备方法不同。即使同一种催化剂，采用相同的制备方法，但技术工艺不同，所得到的催化剂的催化活性也不同。因此需要对制得的催化剂作出在使用条件下活性及选择性的评价。催化剂的活性大小表现为催化剂存在时反应速率增加的程度。复相催化时，反应在催化剂表面进行，所以催化剂比表面（单位质量催化剂所具有的表面积）大小对催化活性起主要作用。测定催化剂活性的方法可分为静态法和流动法两种。静态法是指反应物不连续加入反应器，产物也不连续移去的实验方法。流动法则相反，反应物不断稳定地进入反应器并发生催化反应，离开反应器后再分析其反应物的组成。使用流动法时，当流动的体系达到稳定状态后，反应物的浓度就不随时间而变化。流动法操作难度较大，计算也比静态法麻烦，保持体系达到稳定状态是实验成功的关键。因此各种实验条件（温度、压力、流量等）必须恒定。另外，应选择合理的流速，流速太大时反应物与催化剂接触时间不够，来不及反应就流出，太小则气流的扩散影响显著，有时会引起副反应。

本实验采用流动法测量 ZnO 催化剂在不同温度下对甲醇分解反应的催化活性。近似认为反应过程中无副反应发生（即有单一的选择性），反应式为：

$$CH_3OH \xrightarrow{ZnO} CO + 2H_2$$

催化活性以单位质量催化剂在指定条件下使 100g 甲醇分解掉的质量（g）来表示。若以恒量的甲醇蒸气送入体系，催化剂的活性越大，则产物中的一氧化碳和氢气越多。

实验装置如图 4.8-1 所示。氮气的流量由毛细管流量计监测，氮气流经预饱和器及饱和器（均装有液态甲醇），在饱和器温度下达到甲醇蒸气的吸收平衡。混合气进入管式炉中的反应管与催化剂接触而发生反应，流出反应器的混合物中有氮气和未分解的甲醇以及产物一氧化碳及氢气。流出气前进时经冰盐冷却剂制冷，甲醇蒸气被冷凝截留在捕集器中，最后由湿式气体流量计测得的是氮气、一氧化碳及氢气的流量。如若反应管中无催化剂，则测得的是氮气的流量。根据这两个流量便可计算出反应产物一氧化碳及氢气的体积，据此可算出催化剂的活性大小。

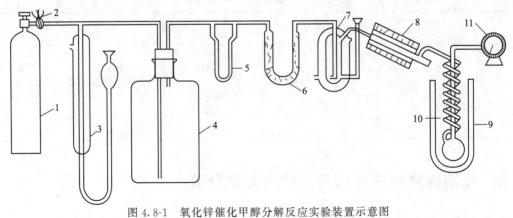

图 4.8-1 氧化锌催化甲醇分解反应实验装置示意图

1—氮气钢瓶；2—稳流阀；3—稳压器；4—缓冲瓶；5—毛细管流量计；6—干燥塔；7—液体挥发器；
8—反应管；9—杜瓦瓶；10—收集器；11—湿式气体流量计

【仪器与试剂】

秒表，10～20 目筛子，马弗炉，控温仪（使用方法见 8.7 节）。

活性 Al_2O_3，$Zn(NO_3)_2$ 饱和溶液，甲醇（分析纯），纯氮气（工业纯）。

【实验步骤】

1. ZnO 的制备。将 10～20 目的活性 Al_2O_3 浸泡在 $Zn(NO_3)_2$ 饱和溶液中，使 Al_2O_3

与 $Zn(NO_3)_2$ 的质量比为 $1:2.4$，浸泡 24h 后烘干。将烘干物移至马弗炉中升温到有 NO_2 放出时停止加热，待 $Zn(NO_3)_2$ 分解完毕再升温至 600℃ 灼烧 3h，自然冷却至室温。

2. 检查实验装置的各部件是否连接紧密，调节预饱和器温度为 $(43.0±0.1)$℃，饱和器温度为 $(40.0±0.1)$℃，保温容器中放入冰盐水。

3. 开启氮气钢瓶，通过稳流阀调节气体流量在 $(100±5)mL·min^{-1}$ 内（观察湿式流量计），记下毛细管流量计的压差。

4. 将空反应管放入马弗炉中，开启控温仪使马弗炉升温到 380℃，从表 9.4 中查出铂铑-铂（分度号 LB-3）热电偶 380℃ 时的热电势值，用于调节控温仪。在炉温恒定、毛细管流量计压差不变的情况下，每 5min 记录湿式气体流量计读数 1 次，连续 30min。

5. 用粗天平称取 4g 催化剂，取少量玻璃棉置于反应管中。为使装填均匀，一边向管内装催化剂，一边轻轻转动管子，装完后再于上部覆盖少量玻璃棉以防松散，催化剂的位置应处于反应管的中部。

6. 将装有催化剂的反应管装入马弗炉中，热电偶刚好处于反应管的中部，控制毛细管流量计的压差与空管时完全相同，待其不变及炉温恒定后，重复步骤 4 的测量。

7. 调节控温仪使炉温升至 450℃，不换管，重复步骤 6 的测量。

【操作注意事项】

1. 实验装置应具有良好的气密性。
2. 实验中应确保毛细管流量计的压差在有无催化剂时均相同。
3. 在体系达到稳定状态后才可进行测量。
4. 做催化剂对比实验（例如焙烧温度不同、氮气流速不同等）应保持其他实验条件相同。

【数据记录及结果处理】

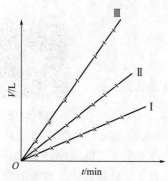

图 4.8-2 甲醇分解反应体系中
气体的体积 V 随反应
时间 t 的变化

1. 参照图 4.8-2，以体积 $V(L)$ 对时间 $t(min)$ 作图，得三条直线。Ⅰ 为空管时的 V-t 曲线，Ⅱ 及 Ⅲ 为装入催化剂后炉温分别为 380℃ 及 450℃ 时的 V-t 曲线。

2. 由三条直线分别求出 30min 内通入 N_2 的体积和分解反应所增加的体积（V_{N_2} 和 V_{H_2+CO}）。

3. 计算 30min 内不同温度下，催化反应中分解掉甲醇的质量 $m'_{CH_3OH}(g)$。

由分解反应 $CH_3OH \xrightarrow{ZnO} CO+2H_2$ 可知已分解甲醇体积：

$$V_{CH_3OH} = \frac{1}{3}V_{CO+H_2}$$

由理想气体状态方程

$$p_{大气压}V_{CH_3OH} = n_{CH_3OH}RT$$

可求出分解掉的甲醇的物质的量 n_{CH_3OH}。式中，T 为湿式气体流量计上指示的温度。

若 M 为甲醇的摩尔质量，则分解掉的甲醇质量为：

$$m'_{CH_3OH} = n_{CH_3OH}M$$

4. 计算 30min 内进入反应管的甲醇质量 m_{CH_3OH}。

近似认为体系的压力为实验时的大气压，在 40.0℃ 下 N_2 吸收甲醇蒸气后与液态甲醇达到吸收平衡，因此

$$p_{体系} = p_{大气} = p_{CH_3OH} + p_{N_2}$$

根据道尔顿分压定律有

$$\frac{p_{N_2}}{p_{CH_3OH}} = \frac{n_{N_2}}{n_{CH_3OH}}$$

式中，n_{N_2} 为 30min 内进入反应管的 N_2 的物质的量，可用无催化剂时 30min 内进入 N_2 的体积计算；将 p_{N_2}、p_{CH_3OH} 代入上式可得 30min 内进入反应管的甲醇的物质的量 n_{CH_3OH}。

进入反应管的甲醇质量为：

$$m_{CH_3OH} = n_{CH_3OH} M$$

5. 以每克催化剂使 100g 甲醇所分解掉的质量（g）表示实验条件下 ZnO 催化剂的活性，并比较不同温度下的差别。如下式所示：

$$催化活性 = \frac{m'_{CH_3OH}}{m_{CH_3OH}} \times \frac{100}{m_{ZnO}}$$

【思考题】

1. 为什么氮的流速要始终控制不变？
2. 预饱和器温度过高或过低会对实验产生什么影响？
3. 冰盐冷却器的作用是什么？盐是否加得越多越好？
4. 分析本实验评价催化剂的方法的优缺点。

4.9　非平衡过程动力学分析的实例——B-Z 振荡反应

【实验目的】

1. 了解 B-Z 反应的基本原理和耗散结构产生的必要条件。
2. 观察化学振荡现象，测定化学振荡周期并求反应的表观活化能。

视频讲解

【实验原理】

在大多数化学反应中，其反应物或生成物的浓度随时间呈单调变化，最终达到平衡状态。而某些化学反应体系中，一些组分或中间产物的浓度随时间发生有序的周期性变化，称为化学振荡，这类反应称为化学振荡反应。由于本身的非线性动力学机制而产生宏观时空有序结构，称为耗散结构。为纪念最先发现、研究这类反应的两位科学家 Belousov 和 Zhabotionskii，人们将可呈现化学振荡现象的含溴酸盐的反应系统统称为 B-Z 振荡反应。化学振荡现象直观地展现了自然界普遍存在的非平衡非线性问题。近年来，这一新兴的研究领域受到了广泛重视。

大量的实验研究结果表明，化学振荡现象的发生必须满足 3 个条件：①远离平衡的敞开体系；②反应历程中含有自催化步骤；③体系具有双稳定性，即可在两个稳态间来回振荡。

B-Z 振荡反应的净化学变化是：

$$2BrO_3^- + 3CH_2(COOH)_2 + 2H^+ \xrightleftharpoons{铈离子} 2BrCH(COOH)_2 + 4H_2O + 3CO_2$$

该反应的机理是复杂的，1972 年 Field、Koros 及 Noyes 提出了著名的 FKN 机理，比

较成功地解释了化学振荡反应，简单归纳如下。

假设溴酸盐反应系统中有下述 3 个过程：

(1) $BrO_3^- + 2Br^- + 3CH_2(COOH)_2 + 3H^+ \rightleftharpoons 3BrCH(COOH)_2 + 3H_2O$

(2) $BrO_3^- + 4Ce^{3+} + 5H^+ \rightleftharpoons HOBr + 4Ce^{4+} + 2H_2O$

(3) $HOBr + 4Ce^{4+} + BrCH(COOH)_2 + H_2O \rightleftharpoons 2Br^- + 4Ce^{3+} + 3CO_2 + 6H^+$

这三个过程共同构成了一个反应的振荡周期。

当 $[Br^-] > [Br^-]_{临界}$ 时，发生反应(1)，而当 $[Br^-] < [Br^-]_{临界}$ 时，发生反应(2)。该反应溴离子的临界浓度为 $[Br^-]_{临界} = 5 \times 10^{-6}[BrO_3^-]$，最后通过反应(3)使 Br^- 再生，因此，在此振荡反应中，$[Br^-]$ 起着转换开关作用。而铈离子在反应中起催化作用，催化反应(2)和反应(3)。由此可见，反应中 $[Br^-]$ 和 $[Ce^{4+}]/[Ce^{3+}]$ 随时间呈周期性变化，由于 Ce^{4+} 为黄色，Ce^{3+} 为无色，所以反应液就在黄色和无色之间振荡。

随着反应的进行，BrO_3^- 浓度逐渐减小，CO_2 气体不断放出，体系的能量与物质逐渐耗散，如果不补充新的原料则最终会导致振荡结束。

如果向上述反应中滴加适量的邻菲罗啉亚铁溶液，则反应的颜色就在蓝色和红色之间振荡。这是由于铁离子与铈离子一样，对反应起催化作用，致使 $[Fe^{3+}]/[Fe^{2+}]$ 随时间周期性变化，其中 Fe^{3+} 与邻菲罗啉生成蓝色络合物，而 Fe^{2+} 与邻菲罗啉生成红色络合物。

在不同温度下通过测定因 $[Ce^{4+}]$ 和 $[Ce^{3+}]$ 之比产生的电势随时间变化的曲线，可得到此振荡反应的诱导时间 (t_u) 和振荡周期 (t_z)，并根据阿伦尼乌斯方程：

$$\ln\frac{1}{t_u} = -\frac{E_u}{RT} + \ln A_u$$

$$\ln\frac{1}{t_z} = -\frac{E_z}{RT} + \ln A_z$$

分别作 $\ln\frac{1}{t_u}$-$\frac{1}{T}$ 和 $\ln\frac{1}{t_z}$-$\frac{1}{T}$ 图，最后从图中的曲线斜率可分别求得表观诱导反应活化能 E_u 和表观振荡反应活化能 E_z。

【仪器与试剂】

pH 计 1 台，恒温水浴 1 台，磁力搅拌器 1 台，电子天平 1 台，217 型甘汞电极 1 支（用 $1mol \cdot L^{-1}$ 硫酸作液接），铂电极 1 支，秒表 1 块，反应器 1 个，大试管 1 个，50mL 烧杯 1 个，100mL 烧杯 2 个，100mL 容量瓶 2 个，10mL 量筒 3 个，15mL 移液管 2 支，培养皿 1 套，白瓷板 1 块，洗瓶 1 个，滤纸等。

溴酸钾（优级纯），丙二酸（分析纯），硝酸铈铵或硫酸铈铵（分析纯），邻菲罗啉亚铁指示剂（0.7g 硫酸亚铁、0.5g 邻菲罗啉、100mL 去离子水），浓硫酸，$0.1mol \cdot L^{-1}$ 氯化钠，去离子水等。

实验装置见图 4.9-1。

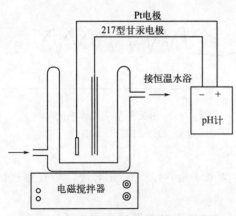

图 4.9-1　B-Z 振荡反应实验装置示意图

【实验步骤】

1. 配制溶液

(1) A 液的配制：用天平称取 6g 丙二酸放入 100mL 烧杯中，加入适量去离子水，用玻璃棒搅拌溶解后，小心加入 6mL 浓 H_2SO_4，再加入 0.4g 硫酸铈铵，溶解后转入 100mL 容量瓶，用去离子水稀释至刻度。

(2) B 液的配制：用天平称取 5g 溴酸钾放入 100mL 烧杯中，加入适量去离子水，用玻璃棒搅拌溶解后，转入 100mL 容量瓶，用去离子水稀释至刻度。

2. 测定化学振荡周期

按图 4.9-1 连接好仪器，铂电极接至"＋"极，甘汞电极接至"－"极。接通 pH 计电源，pH-mV 选择开关调至 mV 挡。接通恒温水浴电源，按当前温度恒温。同时接通磁力搅拌器电源并调整好适当的速率（搅拌速率及转子位置都要求恰当，并在每个温度挡测定时尽量保持一致）。用移液管移取 15mL A 液加入反应器，同时将 15mL B 液移入试管在恒温水浴中恒温，恒温 10min 后，将 B 液加入反应器中，将带有 Pt 电极和甘汞电极的橡皮塞盖好（注意检查和调整 Pt 电极、甘汞电极探头的位置），同时启动秒表并开始记录反应的电势振荡周期，每 5s 记录一个数据，注意观察溶液颜色的变化规律，共测定约 10 个周期。

调节恒温水浴温度，每挡升高 5℃，按上述方法重复进行实验（高于 30℃时，每 2.5s 记录一个数据），共在 5 个不同温度挡进行测定，实验中注意电极及反应器要清洗干净。

每一个温度点选择 6 个连续的比较稳定的数据，算出平均振荡周期。

也可将 pH 计外接记录仪或选用计算机控制和记录其电势曲线，将会显示如图 4.9-2 所示的曲线。

3. 观察化学振荡现象

(1) 用量筒分别量取 8mL A 液和 8mL B 液倒入 50mL 烧杯中，用玻璃棒搅拌均匀，1~2min 后，观察并记录颜色的变化。

(2) 在上述混合液中滴加 10 滴邻罗咯啉亚铁指示剂，充分混匀后倒入培养皿中，培养皿下垫一块白瓷板以利观察。在实验报告上画出两个精彩的示意图。并将装有混合液的培养皿置于平稳处，以备后步实验使用。

4. 化学振荡的调控

(1) 再现振荡：当培养皿中 A、B 混合液不再变色，停止振荡时，往混合液中再加一些溴酸钾溶液（B 液），混合均匀后，又可重新观察到振荡反应，记录观察到的实验现象。

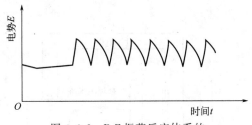

图 4.9-2　B-Z 振荡反应体系的电势（E）-时间（t）曲线

(2) 加快振荡：当向 A、B 混合液中加入一滴管浓硫酸（请小心滴加）时，观察振荡反应的振荡周期是否加快，记录实验结果。

(3) 抑制振荡：向正在振荡的混合液中加入 10 滴 $0.1mol \cdot L^{-1}$ NaCl 溶液，将观察到的现象记录下来。

实验结束后，切断所用仪器电源，按要求清洗干净电极及各种器皿后归放原处。

【操作注意事项】

培养皿中溶液先呈均匀的红色，片刻后出现蓝点并呈环状向外扩展，形成各种同心圆式图案。如果摇动培养皿，图案会被破坏，但静止片刻后，又会重新产生新的图案。如果倾斜培养皿，使其中一些同心圆破坏，则可观察到螺旋式图案形成，这些图案同样能向四周扩展。这些空间化学现象能持续 1h 左右。

【数据记录及结果处理】

1. 列表记录实验数据，根据实验数据计算反应的电势振荡周期，并计算其平均值。

2. 分别作 $\ln\dfrac{1}{t_u}$-$\dfrac{1}{T}$ 和 $\ln\dfrac{1}{t_z}$-$\dfrac{1}{T}$ 图，求出表观诱导反应活化能 E_u 和表观振荡反应活化能 $E_z(\text{kJ}\cdot\text{mol}^{-1})$。

【思考题】

1. 试从振荡反应 3 个过程的反应方程式分析振荡反应趋于衰减并最终停止的原因。

2. 本实验记录的电势主要代表了什么意思？它与 Nernst 方程求得的电势有何不同？为什么？

3. 影响振荡诱导期、振荡周期及振荡寿命的主要因素有哪些？

第5章 界面与胶体性质的测定

5.1 表面活性剂临界胶束浓度的测定

【实验目的】

1. 掌握电导法和界面张力法测定离子型表面活性剂 CMC 的原理和方法。
2. 测定十二烷基硫酸钠的 CMC 值，加深对表面活性剂溶液性质的理解。

【实验原理】

视频讲解

能够显著降低水的界面张力的物质称为水的表面活性剂。它通常由亲水基团和亲油基团两部分组成。在表面活性剂溶液中，当溶液浓度增大到一定值时，表面活性离子或分子将会发生缔合，形成胶束。对于某指定的表面活性剂来说，其溶液开始形成胶束的最小浓度，称为该表面活性剂溶液的临界胶束浓度（critical micelle concentration），简称 CMC。

表面活性剂溶液的许多物理化学性质随着胶束的形成而发生突变。例如，十二烷基硫酸钠就是一种常见的表面活性剂，其水溶液的一些物理化学性质与溶液浓度的关系见图 5.1-1。由图可见，表面活性剂溶液的浓度只有在稍高于 CMC 时，才能发挥其作用，如润湿作用、乳化作用、洗涤作用、发泡作用等。故将 CMC 看作是表面活性剂溶液表面活性的一种量度。因此，测定 CMC 并掌握影响 CMC 的因素，对于深入研究表面活性剂的物理化学性质至关重要。

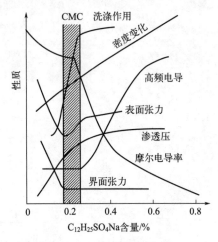

图 5.1-1 十二烷基硫酸钠水溶液的一些
物理化学性质随溶液浓度的变化

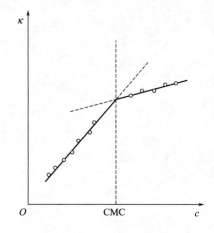

图 5.1-2 十二烷基硫酸钠水溶液
电导率与浓度的关系

理论上，表面活性剂溶液随浓度变化的物理化学性质都可用来测定 CMC，常用的有电导法、界面张力法、染料法和加溶作用法等。染料法是利用某些染料的生色有机离子（或分子）吸附于胶束上，而使其颜色发生明显变化的现象来确定 CMC 值，只要染料合适，此法非常简便，亦可借助分光光度计测定溶液的吸收光谱来进行确定。加溶作用法是利用表面活性剂溶液对物质的增溶能力随其溶液浓度的变化来确定 CMC 值。

本实验采用电导法和界面张力法测定阴离子型表面活性剂十二烷基硫酸钠水溶液的 CMC 值。

1. 电导法

在稀溶液的情况下，离子型表面活性剂同强电解质溶液的电导率变化规律一样。但随着表面活性剂溶液中胶束的生成，电导率将发生明显变化，如图 5.1-2 所示。因此由曲线上的转折点可求出其 CMC 值。

2. 界面张力法

少量表面活性剂加入水中后，溶液的界面张力随着浓度的增加急剧下降。由于其结构上的双亲特点，大多数定向排列在气-液界面上，极少数散落在溶液中，继续加入表面活性剂到一定浓度时，表面层会达到饱和吸附成为紧密的单分子层，见图 5.1-3，界面张力就不再降低或变化很小，而在 CMC 处发生转折。因此可由 σ-$\lg c$ 曲线确定 CMC 值，此法对离子型和非离子型表面活性剂都适用。

测定界面张力的方法很多，本实验采用气泡最大压力法，其原理见 5.4 节。

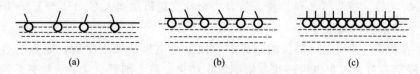

图 5.1-3　表面活性物质分子在水溶液表面上的排列情况

【仪器与试剂】

电导率测试仪 1 台（附电导电极 1 支。使用方法见 8.14 节），电子天平 1 台，界面张力测定装置 1 套（附小试管 1 个、毛细管 1 个，见图 5.4-2），100L 烧杯（干燥）2 个，150mL 烧杯（干燥）1 个，25mL 滴定管 1 支，50mL 移液管 1 支，玻璃搅拌棒 1 支，用于配制溶液的 250mL 容量瓶 2 个，500mL 容量瓶 1 个，称量用 50mL 烧杯 3 个，洗瓶 1 个，滤纸，硅胶管等。

十二烷基硫酸钠（$C_{12}H_{25}SO_4Na$），去离子水等。

【实验步骤】

本实验采用电导法和界面张力法交替测量。

1. 溶液的配制。称取一定量 $C_{12}H_{25}SO_4Na$ 分别配制 $0.020mol \cdot L^{-1}$ 溶液 500mL、$0.010mol \cdot L^{-1}$ 和 $0.002mol \cdot L^{-1}$ 溶液各 250mL。

2. 电导率的测定

（1）移取 $0.002mol \cdot L^{-1}$ $C_{12}H_{25}SO_4Na$ 溶液 50mL，放入 1# 100mL 烧杯中。

（2）将电极用去离子水清洗干净、用滤纸吸干（千万不可触及铂黑），小心浸入溶液中，待电导率数据稳定后，读取并记录。

3. 水的界面张力的测定

（1）在洁净的小试管中装入约 3/4 试管去离子水，调整毛细管使其端面与试管中的液面相切，注意保持毛细管与液面垂直。

（2）打开分液漏斗活塞，让水缓慢流下，使毛细管中气泡逸出速率为每 3s 逸出 1 个气泡。

（3）记录水压计最高液面和最低液面的刻度值，测量三次，取平均值并求出最大高度差 Δh_1。

4. 测定 $C_{12}H_{25}SO_4Na$ 的界面张力

（1）取出适量步骤 2 中测定过电导率的 $0.002\,mol\cdot L^{-1}$ 的 $C_{12}H_{25}SO_4Na$ 溶液，并转移到洁净干燥的小试管中，按步骤 3 的方法测定并求出最大高度差 Δh_2。

（2）将小试管中的溶液全部转移回 $1^{\#}$ 100mL 烧杯中，转移完全，不得有遗留或遗失。

5. 将 $0.020\,mol\cdot L^{-1}\ C_{12}H_{25}SO_4Na$ 溶液小心转入 25mL 滴定管中。

6. 向 $1^{\#}$ 100mL 烧杯中依次滴入 1mL、4mL、5mL、5mL、5mL $0.020\,mol\cdot L^{-1}$ 的 $C_{12}H_{25}SO_4Na$ 溶液，按步骤 2 和步骤 3 的方法交替测定每次滴入 $C_{12}H_{25}SO_4Na$ 溶液之后烧杯中溶液的电导率和界面张力。注意每次加入溶液后用搅拌棒搅拌均匀。

7. 另取 $0.010\,mol\cdot L^{-1}\ C_{12}H_{25}SO_4Na$ 溶液 50mL 放入 $2^{\#}$ 150mL 烧杯中，按步骤 2 和步骤 3 的方法交替测定其电导率和界面张力。

8. 向 $2^{\#}$ 150mL 烧杯中依次滴入 8mL、10mL、10mL、15mL $0.020\,mol\cdot L^{-1}$ 的 $C_{12}H_{25}SO_4Na$ 溶液，按步骤 2 和步骤 3 的方法交替测定每次滴入 $C_{12}H_{25}SO_4Na$ 溶液之后烧杯中溶液的电导率和界面张力。

9. 实验结束后，关闭电导率仪的电源，取出电导电极清洗干净后，放入装有去离子水的细口瓶中浸泡存放，以免电极钝化，影响测定结果。将毛细管、试管、烧杯等清洗干净后放回原处。

【数据记录及结果处理】

1. 计算不同浓度 $C_{12}H_{25}SO_4Na$ 水溶液的浓度 c、$\lg c$ 和界面张力 σ 并列表。

2. 作 κ-c 曲线和 σ-$\lg c$ 曲线。从这两种曲线上分别求出 $C_{12}H_{25}SO_4Na$ 水溶液的 CMC 值，并比较。

【思考题】

1. 何谓 CMC？

2. 表面活性剂溶液的哪些性质与 CMC 有关？

3. 溶解的表面活性分子与胶束之间的平衡同温度和浓度有关，其关系式可表示为：

$$\frac{d\ln CMC}{dT} = -\frac{\Delta H}{2RT^2}$$

试问如何测出其热效应 ΔH 值？

4. 非离子型表面活性剂能否用本实验方法测定临界胶束浓度？为什么？

5.2　溶液吸附法测定活性炭的比表面积

【实验目的】

1. 了解紫外-可见分光光度计的使用方法。

2. 掌握比表面积测定的一种方法——溶液吸附法。

【实验原理】

活性炭是一种固体吸附剂，它可以从溶液中吸附溶质。本实验是在一定浓度的亚甲基蓝溶液中，加入一定质量的活性炭，当吸附达平衡后，利用分光光度计测定其平衡浓度，从而计算活性炭的吸附量（单位质量活性炭吸附溶质的质量）。由于活性炭对亚甲基蓝的吸附是单分子层吸附，并由实验结果推算得知，每 1mg 亚甲基蓝的单分子层吸附可以覆盖面积为 $1.45m^2$，由此可以算出活性炭的比表面积（单位质量活性炭所具有的真实表面积）。

分光光度计是利用比色分析方法测定溶液的浓度。根据朗伯-比尔光吸收定律：

$$\lg \frac{I_0}{I} = kcl$$

式中，I_0 为入射光强度；I 为光透过溶液层的强度；$\frac{I}{I_0}$ 为光穿透的强度分数，称为透光率；c 为溶液的浓度；l 为光穿透溶液层的厚度；k 称为吸光系数。上式也可简写为：

$$A = kcl$$

A 称为吸光度。

上式说明，当以一定波长的单色光通过溶液时，溶液的吸光度与溶液的浓度及液层的厚度成正比。当入射光的波长选择一定，溶剂、溶质和溶液层厚度不变时，吸光度与溶液层的浓度成正比。由此可预先配制几种浓度的亚甲基蓝溶液（标准），利用分光光度计测其吸光度，以溶液浓度和吸光度作出一条标准曲线。然后再测定吸附平衡后的亚甲基蓝溶液的吸光度，用内插法由标准曲线找出平衡溶液的浓度。

【仪器与试剂】

紫外-可见分光光度计（使用方法见 8.19 节），磁饱和稳压器，超声波清洗器，磨口三角烧瓶，100mL 及 1000mL 容量瓶，50mL 滴定管，10mL 移液管，三角漏斗。

0.2％亚甲基蓝溶液，活性炭，$0.3\mu g \cdot mL^{-1}$、$0.5\mu g \cdot mL^{-1}$、$0.7\mu g \cdot mL^{-1}$、$0.9\mu g \cdot mL^{-1}$、$1.1\mu g \cdot mL^{-1}$、$1.3\mu g \cdot mL^{-1}$ 亚甲基蓝标准溶液。

【实验步骤】

1. 用滴定管取 50mL 0.2％亚甲基蓝溶液及 50mL 蒸馏水，分别放入两个磨口三角烧瓶。

2. 准确称量活性炭 0.12g，加入上述的两个磨口三角烧瓶中，记录各瓶的活性炭质量。

3. 将这两瓶试样放在超声波清洗器中超声分散 10min，之后静置 10min，过滤，得到吸附平衡的溶液和蒸馏水，滤液放入另外两个磨口三角烧瓶（干燥烧瓶）内待用。

4. 取吸附平衡溶液 10mL 稀释至 100mL，然后将稀释液 10mL 再稀释至 1000mL 留用。

5. 标准溶液的吸光度测定

（1）线路的连接：将连接线的一端按导电片上的套管颜色接于分光光度计接线柱，另一端接于检流计的接线柱上（红色套管导电片接"＋"，绿色套管导电片接"－"，黑色套管导电片接"⊥"）。另有三条连接线，其一端导电片接磁饱和稳压电源 5.5V 接线柱；另一端接于分光光度计输入电压的接线柱上（注意：线接完后，需经指导教师检查）。

（2）接通交流电源，关闭分光光度光路，将检流计开关打到"开"处。此时，指示光点出现在标尺上。用"0"位调节器将指示光点准确调节到透光率标尺"0"位置。

（3）启开稳压器的电源开关和光度计的电源开关，将分光光度计的光路打开，以顺时针方向调节光量调节器至光门适当开启，检流计指示光点落在标尺上限附近。10min 后开始测量。

（4）打开比色器暗箱盖，取出比色皿架，将四支比色皿清洗并干燥后，按顺序分别注入蒸馏水和 $0.3\mu g\cdot mL^{-1}$、$0.5\mu g\cdot mL^{-1}$、$0.7\mu g\cdot mL^{-1}$ 亚甲基蓝标准溶液，将已放入比色皿的比色皿架重新置于暗箱内，轻轻拉出比色器定位装置的拉杆，使光路正对于第一格的蒸馏水（空白溶液）然后盖好暗箱盖。

（5）用波长调节器将波长调至 665nm，再将光亮调节器轻轻旋转，使检流计指示光点准确地调至透光率 100 的读数上。

（6）将比色器定位拉杆推进一格，使第二个比色皿内的 $0.3\mu g\cdot mL^{-1}$ 的标准溶液进入光路，此时读出检流计标尺上所指的吸光度读数。继续推进第三、第四格，可读出 $0.5\mu g\cdot mL^{-1}$ 和 $0.7\mu g\cdot mL^{-1}$ 标准溶液的吸光度。

（7）将第二、三、四格比色皿中溶液倾出，将比色皿洗净并干燥后，再注入 $0.9\mu g\cdot mL^{-1}$、$1.1\mu g\cdot mL^{-1}$、$1.3\mu g\cdot mL^{-1}$ 亚甲基蓝标准溶液，按上述步骤测其吸光度。

6. 吸附平衡溶液的吸光度的测定

将第二、三、四格比色皿溶液倾出，将比色皿洗净并干燥后，在第二格比色皿中注入吸附平衡的蒸馏水，在第三格比色皿中注入吸附平衡的次甲基蓝稀释液（稀释 1000 倍后的溶液），再按上面步骤测定这两个样品的吸光度。

【操作注意事项】
1. 使用分光光度计进行测定时，须保持比色皿外部的清洁。
2. 配制以及稀释后的溶液应充分摇匀后使用。
3. 活性炭应保持在干燥器中，且称取的质量应尽可能一致。

【数据记录及结果处理】
1. 列表记录实验数据。
2. 以 $0.3\mu g\cdot mL^{-1}$、$0.5\mu g\cdot mL^{-1}$、$0.7\mu g\cdot mL^{-1}$、$0.9\mu g\cdot mL^{-1}$、$1.1\mu g\cdot mL^{-1}$ 及 $1.3\mu g\cdot mL^{-1}$ 亚甲基蓝标准溶液的浓度与对应的吸光度作图，可得一直线，此为标准曲线。
3. 用吸附平衡稀释液的吸光度和吸附平衡蒸馏水的吸光度，由标准曲线分别查得其浓度，两个浓度的差值即吸附平衡稀释液的实际浓度，再乘以 1000 即得吸附平衡溶液的浓度。按下式计算活性炭的比表面积：

$$S=\frac{(c_0-c)V}{m}\times 2.45$$

式中 S——比表面积，$m^2\cdot g^{-1}$；

$\quad c_0$——原始溶液的浓度，$mol\cdot L^{-1}$；

$\quad c$——吸附平衡溶液的浓度，$mol\cdot L^{-1}$；

$\quad V$——所取溶液的体积，L；

$\quad m$——活性炭质量，g。

【思考题】
1. 为什么选取 0.2% 的亚甲基蓝溶液，同时还应保证吸附平衡后的亚甲基蓝溶液浓度在 0.1% 左右？此溶液的浓度过高或者过低会对实验结果产生什么影响？
2. 采用分光光度法测定亚甲基蓝溶液浓度时，为什么还要将溶液进一步稀释以后才进行测量？

5.3　接触角的测定

【实验目的】

1. 熟悉测定接触角的一种方法。
2. 用显微镜测定石蜡与石墨的接触角。

【实验原理】

将液体滴在固体表面上，液体并不完全铺展而与固体表面形成一角度 θ，即所谓接触角。接触角是指当系统达平衡时，在气、液、固三相交界处作气-液界面的切线，此切线与固-液界面之间的夹角。它实际是液体界面张力与液-固界面张力间的夹角。如图 5.3-1 所示，$\sigma_{s,g}$、$\sigma_{s,l}$、$\sigma_{l,g}$ 分别表示固-气、固-液、液-气界面间的界面张力，θ 为接触角。在气-液-固三相平衡时，这三个界面张力之间存在下列关系：

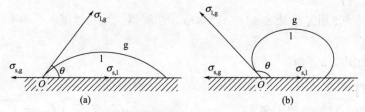

图 5.3-1　润湿现象与接触角

$$\sigma_{s,g} = \sigma_{s,l} + \sigma_{l,g}\cos\theta \tag{5.3-1}$$

即

$$\cos\theta = \frac{\sigma_{s,g} - \sigma_{s,l}}{\sigma_{l,g}} \tag{5.3-2}$$

从上式可以看出，接触角的大小是由在气、液、固三相交界处三种界面张力的相对大小所决定的。从接触角的数值可以判断液体对固体润湿的程度。如果 $\sigma_{s,g} > \sigma_{s,l}$，则 $\cos\theta$ 为正值，即 $\theta < 90°$，这种情况称为液体能润湿固体；反之，若 $\sigma_{s,g} < \sigma_{s,l}$，则 $\theta > 90°$，液体则不能润湿固体。当 $\theta = 0°$ 时，液体能完全润湿固体表面；当 $\theta = 180°$ 时，固体表面则完全不能被液体润湿。实际上，最后一种情况是不存在的。

接触角测量的方法有多种，但都难以得到重现的 θ 值，其原因是固体表面上的原子并非像液体表面上的分子那样可以自由移动。固体表面即使经过抛光，从微观角度看，这种固体表面仍存在种种缺陷，高低不平，其能量是不均匀的，这是 θ 的测量值难以重现的内因。另外，越是洁净的表面越容易被污染，这是造成 θ 的测量值难以重现的外因。

本实验测定接触角的方法为：如图 5.3-2 所示，将所要研究的固体试样置于玻璃容器内的液体中，然后用下端弯曲的玻璃滴管（或注射器）在试样下面挤出一个气泡，使其黏附在试样下表面。再用测量显微镜测出气泡的高度以及气泡与试样接触的长度，如图 5.3-3 所示。按照式(5.3-3) 和式(5.3-4) 可以计算出接触角大小。

$$\tan\alpha = \frac{2h}{l} \tag{5.3-3}$$

$$\theta = 180° - 2\alpha \tag{5.3-4}$$

式中 h——气泡的高度；

  l——接触面的长度；

  θ——接触角。

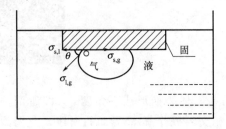

图 5.3-2　接触角测定示意图

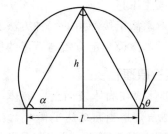

图 5.3-3　测量显微镜测接触角示意图

本实验测定水-空气-石墨和水-空气-石蜡的接触角。

【仪器与试剂】

测量显微镜（使用方法见 8.22 节），水槽，注射器，金相砂纸。

石蜡，石墨。

实验装置如图 5.3-4 所示。

【实验步骤】

1. 接通电源，打开照明光源。

2. 使光线照亮显微镜的圆形玻璃窗，用固定手轮调节焦距。

3. 用去污粉洗涤玻璃水槽，清除槽壁的污物，再用自来水和蒸馏水清洗干净，然后将玻璃水槽放回原处，装满蒸馏水，注意保持水平。

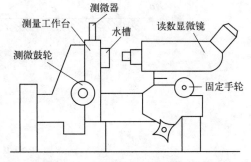

图 5.3-4　接触角测定装置示意图

4. 从储存试样的容器中取出石蜡试样，于金相砂纸上打磨，使石蜡试样表面平滑干净，然后用蒸馏水冲洗，放置于水槽内。

5. 用注射器注入一小气泡，使其附着于石蜡试样表面的下边，并使光线照到石蜡表面的气泡上，再射入测量显微镜内，调整镜筒位置，使气泡影像清晰。

6. 用测量显微镜确定气泡影像的两个三相点间距离 l 和高度 h 值。重复测定三次，取平均值。

7. 测定结束后，用蒸馏水洗净石蜡试样，放回原处。

8. 用石墨试样取代石蜡，并重复步骤 4～7。

【操作注意事项】

1. 玻璃水槽及注射器一定要清洁干净。

2. 试样放入水槽后，其下表面应尽可能保持水平。

【数据记录及结果处理】

1. 列表记录实验数据。

2. 根据所测 h 及 l 的实验值及式（5.3-3）和式（5.3-4）分别计算石蜡和石墨的接触角 θ。

【思考题】

1. 为什么 $\theta = 180° - 2\alpha$？

2. 为什么每次接触角测定值难于重现？

3. 气泡的大小对测定结果有何影响？

4. 讨论影响接触角测定的主要因素有哪些？

5.4　气泡最大压力法研究溶液界面上的吸附作用

【实验目的】

1. 了解界面张力的性质、表面自由能的意义及界面张力和吸附的关系。

2. 掌握用气泡最大压力法测定界面张力的原理和技术，进一步了解气泡压力与半径及界面张力的关系。

3. 测定不同浓度正丁醇水溶液的界面张力，根据吉布斯吸附公式计算溶液表面的吸附量以及正丁醇分子的截面积。

视频讲解

【实验原理】

1. 比表面能和界面张力

界面张力为物质的一种特性，对液体尤为显著和重要。从热力学观点来看，液体表面的缩小是一个自发过程，这是一个使体系总自由能减小的过程。如欲使液体产生新的表面 ΔA，则需要环境对其做功。功的大小应与 ΔA 成正比：

$$-W = \sigma \Delta A \tag{5.4-1}$$

式中，σ 为液体的表面自由能，$J \cdot m^{-2}$。一方面，它表示液体表面自动缩小趋势的大小，其值与液体的温度、溶液表面气氛、溶液组成及溶质的浓度等因素有关。从另一方面考虑，也可把 σ 看作作用在界面上每单位长度边缘上的力，通常称为界面张力，其单位是 $N \cdot m^{-1}$，$1 N \cdot m^{-1} = 1 J \cdot m^{-2}$。

2. 溶液的表面吸附

纯物质表面层的组成与内部的组成相同，在温度、压力一定时，界面张力是一定值，纯液体降低表面自由能的唯一途径是尽可能缩小其表面积。对于溶液，由于溶质能使溶剂界面张力发生变化，因此可以通过调节溶质在表面层的浓度来降低表面自由能。

根据能量最低原则，若溶质能使溶剂的界面张力升高，为了降低该类物质的这种影响，溶质会自动地减小在表面的浓度，使表面层的浓度低于本体浓度；反之，若溶质能降低溶剂的界面张力，则溶质在表面层的浓度会高于本体浓度。这种溶质在表面层的浓度与在本体的浓度不同的现象称为溶质在溶液表面层的吸附。在单位面积的表面层中，所含溶质的物质的量与同量溶剂在溶液本体中所含溶质的物质的量的差值，称为表面吸附量，用 Γ 表示。

实验表明，在一定的温度和压力下，稀溶液表面吸附量 Γ 与溶液的界面张力 σ 及加入的溶质的量（即溶液浓度 c）有关。根据热力学原理可以导出它们之间的关系遵守吉布斯吸附方程：

$$\Gamma = -\frac{c}{RT}\left(\frac{d\sigma}{dc}\right)_T \tag{5.4-2}$$

式中　Γ——表面吸附量，$mol \cdot m^{-2}$；

T——热力学温度，K；

c——稀溶液浓度，$mol \cdot L^{-1}$；

R——摩尔气体常数。

当 $\left(\dfrac{\mathrm{d}\sigma}{\mathrm{d}c}\right)_T < 0$ 时，$\varGamma > 0$，称为表面正吸附；当 $\left(\dfrac{\mathrm{d}\sigma}{\mathrm{d}c}\right)_T > 0$ 时，$\varGamma < 0$，称为表面负吸附。

有些物质溶入溶剂后，能使溶剂的界面张力显著降低，这类物质被称为表面活性物质。表面活性物质具有显著的不对称结构，它们是由亲水的极性基团和憎水的非极性基团构成。对于有机化合物来说，表面活性物质的极性部分一般为—NH_3^+、—OH、—SH、—COOH、—SO_2OH 等，正丁醇就属于这样的化合物。它们在水溶液表面排列的情况随其浓度不同而异（见5.1节的图5.1-3）。表面活性物质的浓度较低时，其分子可以平躺在表面上；当浓度增大时，分子的极性基团取向溶液内部，而非极性基团基本上取向溶液表面上方的空间；当溶液浓度增至一定程度时，溶质分子占据了所有表面，就形成饱和吸附层。

以界面张力对浓度作图，可得到 σ-c 曲线，如图5.4-1所示。从图中可以看出，在开始时 σ 随浓度增加而迅速下降，以后的变化比较缓慢。

在 σ-c 曲线上任选一点 i 作切线，即可得该点的斜率 $\left(\dfrac{\mathrm{d}\sigma}{\mathrm{d}c_i}\right)_T$。再结合吉布斯等温吸附方程式(5.4-2)，就可以求出不同浓度下的表面吸附量 $\varGamma$ 值。

3. 饱和吸附与溶质分子的截面积

表面吸附量 $\varGamma$ 与溶液浓度 c 之间的关系，可用朗格缪尔吸附等温式表示：

$$\varGamma = \varGamma_\infty \frac{Kc}{1+Kc} \qquad (5.4\text{-}3)$$

图5.4-1　界面张力与
浓度的关系

式中，$\varGamma_\infty$ 为饱和吸附量；K 是常数。

将式(5.4-3)取倒数，可得

$$\frac{c}{\varGamma} = \frac{c}{\varGamma_\infty} + \frac{1}{K\varGamma_\infty}$$

作 $\dfrac{c}{\varGamma}$-c 图，图中直线斜率的倒数即为 $\varGamma_\infty$。

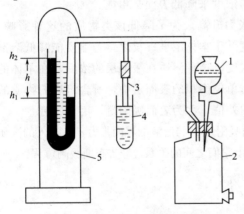

图5.4-2　气泡最大压力法测定
界面张力装置示意图
1—滴液漏斗；2—下口瓶；3—毛细管；
4—试管；5—水压计

如果以 N 代表 $1m^2$ 表面上的饱和吸附分子数，则有

$$N = \varGamma_\infty N_A$$

式中，N_A 为阿伏伽德罗常数。

由此可得每个溶质分子在表面上所占据的截面积为：

$$S_0 = \frac{1}{\varGamma_\infty N_A} \qquad (5.4\text{-}4)$$

因此，若测得不同浓度溶液的界面张力，从 σ-c 曲线上求出不同浓度的吸附量 $\varGamma$，再从 $\dfrac{c}{\varGamma}$-c 直线上求出 $\varGamma_\infty$，便可根据式(5.4-4)计算出溶质分子的截面积 S_0。

4. 气泡最大压力法的测定原理

测定界面张力的方法很多，如毛细管上升法、滴重法、拉环法等。本实验用气泡最大压力法测定正丁醇水溶液的界面张力，实验装置如图 5.4-2 所示。

将欲测界面张力的液体装于试管中，使毛细管的端口与液体表面相齐，即刚接触液面，液面沿毛细管上升。打开滴液漏斗的玻璃活塞，滴液达到缓缓增压的目的，此时毛细管内液面上受到一个比管内液面上大的压力，当此压力差稍大于毛细管端产生的气泡内的附加压力时，气泡就冲出毛细管。此压力差 Δp 和气泡内的附加压力 $p_{附}$ 始终维持平衡。压力差 Δp 可由水压计读出。

$$p_{附} = \frac{2\sigma}{r}$$

式中，r 为气泡的曲率半径；σ 为溶液的界面张力。

由于 $\Delta p = p_{附}$，则

$$\sigma = \frac{r}{2} \Delta p$$

因为只有气泡半径等于毛细管半径时，气泡的曲率半径最小，产生的附加压力最大，此时压力计上的 Δp 也最大，所以在测得压力计上的最大 Δp 对应的 r 即为毛细管半径。

用同一根毛细管分别测定具有不同界面张力（σ_1 和 σ_2）的溶液时，可得下列关系：

$$\frac{\sigma_1}{\sigma_2} = \frac{\Delta p_1}{\Delta p_2} = \frac{\Delta h_1}{\Delta h_2}$$

式中，Δh_1、Δh_2 分别为两次测量时水压计中液柱高之差。

如果以某已知界面张力的液体（如水）作为标准，则另一溶液的界面张力可以通过测定 Δh 计算出来，即

$$\sigma_1 = \sigma_2 \frac{\Delta h_1}{\Delta h_2} = K \Delta h_1 \tag{5.4-5}$$

式中，K 为毛细管常数，可由实验数值 Δh_2 和已知的 σ_2 求得。

【仪器与试剂】

U 形水压计 1 个，界面张力测定装置（由毛细管和试管组成）1 套，滴液漏斗 1 个，250mL 容量瓶 1 个，50mL 容量瓶 6 个，50mL 碱式滴定管 1 个。

正丁醇，去离子水。

【实验步骤】

1. 配制溶液

先按正丁醇的摩尔质量和室温下的密度计算出配制 250mL 0.50mol·L^{-1} 的正丁醇溶液所需正丁醇的体积，在 250mL 容量瓶中装好约 2/3 的去离子水，然后移取所需正丁醇体积放入容量瓶中，加水稀释至刻度并摇匀，装入 50mL 碱式滴定管，再用这一浓溶液配制下列浓度的稀溶液各 50mL：0.01mol·L^{-1}、0.02mol·L^{-1}、0.03mol·L^{-1}、0.04mol·L^{-1}、0.05mol·L^{-1}、0.10mol·L^{-1}。

2. 仪器的清洗

本实验的关键在于毛细管尖端的洁净，使毛细管有很好的润湿性。所以首先应洗净毛细管，通常先用温热的洗液洗，再分别用自来水及去离子水冲洗 2～3 次。

3. 测定毛细管常数

按图 5.4-2 接好测量系统，在试管中注入去离子水，使管内液面刚好与毛细管端口相接触，毛细管须保持垂直。为检查仪器是否漏气，打开滴液漏斗旋塞，滴水增压，在水压计上有一定压力显示，关闭旋塞，停 1min 左右，若水压计显示的压力值不变，说明系统密封良好。再打开滴液漏斗旋塞继续滴水增压，空气泡便从毛细管下端逸出，注意气泡形成的速率应保持稳定，通常控制每 5~10s 出 1 个气泡。可以观察到当空气泡刚破坏时，水压计显示的压力值最大，读取水压计压力值 3 次，取平均值。

4. 测定正丁醇溶液的界面张力

按步骤 3 分别测定不同浓度的正丁醇水溶液，由稀至浓依次测定。每次更换溶液时，都必须用少量被测液洗涤试管以及毛细管，并确保毛细管内外溶液的浓度一致，注意保护毛细管端口，不要碰损。

5. 整理

实验结束后，用去离子水洗净仪器，试管中加入去离子水，并将毛细管浸入水中保存。

【操作注意事项】

1. 正丁醇溶液要准确配制，使用过程中防止挥发损失。

2. 毛细管和大试管一定要清洗干净，玻璃不挂水珠为好，否则气泡不能连续稳定地逸出，使压力计的读值不稳，且影响溶液的界面张力。

3. 毛细管端口应平整，且毛细管一定要刚好垂直并与液面相接，不能离开液面，亦不可深插。

4. 从毛细管口脱出气泡每次应为一个，即间断脱出。

5. 读取压差时，应取气泡单个逸出时的最大值。

【数据记录及结果处理】

1. 列表记录实验数据，并记录室温。

2. 从表 9.8 中查出实验温度下水的界面张力，由式（5.4-5）计算毛细管常数，并求出各浓度正丁醇水溶液的界面张力 σ（浓度以 $mol \cdot L^{-1}$ 为单位，σ 以 $J \cdot m^{-2}$ 表示）。

3. 在坐标纸上作 σ-c 曲线，注意曲线必须光滑。

4. 在 σ-c 曲线上取 6~7 个点（浓度在 $0.45mol \cdot L^{-1}$ 以下），作切线求出斜率 $\left(\dfrac{d\sigma}{dc_i}\right)_T$。

5. 由式（5.4-2）计算不同浓度正丁醇溶液的 Γ 值，并计算出 $\dfrac{c}{\Gamma}$ 值。

6. 作 $\dfrac{c}{\Gamma}$-c 图，由直线斜率求出 Γ_∞（以 $mol \cdot m^{-2}$ 表示），计算出正丁醇分子的截面积 S_0 值（以 nm^2 表示）。

【思考题】

1. 用气泡最大压力法测定液体界面张力时，需要使毛细管端面恰好与液面相切，为什么？如果插得较深将产生什么后果？

2. 实验中有时发生毛细管端口几个气泡同时冒出的现象，这对结果有无影响？为什么会出现这种现象？应如何克服它？

3. 本实验中为什么要读取水压计上的最大压力差值？

4. 本实验选用的毛细管的半径大小对实验测定有何影响？若毛细管不清洁会不会影响测定结果？

5. 气泡最大压力法是间接测界面张力的方法，它需要有已知界面张力的基准物。作为这种基准物的液体应该具备什么条件？

　　6. 在本实验中 $\Gamma\text{-}c$ 图形应该是怎样的？将实验结果所求得的 S_0 与理论值比较，讨论产生误差的原因。

5.5　电泳法测定 Fe(OH)₃ 溶胶的动电电势

【实验目的】

1. 了解制备胶体溶液的不同方法。
2. 用水解法制备 $Fe(OH)_3$ 溶胶，并利用热渗析法进行纯化。
3. 观察电泳现象，掌握用宏观电泳法测定胶粒移动速度及动电电势。
4. 测定 $Fe(OH)_3$ 溶胶的动电电势并了解胶粒的动电性质。

【实验原理】

1. 溶胶的基本特性

固体以胶粒大小分散在液体介质中即形成溶胶。溶胶的基本特征为：

（1）溶胶是多相体系，相界面很大；

（2）胶粒大小在 $1\sim100\text{nm}$；

（3）溶胶是热力学不稳定体系，需要依靠稳定剂使其形成离子或分子吸附层，才能获得暂时的稳定。

2. 溶胶的制备方法

溶胶的制备方法可分为两类，一类是分散法，另一类就是凝聚法。

分散法是将较大的物质颗粒分散成胶粒大小的质点，常用的分散法如下所述。

（1）机械作用法：用胶体磨或其他研磨方法把物质分散。

（2）电弧法：以金属为电极通电产生电弧，金属受高热变成蒸气，并在液体中凝聚成胶体质点，主要用于制备金属溶胶。

（3）超声波法：利用超声波场的空化作用，将物质撕碎成细小的质点，它适用于分散硬度低的物质或制备乳状液。

（4）胶溶作用：溶剂的作用，使沉淀重新"溶解"形成胶体溶液。

凝聚法是将物质的分子或离子聚合成胶粒大小的质点。常用的凝聚法如下所述。

（1）凝聚物质蒸气。

（2）变换分散介质或改变实验条件（如降低温度），使原来溶解的物质变为不溶。

（3）在溶液中进行化学反应，生成不溶物。

本实验是利用水解法制备 $Fe(OH)_3$ 溶胶，其反应为：

$$FeCl_3 + 3H_2O \xrightarrow{\text{沸腾}} \underset{\text{（红棕色溶胶）}}{Fe(OH)_3} + 3HCl$$

聚集在溶液表面上的 $Fe(OH)_3$ 分子再与 HCl 反应：

$$Fe(OH)_3 + HCl \longrightarrow FeOCl + 2H_2O$$

而 FeOCl 解离成 FeO^+ 和 Cl^-。胶体结构大致为：

$$\{[Fe(OH)_3]_n \cdot mFeO^+ \cdot (m-x)Cl^-\}^{x+} \cdot xCl^-$$

由于制成的胶体溶液中常因其他杂质的存在而影响其稳定性，因此必须纯化。常用的纯化方法是半透膜渗析法。渗析时，以半透膜隔开胶体溶液和纯溶剂，胶体溶液中的杂质如电解质及小分子能透过半透膜，进入溶剂中，而胶粒却不能透过去，如果不断更换溶剂，则可把胶体溶液中的杂质除去。要提高渗析速度，可用热渗析或电渗析的方法。本实验采用热渗析法。

3. 溶胶的电泳现象

几乎所有胶体体系的颗粒都带电荷，这是由于胶粒本身的电离或者胶粒表面从分散介质中选择性地吸附离子或胶粒与分散介质（非水介质）摩擦生电。胶粒表面所带电荷的符号与溶胶的本性及其制备方法等因素有关。胶粒附近的介质分布着与胶粒表面电荷符号相反、数量相等的电荷，以保持溶胶体系呈电中性。带电的胶粒吸附一定量介质构成溶剂化层，溶剂化层与胶粒一起运动。由溶剂化层界面到均匀液相内部（此外电势为零）的电势差称为动电电势或 ξ 电势。ξ 电势的大小与胶粒性质、介质成分和溶胶浓度等因素有关，它是表征胶粒特性的一个重要物理量，在研究胶体性质及实际应用中有着重要作用。ξ 电势和胶体的稳定性有密切关系。$|\xi|$ 值越大，表明胶粒荷电越多，胶粒之间的斥力越大，胶体越稳定；反之，则不稳定。当 ξ 电势等于零时，胶体的稳定性最差，此时可观察到聚沉现象。因此，无论制备或破坏胶体，均需要了解所研究胶体的 ξ 电势。

在外加电场作用下，带电胶粒向一定方向移动的现象称为电泳。胶粒的电泳速度与它的 ξ 电势有关。原则上，任何一种胶体的动电现象（电泳、电渗、流动电势和沉降电势）都可以利用来测定 ξ 电势，但最方便的方法是通过电泳来测定。

利用电泳测定动电电势有宏观法和微观法两种。宏观法是观测胶体溶液与另一不含胶粒的无色导电溶液（辅助液）的界面在电场作用下的移动速度。微观法则是借助于显微镜观察单个胶体粒子在电场中的定向移动速度。对于高度分散的溶胶［如 $Fe(OH)_3$ 溶胶和 As_2S_3 溶胶］或过浓的溶胶，不易观察个别粒子的运动，只能用宏观法。对于颜色太淡或浓度过稀的溶胶，则适宜用微观法。

本实验用宏观法测定在一定的外加电压条件下 $Fe(OH)_3$ 胶粒的电泳速度，并计算其 ξ 电势。ξ 电势的数值可用亥姆霍兹方程计算：

$$\xi = \frac{4\pi\eta\upsilon}{\varepsilon u} \tag{5.5-1}$$

式中 η——分散介质的黏度，Pa·s；

     ε——介电常数，F·m^{-1}；

     u——两电极间的电势梯度，V·cm^{-1}；

     υ——电泳速度，m·s^{-1}。

若在电泳仪两极间接上电势差 E(V) 后，在时间 t(s) 内溶胶界面移动距离为 l'(cm)，则溶胶电泳速度 $\upsilon = \dfrac{l'}{t}$(cm·s^{-1})，相距 l(cm) 的两极间的电势梯度平均值为 $u = \dfrac{E}{l}$，则式(5.5-1) 又可表示为：

$$\xi = \frac{40\pi\eta}{\varepsilon} \times \frac{l'l}{Et} \times 300^2 \tag{5.5-2}$$

式中，l'、l、E、t 值均可由实验求得；η、ε 值可从手册查到。据此可算出胶粒的 ξ 电势。

必须注意，由式 $\upsilon = \dfrac{l'}{t}$ 所表示的电泳速度是随外加电压及两极间距 l 的变化而变化的。一般文献中所记载的胶体电泳速度是指单位电势梯度下的，即由式 $\dfrac{l'l}{Et}$ 所求得的胶粒电泳速度。

式（5.5-2）是在溶胶与辅助液电导率相同的情况下，根据扩散双电层的物理模型推导而得。在推导过程中，有如下假设：

（1）扩散双电层内外的液体性质相同，因而流体力学公式对双电层内外的液体皆适用；

（2）液体流动（电渗）或胶体质点运动（电泳）的速度很慢；

（3）液体或胶粒的移动是外加电场与双电层的电场共同作用的结果；

（4）双电层的厚度远小于胶粒的曲率半径。

【仪器与试剂】

电泳仪，直流稳压电源，秒表，铂电极，电导率仪（使用方法见 8.14 节），烧杯，锥形瓶。

$FeCl_3$，胶棉液，KCl，$AgNO_3$，KSCN。

【实验步骤】

（一）$Fe(OH)_3$ 溶胶的制备与纯化

1. 水解法制备 $Fe(OH)_3$ 溶胶

在 200mL 烧杯中加入 95mL 去离子水，加热煮沸，慢慢地滴入 5mL 质量分数为 10% 的 $FeCl_3$ 溶液，并不断搅拌，加完后继续煮沸数分钟。由于水解，得到深红棕色的 $Fe(OH)_3$ 溶胶，在冷却时无颜色变化。

2. 渗析半透膜的制备

在预先洗净并烘干的 150mL 锥形瓶中加入约 10mL 胶棉液（溶剂为 1∶3 乙醇-乙醚液），小心转动锥形瓶，使胶棉液在瓶内壁形成一均匀薄膜，倾出多余的胶棉液。将锥形瓶倒置于铁圈上，使多余的胶棉液流尽，待乙醚与乙醇挥发完全，闻不出乙醚味为止。此时如用手指轻轻触及胶膜，应无黏着感。将锥形瓶中注满去离子水，溶去剩余的乙醇后倒出，然后将去离子水注入胶膜与瓶壁之间，小心取出胶膜，将其置于去离子水中浸泡待用，同时检查是否有漏洞。如有漏洞则不能使用，需重新制膜。

3. 热渗析法纯化 $Fe(OH)_3$ 溶胶

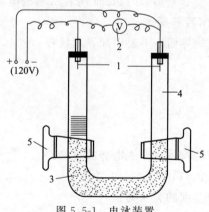

图 5.5-1　电泳装置

1—铂电极；2—电压表；3—溶胶；4—辅助液（KCl 稀溶液）；5—活塞

将制得的 $Fe(OH)_3$ 溶胶置于半透膜袋内，用线系紧袋口，置于 400mL 烧杯内，用去离子水渗析，保持温度在 60～70℃，半小时换水一次，并取 1mL 换出的水检验其中的 Cl^- 及 Fe^{3+}（分别用 $AgNO_3$ 溶液及 KSCN 溶液检验），直至不能检查出 Cl^- 和 Fe^{3+} 为止。也可通过测溶胶的电导率，来判断溶胶纯化的程度。将纯化后的 $Fe(OH)_3$ 溶胶移入 250mL 清洁干燥的试剂瓶中，陈化一段时间。

（二）$Fe(OH)_3$ 溶胶电泳速度的测定

1. 仪器装置

U 形电泳管如图 5.5-1 所示。管上有刻度可以观察溶胶界面移动的距离，U 形管的两个活塞以下装入待测的溶胶，以上装入与溶胶电导率相同的无色辅助液，两铂电极要插入电泳管两边的辅助液中。使用电泳仪时应注意保持仪器清洁，若有杂质，特别是电解质时，会影响 ζ 电势的数值。

2. 配制辅助液

将渗析好的 $Fe(OH)_3$ 溶胶用电导率仪测定其电导率。配制 KCl 稀溶液，调节其中 KCl 的浓度，直至其电导率与溶胶的电导率相等。

3. 测定 $Fe(OH)_3$ 溶胶的电泳速度和电势梯度

将电泳管先用去离子水，后用已渗析过的 $Fe(OH)_3$ 溶胶洗几次，再装入 $Fe(OH)_3$ 溶胶至两个活塞以上，关闭两个活塞，在活塞下不能有气泡。将活塞上部的溶胶倒掉，依次用去离子水及辅助液洗涤三次，然后装入辅助液至管口。将仪器固定在架子上，在 U 形管两端分别插入铂电极。两电极与直流稳压电源相连。同时缓慢打开活塞，使胶体溶液与上面辅助液界面相接（液面之间不能有气泡，且界面分明）。再打开稳压电源开关，调节工作电压在 110～120V 之间，观察界面移动的方向，根据电极的正负确定胶粒带电符号。

当 U 形管两边溶胶的界面清晰后，打开秒表计时，待胶体液面上升了一定距离（如 1cm）时（可在 U 形管管壁刻度上准确读出），同时记下时间和电压值。在同样电压值和胶体液面上升同样距离时，再测定一次所需时间，求出两次时间的平均值。

测完后关闭电源，用细铜丝量出两电极在 U 形管内的导电距离，再用刻度尺测量铜丝的长度 l（注意：此长度并非两电极之间的直线距离），洗净电泳仪，并充满去离子水浸泡。

【操作注意事项】

1. 在制备半透膜并从瓶内剥离时，注意加水的时间应适中，如加水过早，因为胶膜中的乙醚尚未挥发完，胶膜呈白色，强度不好；若加水过迟，则胶膜变干、变硬，不易取出且易破损。

2. 溶胶的制备条件和净化效果均影响电泳速度。制胶过程应很好地控制浓度、温度、搅拌速度和滴加速度。渗析时应控制水温，常搅动渗析液，勤换渗析液。这样制备得到的溶胶胶粒大小均匀，胶粒周围的反离子分布趋于合理，基本形成热力学稳定态，所测得的 ξ 电势更准确，且重现性好。

3. 渗析后的溶胶必须冷却至与辅助液大致相同的温度（室温），以保证两者所测的电导率一致，同时也可避免打开活塞时产生热对流而破坏了溶胶界面。

4. 打开电泳仪活塞时要小心，勿搅动溶胶与辅助液的界面，不要引起界面模糊。

5. 辅助液电导率必须与溶胶电导率相等。

6. 注意电路的各个裸露部分，切勿触摸，防止触电！

【数据记录及结果处理】

1. 列表记录实验数据。

2. 根据电极符号及溶胶移动方向确定胶粒所带电荷的符号（即 ξ 电势的符号）。

3. 计算电泳速度和电势梯度，再按式(5.5-2) 计算 $Fe(OH)_3$ 溶胶的 ξ 电势。

4. 文献数据：当分散介质为水时，水的介电常数与温度的关系为

$$\varepsilon = 80 - 0.4(T/K - 293)$$

在温度 293.15K 时，水的黏度 $\eta = 0.001005Pa \cdot s$；298.15K 时，水的黏度 $\eta = 0.8904Pa \cdot s$；水在其他温度下的黏度数据见表 9.9。

【思考题】

1. 用半透膜渗析法纯化溶胶的根据是什么？溶胶为什么需要纯化？

2. 电泳速度的快慢与哪些因素有关？

3. 连续通电使溶液不断发热，会引起什么后果？

4. 电泳中辅助液的选择根据哪些条件？

5. 要准确测定溶胶的电泳速度，必须注意哪些问题？

5.6　电渗法测定 SiO_2 对 KCl 水溶液的动电电势

【实验目的】

1. 观察电渗现象，了解电渗实验技术。

2. 用电渗法测定 SiO_2 对 KCl 水溶液的 ξ 电势。

【实验原理】

电渗是胶体常见的一种动电现象。早在 1809 年，人们就观察到在电场作用下，水能通过多孔沙土或黏土隔膜的现象。多孔固体在与液体接触的界面处因吸附离子或本身电离而带电荷，分散介质则带相反的电荷。在外电场的作用下，介质将通过多孔固体隔膜贯穿隔膜的许多毛细管而定向移动，这就是电渗现象。由于液体对多孔固体的相对运动，不发生在固体表面上，而发生在多孔固体表面的吸附层上，因此这种固体表面吸附层和与之相对运动的液体介质间的电势差，就是动电电势或 ξ 电势。因此，通过电渗可以测求 ξ 电势，从而进一步了解多孔固体表面吸附层的性质。

需要指出，电渗与电泳是互补效应。在外加电场作用下，若分散介质对静态的分散相胶粒发生相对移动，称为电渗；若分散相胶粒对分散相介质发生相对移动，则称为电泳。实质上两者都是荷电粒子在电场作用下的定向运动，所不同的是，电渗研究液体介质的运动，而电泳则研究固体粒子的运动。

电渗的实验方法原则上是要设法使所要研究的分散相质点固定在静电场中（通以直流电），让能导电的分散介质向某一方向流经带有刻度的毛细管，从而测量出其流量。在测定出相同温度下分散介质的特性常数和通过的电流后，即可算出 ξ 电势。

设电渗发生在一个半径为 r 的毛细管中，又设固体与液体接触界面处的吸附层厚度为 δ（δ 比 r 小许多，因此双电层内液体的流动可不予考虑），若表面电荷密度为 ρ，电势梯度为 u，则界面上单位面积所受静电力为：

$$f_1 = \rho u$$

而液体在毛细管中作层流运动时，界面单位面积上所受的阻力为：

$$f_2 = \frac{\mathrm{d}v}{\mathrm{d}x} = \eta\,\frac{v}{\delta} \tag{5.6-1}$$

式中　v——电渗速度；

　　　η——液体的黏度。

当液体匀速流动时，$f_1 = f_2$，因此

$$v = \frac{u\rho\delta}{\eta} \tag{5.6-2}$$

设界面处的电荷分布情况类似于一个处在介电常数为 ε 的液体中的平板电容器上的电荷分布情况，由平板电容器的电容

$$C = \frac{\rho}{\xi} = \frac{\varepsilon}{4\pi\delta}$$

得

$$\xi = \frac{4\pi\rho\delta}{\varepsilon} \qquad (5.6\text{-}3)$$

合并式(5.6-2) 和式(5.6-3)，得

$$v = \frac{\xi\varepsilon u}{4\pi\eta} \qquad (5.6\text{-}4)$$

若毛细管截面积为 A，液体在单位时间内流过毛细管的流量为 V，则

$$V = Av = \frac{A\xi\varepsilon u}{4\pi\eta}$$

而

$$u = \frac{IR}{l} = I\frac{\dfrac{l}{A\kappa}}{l} = \frac{I}{A\kappa}$$

式中　I——通过两电极间的电流；

R——两电极间的电阻；

κ——液体介质的电导率；

l——两电极间的距离。

因此

$$\xi = \frac{4\pi\eta\kappa V}{\varepsilon I} \qquad (5.6\text{-}5)$$

若已知液体介质的黏度 η、介电常数 ε、电导率 κ，只要测定在电场作用下通过液体介质的电流强度 I，以及单位时间内液体由于受电场作用流过毛细管的流量 V，就可以从式(5.6-5)算出 ξ 电势。式中所有电学量必须用绝对静电单位表示。采用我国法定计量单位时，若 κ 单位为 $S\cdot cm^{-1}$，I 单位为 A，液体流量 V 单位为 $cm^3\cdot s^{-1}$，η 单位为 $Pa\cdot s$，ξ 单位为 V，则式(5.6-5)应为：

$$\xi = 300^2 \times \frac{40\pi\eta\kappa V}{I\varepsilon} = 3.6\times10^6 \times \frac{\kappa\pi\eta V}{I\varepsilon} \qquad (5.6\text{-}6)$$

【仪器与试剂】

电渗仪，毫安表，铂电极，盐桥，换向开关，电阻箱，高压直流电源，秒表。

SiO_2 粉（80～100 目），$0.01 mol\cdot L^{-1}$ 的 KCl 水溶液。

【实验步骤】

1. 安装电渗仪

电渗仪的结构如图 5.6-1 所示。样品管的两端装有玻璃砂膜，样品管内装有二氧化硅粉末。将电渗仪安置在架上。连通管接上刻度管（可用 1mL 移液管改制），再分别插入盐桥，两铂丝电极插入盐桥中。为使加于样品两端的电场均匀，最好用铂片电极。

2. 装入样品

洗净电渗仪。打开磨口塞，将 80～100

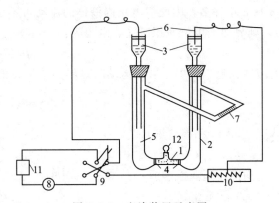

图 5.6-1　电渗装置示意图

1—样品管；2—连通管；3—盐桥；4—玻璃砂膜；5—$0.01mol\cdot L^{-1}$KCl溶液；6—铂电极；7—刻度管；8—毫安表；9—换向开关；10—电阻箱；11—直流电源；12—磨口塞

目的二氧化硅粉与去离子水搅拌成的糊状物注入样品管中，所装的二氧化硅粉必须压紧，盖上磨口塞。分别取出带盐桥的胶塞，从连通管管口注入 KCl 溶液，直至注满为止，连通管中不得有气泡，检查不漏水后，插好带盐桥的胶塞和铂电极。调整电渗仪，使刻度管内有一小气泡，并将刻度管调水平。

3. 液体流量 V 和电流强度 I 及 KCl 的电导率 κ 的测定

在电渗仪的两铂电极间接上直流电源，测量回路中串联一个毫安表、电阻箱、耐高压的电源开关和换向开关。调节电源电压，使电渗时刻度管中气泡从一端刻度至另一端刻度行程时间约 20s，然后准确测定此时间。求出单位时间内刻度管中气泡所移动过的体积，此体积即为液体介质（KCl）在单位时间内通过样品室的体积。利用换向开关，可使两电极的极性变换，而使电渗方向反转。由于电源电压较高，换向操作时应先切断电源开关，换向开关转换后，再接通耐高压的电源开关。反复测量正、反向电渗时流量 V 值各 5 次，取 5 次的平均值，求出液体流量 V。同时，在测量时调节电压，保持 I 值恒定。由毫安表读出 I 值。

用电导率仪测定电渗仪中 KCl 溶液的电导率 κ。

【操作注意事项】

由于使用高压电源，操作时应注意安全。换向时应先切断电源开关，再转换换向开关。

【数据记录及结果处理】

1. 列表记录实验数据。

2. 根据 2 个铂电极的极性及液体流动方向判断 SiO_2 粉末所带电荷的符号，此即 ξ 电势的符号。

3. 计算各次电渗测定的 V/I 值，并取平均值。

4. 将所测得的电渗仪中 KCl 水溶液的电导率 κ 和 V/I 平均值代入式（5.6-6），计算 SiO_2 对 KCl 溶液的 ξ 电势。

【思考题】

1. 为什么说刻度管中气泡在单位时间内移动的体积就是单位时间内流过样品管的液体量？

2. 固体粉末样品粒度太大，电渗测定结果重现性差，其原因何在？

3. 为什么电渗仪连通管内不能有气泡，也不能漏气？

4. 刻度管为什么必须保持水平？若垂直放置本实验能否进行？

5. 讨论影响 ξ 电势测定的因素有哪些？

5.7　微观法测定胶体的粒径及动电电势

【实验目的】

1. 进一步了解电泳及电渗现象。

2. 学会用微观法测定胶体粒径及动电电势的原理和方法。

【实验原理】

1. 微观法测定动电电势的原理

在封闭的电泳槽中，胶体体系中的胶体微粒能选择性吸附溶液中的某种离子而带电荷，在直流电场作用下，这种带电胶粒定向移动产生电泳现象。由于动电电势（ξ 电势）与电泳速度相关，所以，通过电泳速度的测定，就可得到 ξ 电势。

根据亥姆霍兹公式，电泳速度与 ξ 电势有如下关系：

$$\xi = \frac{4\pi\eta}{\varepsilon u} v \times 300^2$$

式中　ξ——动电电势，mV；

　　　v——电泳速度，μm·s^{-1}；

　　　η——液体黏度，Pa·s；

　　　ε——液体的介电常数；

　　　u——电势梯度（电极两端电势差除以其长度），V·cm^{-1}；

　v/u——电泳淌度，即胶体在单位电势梯度下的电泳速度。

如果液相的介质是水或水溶液，即可采用或近似采用水的 η 和 ε 值，它们都是温度的函数。

胶体分散相表面动电电势性质的检测，可以通过显微光学系统，摄像机在监视器上显示放大的胶粒图像，进行定距计时测定。同时，经光路切换，也可目镜观察。测定结果经数据处理后，可打印输出。

2. 电泳槽的工作原理

电泳槽是微观法测定电泳速度的重要组成部件。电泳速度是在密封的矩形石英毛细管内测定的。当对管内胶体体系施加直流电场时，同时产生两种动电现象。即胶粒对溶液的相对运动，称为电泳；溶液对毛细管管壁的相对运动，称为电渗；当带负电荷的胶粒向正极方向迁移时，溶液沿毛细管管壁向负极移动，到毛管端面处汇合至中心向正极方向移动，形成液体回流。所以，在近管壁处的胶粒电泳方向与溶液电渗方向相反，电泳速度变慢。毛细管中心胶粒的电泳方向与溶液的电渗方向一致。电泳速度加快，在溶液流动转移过程中，有一环层，其液层是相对不流动的，此处电渗速度为零。在这一环层上测定的速度，就是电泳速度。此环层称为"静止层"，见图 5.7-1 中的点划线。

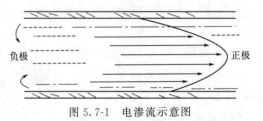

图 5.7-1　电渗流示意图

3. 胶体粒径分布的测定

采用图片法对胶体粒径分布进行统计计数测定，图片经光学系统放大后，粒径图像经摄像系统扫描，视频处理功能将视频信号数字转换，输入计算分析处理后，得到各级粒径百分含量分布、体积累计曲线图、50%中径粒径值等结果，全部参数和分布图打印输出，摄像机同时将粒径图像输入监视器，使测定过程在直观监视下进行。

【仪器与试剂】

BDL-A 表面电位粒径仪（包括显微镜、摄像机、监视器、线路箱及打印机，使用方法详见仪器使用说明书），超声波清洗器，电泳槽，载玻片，50mL 注射器，烧杯，试管，乳胶管。

乙醇（分析纯），平均粒径＞0.1μm 的 SiO$_2$ 固体粉末（测 ξ 电势），平均粒径在 0.5～40μm 的 SiO$_2$ 固体粉末（测粒径分布）。

【实验步骤】

1. ξ 电势的测定

（1）将少许粉料试样加入 200mL 烧杯中，加入 200mL 去离子水稀释搅拌。静置稳定 30min。

（2）调节三维工作台水平，接通线路箱、显示器、摄像机以及打印机的电源，预热 30min。将线路箱后部的白色旋钮向下调至电势挡。

（3）将已稳定的样品用注射器输入电泳槽的毛细管中，管内不得存留气泡。

（4）电泳槽装夹在三维工作台上，轻轻旋紧固定螺丝。按照物镜的工作距离，将电泳槽毛细管中心对准物镜光轴。

（5）调节手轮，直至目镜及监视器中心位置清晰显示标号。调焦距手轮使内圈对零，顺时针方向一圈为 $0.2\mu m$，按电泳槽调定 S 值，调出方格。检查胶体不得有漂移现象。

（6）分别将红、黑两个夹子夹在电泳槽两端的接线柱上，左黑、右红。

（7）按下线路箱面板上的 V 键，数显屏上的电压值调至 $50\sim70V$，并使其设定值在实验过程中保持恒定不变。

（8）判定待测样品极性，以灯亮的一侧为正极，粒子向其移动则带负电，反之则带正电。

（9）选定 10 个大小、速度适中的颗粒进行测试（特别快、特别慢的舍去），每个颗粒正、反方向各一次。密度大、沉降快的样品选定五个颗粒即可。

（10）对正离子而言，先打正极；负离子先打负极。

（11）按 M93 键入当前温度，按 09 键复位，按 M1 键打印，按 M4 键清除本次计时。

（12）样品测试结束后，必须用去离子水将毛细管清洗数遍，确保其无沉淀、无污染。最后灌满去离子水。

2. 粒径分布的测定

（1）将线路箱后部的白色旋钮向上调至粒径挡。

（2）取少许样品装入一试管底部，加入无水乙醇后放入超声波清洗器中，振荡 10min。

（3）用滴管在试管中间部分取出少量液体，滴在载玻片上两滴，用另一玻片一次均匀刮成。一次刮出 3～4 片。

（4）将涂好样品的载玻片装在粒径槽中，装夹在三维工作台上。样品一侧装在正面，朝向物镜，带螺丝一侧为反面，朝向目镜（测试者方向）。

（5）调节工作台手轮使图像聚焦清晰。逆时针调焦距，第一幅图形掠过，第二幅图形是所需要的。

（6）粒径分布测定、输出

① 依次按 0、1、06 键使打印机复零。

② 扫描：依次按自动、1、08 键累积到 $500\sim1000$。N 表示颗粒数，MV 表示体积（μm^3）。

③ 依次按 0、02 键打印数据表。

④ 依次按 0、03 键打印粒度分布曲线。

⑤ 按 03 键打印粒度分布累计曲线。

3. 实验结束

实验完毕，逐一关上打印机、摄像机、显示器、线路箱的电源。

【操作注意事项】

1. 测定 ξ 电势时，电泳槽中应注入 2/3～3/4 高度的去离子水。

2. 电泳槽毛细管内注入样品时，不得有空气（气泡）进入，以免增大测定误差。

3. 电泳槽活塞使用一段时间后，可能出现密封不好的现象，此时胶粒的电泳速度产生左右不对称现象。可将活塞密封揩洗干净，重新涂上真空脂，注意左右活塞不可互换。

4. 当样品胶粒比较大时，容易沉降，不宜测定，可将粉体放在玛瑙研钵中研细后使用。

5. 样品的 pH 值必须在 3～10 之间，否则将造成电极极化。

6. 电泳槽毛细管内要避免沾污，测定完毕后应立即去离子水冲洗干净。

7. 电泳槽用毕后，毛细管内注入去离子水保存，槽内的去离子水应倒尽。

8. 三维工作台各项调节位移量不大，当旋转手轮感到受力顶住时，不要继续用力旋转，以免导致构件损坏。

9. 转动前部手轮，当电泳槽毛细管靠近物镜时，应根据物镜的工作距离仔细观察，避免镜头与毛细管顶紧，损坏毛细管。

【数据记录及结果处理】

1. 根据仪器的输出结果计算 ξ 电势。

2. 分析 SiO_2 的粒径分布。

【思考题】

1. 测定 ξ 电势时为什么要保证实验过程中电压的稳定？

2. 实验中，电泳速度 v 是怎样得到的？

3. 怎样检查胶粒是否漂移？引起漂移的原因有哪些？

4. 用该仪器所能测定的体系属于均相分散系统还是非均相分散系统？

第 6 章 综合性及设计性实验

6.1 聚苯胺的制备、表征及性能测试

【实验目的】

1. 了解苯胺的聚合机理。
2. 掌握聚苯胺的化学和电化学制备方法。
3. 学习聚苯胺电化学性能测试方法。

【实验原理】

1. 聚苯胺的结构及化学制备方法

聚苯胺（polyaniline，PANI）是一种著名的质子导电聚合物，其化学合成一般在硫酸、盐酸、硝酸等质子酸水溶液中进行，利用氧化剂引发苯胺发生聚合来完成。反应过程中，质子酸可调节溶液的 pH 值，其电离产生的质子可以掺杂进入 PANI 分子骨架，从而赋予其一定的导电性。常用的氧化剂有过氧化氢、重铬酸钾、过硫酸盐等。PANI 聚合反应机理如下：

聚苯胺

PANI 由还原单元 和氧化单元 构成，其结构为

。y 值可以从 1 变到 0，表达了 PANI 的氧化还原程度。y 值不同，对应的 PANI 的结构、组分、颜色及电导率也有差异。全还原态时的 y 值为 1，全氧化态时的 y 值为 0，这两种状态的 PANI 都是绝缘体。$0 < y < 1$ 时，掺杂态 PANI 才具有导电性。$y = 0.5$ 时的 PANI 称为半氧化态，其导电能力最强。

2. PANI 的导电性能

在共轭聚合物中引入载流子的方法称为掺杂。这些载流子包括半导体中的自由电子与空穴，导体中的自由电子，电解液中的阴、阳离子，放电气体中的离子等。PANI 经质子酸掺杂后，其电导率可以提高至 10^2 量级。PANI 的质子酸掺杂过程与其他导电聚合物的掺杂截然不同，一般导电聚合物的掺杂总是伴随着其主链上电子的得失，即在掺杂的过程中发生氧化还原反应，这种反应是不可逆的。而 PANI 的质子酸掺杂没有改变主链上的电子数目，只是电子结构发生了变化。质子进入 PANI 链上带正电，为维持电中性，阴离子也进入 PANI 链。其过程如下：

式中，x 代表了分子链的掺杂程度，由掺杂过程决定；y 代表 PANI 的氧化还原程度，由合成过程决定。PANI 的导电性主要取决于掺杂率和氧化还原程度。氧化还原程度一定时，随着掺杂率的提高，电导率也提高。PANI 的掺杂过程是可逆过程，掺杂态 PANI 经氨水或其他碱性电解液处理后即会脱掺杂，其电导率也迅速下降。

3. PANI 的电化学制备方法

除化学氧化聚合法外，PANI 还可以通过电化学法制备，本实验中采用的是电化学方法中的循环伏安法。循环伏安法是指加在工作电极上的电位从起始电位 E_0 开始，以一定的速度 v 扫描到电位 E_1 后，再反向扫描到 E_0（或再进一步扫描到另一电位值 E_2），然后在 E_0 和 E_1（或 E_2 和 E_1）之间进行循环扫描。所施加的电位 E 与时间 t 之间呈直线关系，$E = E_0 - vt$，如图 6.1-1(a) 所示。循环伏安法制备 PANI 过程的电流-电位曲线关系如图 6.1-1(b) 所示，图中的负扫描方向出现了一个阴极还原峰（E_{pc}），对应于电极表面附近氧化态物种的还原，在正扫方向出现了一个氧化峰（E_{pa}），对应于还原态物种的氧化。图中氧化峰与还原峰电位差的大小、峰电流比值的高低是研究电极过程动力学的重要依据。

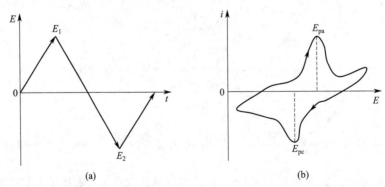

图 6.1-1　循环伏安实验的电位-时间曲线（a）和电流-电位曲线（b）

4. PANI 的电容性

对 PANI 储能性能的研究主要是研究其法拉第比电容的大小。在正极，PANI 被氧化产生阳离子自由基，溶液中的阴离子就会进入链段周围以平衡其正电荷并形成高分子络合物而存储能量。阴极还原过程与之相反，即 PANI 被还原的同时，阴离子返回电解质中并释放能量。通过恒电流充放电方法可以测定 PANI 的电容值，从而评估其储能性能。

在恒流充放电测试中，根据电流（i）与电量（Q）和时间（t）的关系 $dQ = i dt$，以及 Q 与电容（C）和电极电位（φ）的关系 $Q = C\varphi$，可得

$$i = \frac{dQ}{dt} = C \frac{d\varphi}{dt} \qquad (6.1\text{-}1)$$

采用恒定电流进行充电时，如果 C 为恒定值，那么 $d\varphi/dt$ 就是一个常数，即电极电位随 t 线性变化，从 φ_1 增加到 φ_2。再继续采用恒定电流放电时，电极电位将从 φ_2 回到 φ_1，而且 φ 随 t 的变化仍然是线性的。多次循环充放电过程中 φ 随 t 的变化就呈现三角波形，如图 6.1-2(a) 所示，这就是理想电容器的恒流充放电曲线。根据式(6.1-1)，当 φ 随 t 线性变化时，i 将是一个不变量，因此在 i-φ 图上，恒流充放电曲线呈现一个矩形，如图 6.1-2(b) 所示。

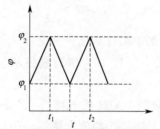
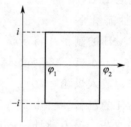

(a) 两次循环充放电过程的电极电位 φ
随时间 t 的线性变化关系

(b) 电流 i 随 φ 变化的循环伏安曲线

图 6.1-2　恒电流充放电曲线

实际情况下，电极的电容量通常会随着电极电位的变化而发生程度不同的变化，因此电极的恒电流充放电曲线通常并非如图 6.1-2(a) 那样呈线性关系，而是会发生一定程度的弯曲。通过比较实测曲线相对于理想恒电流充放电曲线的偏离程度就可以分析被测电极的电容性质，并进一步根据式(6.1-2)计算出电极活性物质的比容量 C_m。

$$C_m = \frac{i t_d}{m \Delta E} \qquad (6.1\text{-}2)$$

式中，t_d 代表放电时间，s；$\Delta E = \varphi_2 - \varphi_1$，V；$m$ 为电极活性物质的质量。

在一些具有优异电容性能的电极材料（例如，电化学超级电容器）研究中还应注意材料存在的内阻，它相当于多个电容和电阻的混联，这意味着在电容两端加上线性变化的电压信号时，电路中电流不像静电电容器那样会立刻产生阶跃并达到恒定电流，而是出现了一个时间延迟。这就会导致图 6.1-2(b) 中的循环伏安曲线出现一定的弧度。

【仪器与试剂】

磁力搅拌器 1 台，循环水式多用真空泵 1 台，数显鼓风干燥箱 1 台，超声波清洗器 1 台，分析天平 1 台，四探针电导率测试仪 1 台，粉末压片机 1 台，电化学工作站 1 台（使用方法见 8.18 节），电解池 1 个，铂电极 1 支，饱和甘汞电极 1 支。

5mL 移液器 1 个，50mL 和 100mL 烧杯各 2 个，50mL 容量瓶 2 个，表面皿 1 个，250mL 圆底烧瓶 1 个，150mL 分液漏斗 1 个，25mL 和 50mL 量筒各 2 个，布氏漏斗 1 个，

250mL 吸滤瓶 1 个，研钵 1 个，洗耳球，玻璃棒，砂纸，滤纸，搅拌子等。

苯胺，过硫酸铵，$0.5mol \cdot L^{-1}$ 和 $2mol \cdot L^{-1}$ 硫酸溶液，$2mol \cdot L^{-1}$ 氨水溶液，N, N-二甲基甲酰胺（DMF）。

【实验步骤】

1. PANI 的化学法制备

（1）配制苯胺和硫酸的混合溶液 100mL，苯胺 1.7mL，硫酸浓度为 $0.5mol \cdot L^{-1}$。

（2）配制 $0.5mol \cdot L^{-1}$ 过硫酸铵和 $0.5mol \cdot L^{-1}$ 硫酸的混合溶液 50mL。

（3）将（1）中配制的溶液放入圆底烧瓶中，并在冰水浴中搅拌。

（4）将（2）中配制的溶液倒入分液漏斗中，慢慢滴加到上述圆底烧瓶中。控制滴加速度约 30 滴·min^{-1}，聚合时间 3h。

（5）反应结束后减压过滤，用去离子水洗涤至滤液无色。当漏斗中的 PANI 固体抽干并出现一些裂纹时，停止抽滤，取出 PANI 固体并放在鼓风干燥箱中 70℃ 干燥 24h。

（6）取出干燥的 PANI，称重。

2. PANI 导电性能研究

（1）脱掺杂 PANI 的制备。将步骤 1 中制备的 PANI 取出三分之二，用研钵研成粉末后放入盛有 100mL 的 $2mol \cdot L^{-1}$ 氨水的烧杯中，磁力搅拌 1h，进行脱掺杂。溶液过滤，取出约一半的 PANI 产物放入烘箱，70℃ 干燥 24h。

（2）掺杂 PANI 的制备。将步骤（1）中剩余的 PANI 放入盛有 $0.5mol \cdot L^{-1}$ 的 H_2SO_4 的烧杯中进行质子掺杂，磁力搅拌 30min，过滤，固体产物放入烘箱，70℃ 干燥 24h。

（3）将步骤（1）和（2）制备的 PANI 固体分别用研钵研成粉末状，分别称取 0.05g 装入直径 1cm 的模具中，用粉末压片机在 10MPa 下压制成片。

（4）用四探针电导率测试仪测定上述两种 PANI 的电导率。

3. PANI 的电化学法制备及电化学活性测试

在保证电极连线未接触的前提下，打开电化学工作站总开关，预热 30min。

（1）配制浓度为 $0.1mol \cdot L^{-1}$ 苯胺和 $0.5mol \cdot L^{-1}$ 硫酸的混合溶液 50mL。

（2）PANI 的电化学制备。以铂电极为工作电极，另一支铂电极为辅助电极，饱和甘汞电极为参比电极，电解液为（1）中配制的苯胺与硫酸混合溶液。连接测量线路，设定实验参数，高电位为 0.9V，低电位为 0V，扫描速度为 $0.05V \cdot s^{-1}$，扫描段数为 21，灵敏度 1×10^{-4}，其他项默认，进行电化学制备。实验结束后，保存实验数据，断开连接线路，用去离子水冲洗电极，然后用滤纸将水吸干。

（3）PANI 电化学活性测定。将电极放到 $0.5mol \cdot L^{-1}$ H_2SO_4 溶液中，重新连接线路，其他与步骤（2）相同。设定实验参数，高电位设定为 0.6V，低电位为 $-0.2V$，扫描速度为 $0.05V \cdot s^{-1}$，扫描段数为 7，灵敏度 1×10^{-4}，其他项默认，测定 PANI 电化学活性，实验结束后保存实验数据。再将高电位分别设为 0.8V 和 1.0V，重复此过程。

（4）扫描速度对 PANI 电化学活性的影响。电位范围 $-0.2 \sim 0.6V$，扫描速度分别设置为 $0.03V \cdot s^{-1}$、$0.05V \cdot s^{-1}$、$0.07V \cdot s^{-1}$、$0.1V \cdot s^{-1}$、$0.3V \cdot s^{-1}$ 和 $0.5V \cdot s^{-1}$。观察实验曲线变化，每次实验结束后均需保存实验数据。

4. 化学法制备的 PANI 电化学性质测试

（1）PANI-铂电极的制备。将步骤 2 中（1）中脱掺杂 PANI 用研钵研成粉末状，称取

0.05g 溶于 10mL 的 DMF 中，将铂丝置于此溶液中提拉成膜，然后放于鼓风干燥箱中烘干。

（2）电化学活性测试。在 $0.5mol \cdot L^{-1}$ 的 H_2SO_4 溶液中测试化学法制备的 PANI 的电化学性能，测试方法和参数设置与步骤 3 中的（3）和（4）相同。

5. PANI 电容性能研究

打开电化学工作站，预热 10min。

（1）铂丝和铂电极分别为工作电极和辅助电极，饱和甘汞电极为参比电极，在 $0.5mol \cdot L^{-1}$ 硫酸溶液中进行循环伏安曲线测试，电位范围 0～0.6V，扫描速度 $0.05V \cdot s^{-1}$，扫描段数 3。实验结束后保存数据。

（2）对与（1）相同体系进行恒电流充放电曲线测试，电位范围 0～0.6V，电流 0.5mA。实验结束后保存数据。

（3）电化学法制备 PANI 修饰电极。采用与步骤 3 中（2）相同的方法制备，只是扫描电位范围修改为 0～0.9V，扫描段数设为 15。实验结束后保存数据。

（4）PANI 修饰电极电容性能测试。以上面（3）中制备的 PANI 修饰电极为工作电极，铂电极为辅助电极，饱和甘汞电极为参比电极，在 $0.5mol \cdot L^{-1}$ 硫酸溶液中进行循环伏安曲线测试，电位范围 0～0.6V，扫描速度 $0.05V \cdot s^{-1}$，扫描段数 7。实验结束后保存数据。

再在同样的体系中进行恒电流充放电，电位范围 0～0.6V，电流分别设置为 0.5mA、1mA、1.5mA、2mA、2.5mA。每步实验结束后均需保存数据。

【数据记录及结果处理】

1. 记录用化学法制备 PANI 过程中出现的实验现象，总结实验过程中出现的问题。

2. 记录用电化学法制备 PANI 的制备曲线，给出 PANI 的 CV 检测曲线，并进行对比，查阅文献，说明出峰位置发生的电化学反应。

3. 对比 Pt 与 PANI 的循环伏安曲线和恒电流充放电曲线，说明 PANI 的电容特性。

4. 将不同电流密度充放电曲线叠图，分析电流密度对电容性能的影响。

5. 忽略式(6.1-1)中的质量 m 值后估算 PANI 的比电容，绘制电流密度-电容关系图，进一步说明电流密度对电容的影响。

6. 对比分析化学法和电化学法制备的 PANI 修饰铂电极电化学行为的异同。

【思考题】

1. PANI 的导电机理是什么？

2. 分析影响 PANI 电导率的因素。

3. 为什么电流随扫描速度的增加而增大？

4. 为什么随着电流密度的增大，电容会减小？

6.2　室温氢气传感器的制备及性能测试

【实验目的】

1. 理解半导体气体传感器的检测原理，并掌握传感器性能评价标准。

2. 掌握 TiO_2 纳米管和 Pd 纳米粒子的制备方法。

3. 了解气敏分析仪的使用方法。

【实验原理】

气体传感器可以将环境中特定气体的浓度信息实时地转化成为可识别的电学或光学信号，因此广泛地应用于环境及公共安全监测、医疗诊断等领域，并成为物联网发展的重要组成部分。气体传感器可以分为很多类型，本实验以半导体类型的氢气传感器为例，学习传感器的检测原理、传感器的性能评价指标及气敏分析仪的使用方法。

氢气无色无味，是一种新兴的能源材料。它具有常规燃料当中最高的发热值，同时氢能无污染且储量丰富。但氢能源存在的安全隐患一直是其在实际使用过程中所面临的难题。由于氢气分子体积非常小，其易于透过存储容器而泄漏到周围环境中。当氢气在空气含量达到4%以上时，就有可能发生爆炸。因此氢气的高效检测是氢能在存储和利用过程中必须解决的重要问题。

1. 二氧化钛进行气体检测的原理

半导体分为 N 型（载流子为电子）和 P 型（载流子为空穴）半导体，这里以 N 型二氧化钛纳米管为例，说明其对于氢气检测的机理。

当 TiO_2 暴露于空气中时，空气中的氧分子吸附于半导体表面。由于氧元素具有较大的电负性，氧分子会夺取 TiO_2 中的电子进而转变成 O_2^-：

$$O_2 + e^- \longrightarrow O_2^- \tag{6.2-1}$$

与此同时，该过程会在 TiO_2 表面形成一层厚度为几纳米的电子耗尽层，如图 6.2-1(a) 所示。N 型半导体的电导率和其内部电子密度成正比，因此表面电子耗尽层的电导率要低于二氧化钛本体的电导率。当环境气氛中存在还原性气体如氢气时，氢气会与吸附在 TiO_2 表面的 O_2^- 进行反应生成水，并将氧气夺取的电子归还到 TiO_2 半导体中，如式(6.2-2) 所示，使电子耗尽层的厚度降低，TiO_2 的电导率升高，如图 6.2-1(b) 所示。

$$2H_2 + O_2^- \longrightarrow 2H_2O + e^- \tag{6.2-2}$$

环境中氢气浓度越大，反应(6.2-2) 越明显，就会有越多的电子转移回 TiO_2 纳米管当中，使得电子耗尽层越薄，TiO_2 的电导率越高。因此可以通过 TiO_2 纳米管电导率的变化对环境氢气浓度进行定量检测。

值得注意的是，由于反应(6.2-2)并不具有特异性，因此半导体传感器会对多种还原性气体如 CO、CH_4 等产生类似的响应，这就使得传感器失去了选择性。另外，常温下此反应的反应速率较低，因此，很多半导体类的气体传感器需要在高温下进行检测。

2. Pd 修饰提高传感器氢气检测性能的原理

为了降低半导体气体传感器的工作温度，增强传感器的选择性，往往需要在半导体传感器表面修饰催化剂。催化剂对于半导体气体传感器的性能提升来自化学敏化和电子敏化两个方面。本实验以金属 Pd 纳米颗粒为例，分析催化剂对于传感器性能的影响机理。

在化学敏化方面，金属钯在室温下是解离氢气的催化剂，氢分子在金属 Pd 表面解离成高活性的氢原子，如式(6.2-3) 所示，并可以通过溢出效应由金属钯表面扩散到 TiO_2 表面，如图 6.2-1(d) 所示，进而与其表面的 O_2^- 反应，如式(6.2-4) 所示。因此金属 Pd 的引入降低了 H_2 与 O_2^- 反应的活化能，进而降低了传感器的工作温度，提高了传感器的响应值并减少了传感器的响应时间。另外，Pd 对于氢气的解离具有选择性，因此在半导体表面修饰金属 Pd 纳米颗粒可以增加半导体气体传感器的选择性。

$$H_2 \longrightarrow 2H \tag{6.2-3}$$

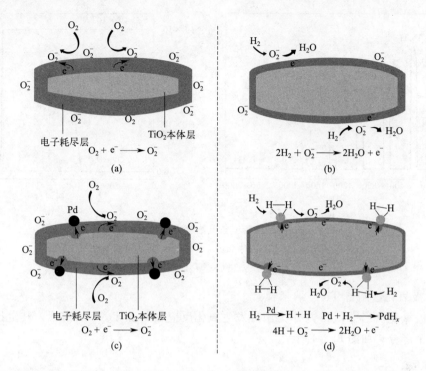

图 6.2-1　纯二氧化钛电子耗尽层在空气（a）及空气加氢气（b）环境下的示意图以及
钯修饰二氧化钛电子耗尽层在空气（c）及空气加氢气（d）环境下的示意图

$$4H + O_2^- \longrightarrow 2H_2O + e^- \tag{6.2-4}$$

在电子敏化方面，TiO_2 的功函小于钯的功函（功函可以粗略地理解为原子核对于电子的束缚能力）。当把 Pd 纳米颗粒装饰在 TiO_2 的表面上时，为了与 Pd 纳米颗粒实现电子平衡，TiO_2 的能带弯曲，形成肖特基势垒，表现为 TiO_2 中的电子转移到 Pd，使得 Pd 颗粒周围 TiO_2 表面电子耗尽层厚度增加，进而增加传感器响应值，如图 6.2-1(c) 所示。

3. 气体传感器的性能参数

图 6.2-2(a) 是所制备气体传感器电流随环境氢气浓度的变化曲线，从图中我们可以看出传感器电流值的变化取决于环境当中氢气的浓度。图 6.2-2(b) 是传感器对于 0.1％氢气的响应回复曲线，o 点之前系统中没有氢气，此时传感器基础电流值为 I_a。在 o 点所对应的时间在系统中通入氢气使气氛中氢气浓度达到 0.1％，传感器电流值迅速增加并逐渐达到平台，此时传感器电流为 I_g，随后在 a 点将氢气释放，传感器的电流值又逐渐下降并回到基线。

表征传感器性能的参数如下：

响应值：传感器的响应值定义为样品在特定浓度目标气体中的电流值与空气中基础电流值的比值。在本实验中，R 等于 I_g/I_a。

响应时间：电流增大到其最大变化量的 90％时所需要的时间，即线段 cd 等于 $0.9ab$ 时，线段 od 所对应的时间。

回复时间：电流降低到其最大变化量的 10％时所需要的时间，即线段 ef 等于 $0.1ab$ 时，线段 bf 所对应的时间。

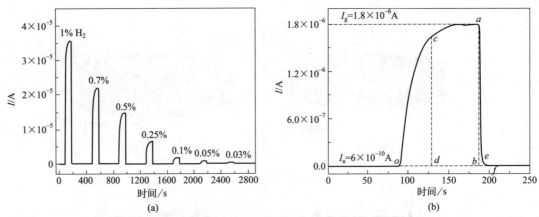

图 6.2-2 传感器电流值随环境氢气浓度变化的实时响应恢复曲线 （a）

和传感器电流值随时间对 0.1％氢气的实时响应恢复曲线 （b）

（测试温度为 25℃，环境湿度为 25％）

4. 阳极氧化法制备 TiO_2 纳米管

在阳极氧化法当中，Ti 片作为阳极发生氧化反应来制备 TiO_2 纳米管，其生长过程主要分以下三个部分，如图 6.2-3 所示。

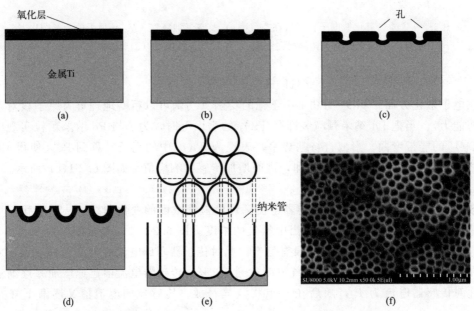

图 6.2-3 TiO_2 纳米管的生长过程 （a） ～ （e） 和所制备 TiO_2 纳米管的扫描电子显微镜照片 （f）

反应初期，在外加电压的作用下，阳极表面附近的水被电离而产生 O^{2-}，同时，Ti 基体迅速溶解并产生大量的 Ti^{4+}，然后，Ti^{4+} 与介质中的 O^{2-} 迅速相互作用并在 Ti 基底表面上形成致密且具有高电阻的 TiO_2 氧化层，过程的反应式如下：

$$H_2O \longrightarrow 2H^+ + O^{2-} \tag{6.2-5}$$

$$Ti - 4e^- \longrightarrow Ti^{4+} \tag{6.2-6}$$

$$Ti^{4+} + 2O^{2-} \longrightarrow TiO_2 \tag{6.2-7}$$

氧化层形成后，随着反应的进行，溶液中的阴离子和阳离子在电场作用下分别向阳极和阴极移动，其中 O^{2-} 穿过氧化层到金属 Ti 与氧化层界面，与金属 Ti 进一步发生反应生成 TiO_2 层，使得氧化层厚度进一步增加。同时，电解质溶液中的 F^- 在电场作用下向阳极移动，与 TiO_2 氧化层的界面发生反应生成 $[TiF_6]^{2-}$，即氧化层局部发生了化学溶解，这种刻蚀作用导致在钛片表面形成许多随机的凹孔结构，不平整的表面导致电场的不均匀分布，由于凹孔处的氧化层较薄，电场作用更大，所以小的凹孔进一步被刻蚀，逐渐生长成为小的孔状结构。过程的反应式如下：

$$Ti + 2O^{2-} \longrightarrow TiO_2 + 4e^- \tag{6.2-8}$$

$$TiO_2 + 4H^+ + 6F^- \longrightarrow [TiF_6]^{2-} + 2H_2O \tag{6.2-9}$$

由于分布在微孔底部的电荷密度远大于壁的电荷密度，因此孔底部的 TiO_2 的消耗率较大，从而孔状结构不断加深和扩宽，随着反应进行，孔道深度到一定程度时，TiO_2 氧化层的生成与溶解速率达到动态平衡，之后随着时间再增加，管的长度不再增加。

5. 气敏分析仪

气敏分析仪主要由控制器、显示器和样品测试平台组成。测试平台部分又分为气体腔和样品台等部分。本实验测量过程采用静态配气法，腔体体积为 5L。测试时，将所制备传感器元件置于样品台上，将探针放置在传感器两端，构成通路。测试时，用微量注射器吸取一定体积的气体通过气室的小孔注射入腔体内部，腔体内部待测气体的浓度可以通过调节注射气体的量来调节。气体传感器作出响应，电流值发生变化。待电流值稳定平衡后，打开气室盖子。等待电流恢复到稳定值后，进行下一次的测试。

【仪器与试剂】

直流电源，搅拌台，超声波清洗机，箱式电炉，气敏分析仪。

钛片，乙二醇，氟化铵，无水乙醇，去离子水，氢氧化钠，硼氢化钠，氯钯酸等。

仪器装置如图 6.2-4 和图 6.2-5 所示。

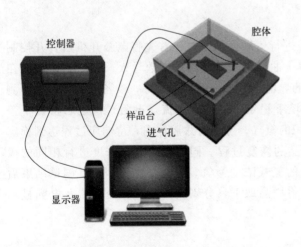

图 6.2-4 气敏分析仪示意图

图 6.2-5 阳极氧化装置图

【实验步骤】

1. TiO_2 纳米管的制备

钛片预处理：将钛片裁剪成 2.2cm×2.2cm 大小，用玻璃板压平，然后将钛片依次放在盛有丙酮、甲醇和异丙醇的烧杯中超声洗涤 10min，每 2min 搅拌一次；取出后在去离子水中超声 2～3min 进行洗涤；之后用混酸（HF：HNO_3：H_2O＝1：4：5）去除表面氧化膜（塑料烧杯中进行），30～40s 后，加入约原混酸体积 1/4 的去离子水稀释减缓反应，约 40s 后，超声 2～3min，取出后用去离子水清洗干净，用乙醇超声约 5min，取出后，用烘箱在 60℃下烘干 10min，待用。

电解液配制：去离子水和乙二醇体积比为 3：97，加入电解质 NH_4F 使其质量分数为 0.5％，将电解液放塑料瓶中储存。

阳极氧化过程：在 250mL 塑料烧杯中，加入适量电解液，将钛片分别与恒压直流电源的负极和正极相连，保持 6cm 间距插入电解液中并固定。打开磁力搅拌器，转速约 300r•min^{-1}，直流电源电压设定为 60V，在此条件下进行钛片的氧化。在反应初期阴极有大量气泡产生，随后气泡变少且均匀产生。30min 后取出阳极钛片用去离子水超声洗涤约 3min，直至观察到烧杯底部有大量灰黑色粉末且钛片表面洁净有金属光泽，取出擦干后再进行 1h 的氧化反应，结束后用乙醇超声约 3min 以洗去表面残留的乙二醇溶液，注意在此次超声过程中保持钛片竖立。清洗完后晾干备用。

煅烧过程：将前边制备好的钛片在管式炉空气气氛中 450℃ 煅烧 3h，升温速率为 10℃•min^{-1}，烧完后空气中自然冷却，备用。

2. Pd 纳米颗粒的制备及其与 TiO_2 纳米管的复合

还原剂的配制：称取 0.0038g 硼氢化钠，加入 150mL 玻璃烧杯中，随后加入 100mL 的 1mmol•L^{-1} 的氢氧化钠溶液进行溶解，待用。

Pd 溶胶的制备：100mL 烧杯中加入 7.5mL 浓度为 10mmol•L^{-1} 氯钯酸溶液，边搅拌边迅速加入 30mL 刚刚配制好的硼氢化钠溶液，得到黑色溶液，磁力搅拌条件下反应半小时。

Pd 纳米颗粒在 TiO_2 纳米管表面的沉积：将钛片平放在直径 9cm 培养皿中，将刚刚制备好的 Pd 溶胶倒入培养皿中，缓慢搅拌并过夜后取出，晾干得到 Pd 修饰的 TiO_2 纳米管。最后在样品上以 1cm 为间距滴加导电银胶并晾干。

3. 传感器性能测试

使用型号为 CGS-MT 的气敏分析系统进行气敏性能测试。首先将电脑开机后打开控制器，然后打开桌面的 SA3102 软件，选择 $I\text{-}t$ 曲线模式，将测试参数导入，然后将样品放在样品台上，以两个探针分别接触样品两端的导电银胶，确保接触良好，准备好后点击桌面测试系统的"start"按钮，使样品在空气环境下稳定，待基础电流（电阻）稳定后将盖子盖上。使用注射器从氢气气袋中抽取一定体积的氢气，然后打入腔体内，待响应过程达到稳定后保持一段时间，然后将盖子打开进行样品的恢复过程。同样改变氢气浓度进行相同的操作。这里盖上盖子后腔体体积为 1L，打入的氢气浓度为氢气占腔体的体积比。测试结束后点击系统"stop"，结束测试，保存文件，将样品取下，分别关闭系统、控制器及电脑显示器，打扫测试环境。

【操作注意事项】

1. 二氧化钛纳米管制备过程中，第二次超声时保持钛片竖立没入乙醇中。

2. 硼氢化钠溶液现用现配，且 30mL 溶液快速一次性加入氯钯酸溶液中。

3. 实验中高温实验装置使用注意安全。

【数据记录及结果处理】

1. 根据实验数据作出传感器电流随时间的响应恢复曲线。

2. 计算传感器在不同氢气浓度下的响应值，并绘制出响应值随氢气浓度的变化曲线。

3. 计算传感器在不同氢气浓度下的响应时间和恢复时间，并绘制出响应时间/恢复时间随氢气浓度的变化曲线。

【思考题】

1. 相对于 TiO_2 粉末或薄膜，TiO_2 纳米管用于气体传感有哪些优点？

2. 如果实验当中选择的是 P 型半导体，传感器的电流随氢气浓度如何变化？

3. 室温氢气传感相对于高温氢气传感有哪些优点？

6.3　锌-空电池的组装及性能评价

【实验目的】

1. 理解锌-空电池的工作原理，能够熟练进行锌-空电池的组装。

2. 掌握锌-空电池的性能评价标准与性能测试方法。

3. 能够熟练运用源表与电化学工作站进行单电池性能测试。

【实验原理】

锌-空电池是一种新兴电池，其能量密度高，电池电压大，与氢-空燃料电池相比，具有安全、稳定、成本低等特性，是电池研究领域的热点之一。本实验项目使用目前国际通用的阴极催化剂组装锌-空单电池，并完成对电池的性能测试，以了解目前电池研究前沿领域中关于锌-空电池的基本结构、测试原理、评价方法等知识。

1. 工作原理

金属锌资源丰富，环境友好，锌-空电池理论能量密度非常高，是目前锂离子技术的 2～5 倍。锌-空电池是通过金属锌与空气中的氧在电解液中发生化学反应提供电能。锌-空电池总的反应式为：

$$2Zn+O_2 \longrightarrow 2ZnO$$

其中作为电池的负极，锌在电解液中发生如下反应：

$$Zn+4OH^- \longrightarrow Zn(OH)_4^{2-}+2e^-$$

$$Zn(OH)_4^{2-} \longrightarrow ZnO+2OH^-+H_2O$$

金属锌发生氧化反应，释放的电子通过外部负载转移到电池正极。空气中的氧气作为正极反应物得到电子，发生氧化还原反应（ORR）。在碱性电解液中，负极发生的反应如下：

$$O_2+2H_2O+4e^- \longrightarrow 4OH^-$$

2. 锌-空电池的性能参数

锌-空电池的放电性能及寿命可以通过开路电压、放电电流、放电极化曲线、功率密度曲线及稳定性测试等实验结果进行评价。开路电压指的是外电路断开情况下正、负极电压差。本实验采用计时电位法进行开路电压的测量，理想的开路电压-时间曲线非常平稳，该曲线能够初步反映待测锌-空电池的性能。电池放电过程中通过的电流可用电流表或电化学工作站测得，代表了电池对外做功能力的高低。相同电压下，放电电流越大，电池对外做功的能力越强。在电池的放电极化曲线（也称为 IV 曲线）中，横坐标为电流密度，纵坐标为电池两端的电压。放电极化曲线展示的是随着放电程度增大，电池与开路状态下的偏差。放电极化曲线由多电流阶跃法测得。在放电极化曲线的基础上，根据功率密度 P 与电压和电流之间的关系式为：

$$P = UI$$

可计算得到电流密度与功率密度的关系，绘制电流密度-电压及电流密度-功率密度曲线，即可展示该锌-空电池的放电性能。

在电池性能评价方面，电池使用的稳定性测试也十分重要。锌-空电池的稳定性可以通过计时电压法或计时电流法进行测试。计时电压法测试过程中，电池在特定放电电流密度下放电，以获得电池长时间恒电流工作条件下电压随时间的变化，从而对电池恒电流工作条件下的稳定性进行评价。一般来说，稳定性好的锌-空电池在较长时间的恒流工作中电压波动范围很小。

【仪器与试剂】

电化学工作站 1 台，吉时利 2450 源表 1 个，超声波清洗器 1 台，电子天平 1 台，3.5mL 锌-空电池模具 1 套，喷枪 1 支，空气泵 1 台，1mL 移液枪等。

5% Nafion 溶液，氢氧化钾，醋酸锌，异丙醇，氧气，3cm×6cm 锌片，Pt/C 粉（Pt 质量分数为 20%），20cm×10cm 碳纸，丙酮，无水乙醇，去离子水等。

锌-空电池的结构及电池性能测试装置示意图如图 6.3-1 和图 6.3-2 所示。

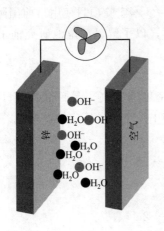 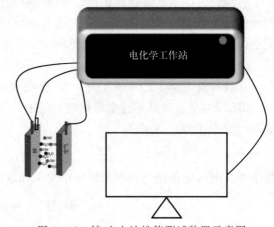

图 6.3-1 锌-空电池的结构示意图　　　图 6.3-2 锌-空电池性能测试装置示意图

【实验步骤】

1. 空气阴极的制备

准确称量 6mg 的 Pt/C 粉，先加入 $400\mu L$ 去离子水，润湿 Pt/C 粉后，加入 $1550\mu L$ 异丙醇，冰水浴中超声 0.5h，其间不时摇晃。加入 $50\mu L$ 的 Nafion 溶液，继续在冰水浴中超声 1h，制得催化剂油墨。

用生料带缠好喷枪与空气泵的连接处，向喷枪的喷壶中加入 1mL 异丙醇，接通空气泵电源，在 1bar（$1bar = 10^5 Pa$）下喷出，重复 5 次该操作，将喷枪进行彻底清洁。用移液枪定量移取催化剂油墨加入喷枪喷壶中，调节气泵至最小气压，将催化剂油墨缓慢而均匀地喷涂到碳纸表面，在空气中干燥 0.5h，备用。喷涂结束后，为防止喷枪堵塞，第一时间加入异丙醇，在最大出液量下喷出，重复 10 次操作，最后用酒精棉仔细将喷壶内壁上残留的催化剂油墨擦洗干净。

2. 电解液的配制

配制 20mL 的 $6mol \cdot L^{-1}$ KOH 溶液。再准确称量 0.73g 醋酸锌固体，加入此 KOH 溶液中，超声振荡至固体溶解，使 $6mol \cdot L^{-1}$ 的 KOH 溶液中醋酸锌的浓度为 $0.2mol \cdot L^{-1}$。

3. 锌片的处理

将锌片浸没丙酮中，超声 5min，除去锌片表面的有机物；随后将锌片浸没于乙醇中，洗去残留的丙酮与附着的水，干燥备用。

4. 单电池的性能测试

（1）将碳纸和锌片安装在模具两侧，模具空腔中注入电解液，从模具通气口将氧气通入电解液中。采用双电极体系进行单电池测试，测试过程中保证氧气通入量充足且稳定。

（2）开路电压测试。用吉时利源表的红色探头接线夹住碳纸，为电池正极，黑色接线夹住锌片，为电池负极，按下"menu"，选择"graph"界面，将图像类型从"IV"切换至"time"。按下"quickset"，切换仪器功能为电压表，仪器自动测量开路电压。测量结束后，保存数据并关机。

（3）线性扫描伏安曲线测试。将电化学工作站的白色接线夹在红色接线上，然后将红色接线夹在锌片上，黑色接线轻轻夹住碳纸。打开测试软件，选择"LSV"测试方法，设置初始电压为开路电压，终止电压为 0，扫速为 $10mV \cdot s^{-1}$，点击"▷"开始测试。重复测试 5 次后，记录 5 次测试结果中最大放电电流数值。

（4）恒电流阶跃放电极化曲线测试。在测试方法中选择"恒电流法测 IV 曲线"，将终止电流修改为上述"线性扫描伏安曲线测试"中测得的最大放电电流，恒流时间修改为 3min，点击"▷"开始测试，测试结束后保存数据为".txt"或者".excel"格式。

（5）电池稳定性测试。测试方法选择计时电压法，设置放电电流为 $10mA \cdot cm^{-2}$，放电时间为 4h，测试结束后保存数据为".txt"或者".excel"格式。

全部测试结束后保存数据并关闭电化学工作站，整理实验台。

【操作注意事项】

1. 催化剂在碳纸上分布尽可能薄而均匀。
2. 碳纸极其易碎，鳄鱼夹将碳纸夹紧时注意不要撕断碳纸。
3. 电解液浓度高，实验的全过程做好安全防护。
4. 氧气供应量要适当，过小会影响 ORR 反应效率，过大则会将电解液冲出。

【数据记录及结果处理】

1. 根据实验数据，绘制开路电压-时间曲线。
2. 根据实验数据，绘制电流密度-电压曲线。
3. 在绘制好的电流密度-电压曲线图上，进一步绘制电流密度-功率密度曲线。在曲线图上标注锌-空电池的开路电压、最大放电电流及最大功率密度。
4. 根据稳定性测试数据，绘制电压-时间曲线，与零时刻的初始电压进行对比。

【思考题】

1. 为什么催化剂层喷涂越薄，电池的性能就越好？
2. 电解液中加入醋酸锌的目的是什么？
3. 在空气电极中，碳纸除作为催化剂的载体，还有什么功能？

6.4　聚吡咯/泡沫镍复合材料的制备及其电化学生物传感性能评价

【实验目的】

1. 掌握非酶葡萄糖电化学生物传感器的工作原理。
2. 学习非酶型电化学活性材料对葡萄糖传感检测性能的基本评价方法。
3. 了解一种非酶型葡萄糖电化学传感电极的制备方法。

【实验原理】

血糖指的是存在于人体血清中的糖，通常为葡萄糖。血糖水平无论是高还是低均有可能导致健康问题。因此及时并有效地检测人体中的葡萄糖浓度对于预防血糖相关疾病有重要意义。不仅如此，快速、准确和稳定的葡萄糖检测技术同样适用于食品和药品的检测。检测葡萄糖含量的方式有许多种，如电化学法、比色法、电导法、光学分析法、荧光光谱法等。其中，基于电化学方法制造的葡萄糖传感器主要分为有酶型和非酶型两种。基于酶的葡萄糖传感器具有高灵敏度和高选择性特点。但由于酶的活性极易受到外界环境影响，使用过程中存在稳定性的问题，因此近年来采用具有催化活性的物质取代葡萄糖氧化酶制成的非酶型葡萄糖电化学传感器得到广泛应用。依据检测时用到的电化学方法不同，可将非酶葡萄糖电化学传感器分为电流型、电位型和伏安式三种。其中，电流型是通过检测传感电极上的响应电流变化来探测葡萄糖浓度，也是目前应用最广泛的非酶葡萄糖电化学生物传感器。

非酶葡萄糖传感器的核心部件是传感电极。在检测过程中，溶液中的葡萄糖分子通过扩散到达电极表面，并可在一定电位下发生氧化反应。溶液中的葡萄糖有三种水溶性异构体：α-葡萄糖、β-葡萄糖、γ-葡萄糖。对于α-葡萄糖和β-葡萄糖，其电化学氧化产物为葡萄糖内酯，最后葡萄糖内酯再继续水解为葡萄糖酸；对于γ-葡萄糖，其电化学氧化的直接产物是葡萄糖酸。因此，无论是否会生成中间产物，葡萄糖在无酶葡萄糖传感器电极表面的直接电催化氧化产物是葡萄糖酸。电解液中葡萄糖浓度不同，氧化反应产生的电流密度也不同，通过监测电流密度的大小即可以测定溶液中葡萄糖浓度。

另外，不同种类的电极材料，对葡萄糖的吸附能力和对葡萄糖氧化的电化学催化能力也不相同，传感电极材料的物理化学性质决定了传感器的灵敏度、选择性、稳定性、重现性等传感检测性能。作为非酶葡萄糖传感电极的材料种类繁多。其中，镍基材料具有价格低廉、生物毒性低、稳定性好等优点。而且镍基电极的电催化活性高度依赖于溶液 pH，在碱性溶液中镍氢氧化物的存在，使其表面存在大量羟基，因此适合作为碱性介质中电化学生物传感电极的基底材料。然而，纯的镍材料（例如，泡沫镍）构建的非酶葡萄糖传感器存在灵敏度低、可逆性差等缺点。为了提高电化学传感检测性能，电极的表面通常以活性材料进行修饰。本实验中将学习如何采用化学方法引发苯胺在泡沫镍表面聚合并制备聚苯胺/泡沫镍复合材料，并将其制作成非酶型电化学生物传感电极。在此基础上，学习如何采用电流法，确定传感检测的工作电位、传感电极对待测物的选择性、适用的浓度范围、稳定性、灵敏度等，以评价其对葡萄糖的电化学传感检测性能。

电流型传感器性能受工作电位的影响较大，因此在进行性能评价前首先需要确定适宜的工作电位。确定工作电位的方法有循环伏安法和恒电位法两种，本实验采用恒电位法。在确定工作电位时，常将三电极体系（以所设计的电极为工作电极，以饱和甘汞电极或银-氯化银电极为参比电极，以铂电极为对电极）与电化学工作站连接。在一定 pH 值的电解质溶液（传感器在其中应呈现电化学惰性）中，在一定工作电位下，待基线稳定后，每间隔一定时间，向电解液中加入一定量葡萄糖溶液，葡萄糖浓度瞬时增大导致氧化电流密度随之增大，因此每次滴加葡萄糖溶液后的电流-时间曲线上都会出现一个小的电流阶跃。工作电位不同，台阶电流增加程度也不同。通常，台阶电流随着工作电位的增大而增大，但同时噪声也在增强，因此采用恒电位法选择工作电位时需同时考虑响应电流和噪声对葡萄糖检测的影响。相同条件下，工作电位则越低越好。

传感器的选择性（也称为抗干扰性）体现了环境物种及体系中共存物种对被测物检出信号的干扰程度。常见的干扰物质包括抗坏血酸、多巴胺、蔗糖、乳糖、果糖、氯化钠等。评价葡萄糖电化学传感器选择性时也需要采用恒电位方法测定上述三电极体系的电流-时间曲线。在测定过程中，在一定工作电位下，待基线稳定后，首先向溶液中滴加一定量的葡萄糖溶液，之后每间隔一定时间加入一种干扰物溶液，最后再滴加一定量的葡萄糖溶液。通过比较干扰物响应电流与葡萄糖响应电流之间的差值，即可分析传感器对葡萄糖检测的选择性。

根据响应电流信号的强度与葡萄糖浓度间的定量关系，可以确定后者的含量。对于电流型非酶葡萄糖传感器，在评价其适用的葡萄糖浓度范围时，常采用单浓度区间线性拟合、多浓度区间线性拟合以及非线性拟合三种方法。

根据一定工作电位下测得的电流-时跃曲线，可以对传感器的灵敏度和检测极限进行评价。电流型传感器的灵敏度是指被测物单位浓度变化所引起的响应电流变化的程度，通常用响应电流与被测物质的浓度之比来表示。例如，在电流-浓度关系曲线上，根据每个拟合的直线方程斜率除以传感电极的活性面积即可计算出传感器在每个浓度区间的灵敏度。

传感器的检测极限（limit of detection，LOD）则可通过式（6.4-1）进行简单计算求得。

$$LOD = \frac{3S_b}{m} \tag{6.4-1}$$

式中，m 是电流-浓度关系曲线上所拟合直线斜率；S_b 是所测量的多个空白溶液响应电流的标准偏差。

本实验中以吡咯为单体，过硫酸铵 $[(NH_4)_2S_2O_8]$ 为氧化剂，对甲苯磺酸钠 $(C_7H_7NaO_3S)$ 为溶剂，采用原位聚合法，在泡沫镍（NF）表面合成聚吡咯（PPy），并制成 PPy/NF 电极。以 PPy/NF 作为非酶电化学生物传感电极，评价其对葡萄糖的传感检测性能。

【仪器与试剂】

循环水真空泵，恒温电加热套，电子天平，数控超声波清洗器，低温恒温搅拌反应浴，电热恒温干燥箱，电化学工作站，金相显微镜，X 射线衍射仪，红外光谱仪，粉末压片机。

烧杯（50mL、100mL、250mL），容量瓶（250mL 及 500mL），单口圆底烧瓶 100mL，量筒（5mL、25mL、50mL 及 100mL），球形冷凝管，一次性滴管，计时器，移液枪（10μL、50μL、200μL、1000μL、5000μL）及对应的枪头，铂对电极，氧化汞电极，饱和甘汞电极，电解池，电极夹，密封圈，称量纸，滤纸，7cm 定性滤纸，称量瓶，脱脂棉球，剪刀，小型平口螺丝刀，格尺（15cm），镊子，盖玻片，玛瑙研钵，压片机模具，防护罩（纸盒），口罩，一次性塑料手套，丁腈手套，布氏漏斗，洗瓶，电吹风，真空干燥器，橡胶塞，回流管。

镍片，泡沫镍，丙酮，乙醇，过氧化氢，硫酸，氢氧化钾，过硫酸铵，对甲苯磺酸钠，吡咯（使用前需回流处理），葡萄糖，抗坏血酸，盐酸多巴胺，乳糖，果糖，氯化钠，去离子水，干燥剂，真空封泥。

【实验步骤】

1. 泡沫镍的预处理

剪取 1.5cm×1.0cm 的泡沫镍，通过打孔的方法用镍杆将其连接并固定，制成泡沫镍电极，如图 6.4-1 所示，简单表示为 NF。

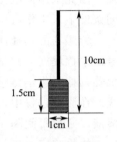

图 6.4-1 泡沫镍电极示意图

（1）用丙酮溶液超声清洗。取 30mL 丙酮溶液于 50mL 小烧杯中，将制备好的泡沫镍电极置于其中并进行超声 10min，取出后用去离子水冲洗干净，用滤纸吸干。

（2）用乙醇溶液超声清洗。取 30mL 乙醇溶液于 50mL 小烧杯中，将用丙酮处理过的泡沫镍电极置于其中并且超声振荡 10min，取出电极，再用去离子水冲洗，用滤纸吸干。

（3）用硫酸和过氧化氢的混合溶液清洗。分别取 20mL 浓度为 0.10mol·L^{-1} 的 H_2SO_4 和 10mL 浓度 1% 的 H_2O_2 于 50mL 的烧杯中，放入经上述步骤处理过的 NF 电极，浸泡 3min 左右待溶液由透明变为浅绿色，立即取出电极，并用大量去离子水冲洗，之后常温吹干，置于真空干燥器中保存，备用。

2. PPy/NF 电极的制备

准确称取 4.2g 对甲苯磺酸钠加入 80mL 的 pH 为 12 的 KOH 溶液中搅拌溶解并混合均匀，将处理好的泡沫镍电极放入其中并固定。0℃条件下搅拌，并用移液枪定量移取 2.0mL 经过减压蒸馏的吡咯单体（Py）加入其中，继续机械搅拌 20min。再准确称取 5.0g 过硫酸铵（APS）溶解于 60mL 去离子水中，在强力搅拌条件下滴加到上述含 Py 单体的溶液中，滴加时间控制在 10min 之内。滴加完毕停止搅拌并在 0℃ 的恒温反应浴中反应 3h。实验结束后将泡沫镍电极取出，用丙酮破乳三次，每次 5min，充分水洗后浸入乙醇中 1min，取出后 60℃条件下干燥 20min，即制得 PPy 修饰的 NF 电极，表示为 PPy/NF，备用。反应浴中溶液抽滤后也分别用丙酮和乙醇洗涤三次，之后用去离子水冲洗，同样干燥后即制得 PPy 粉末，置于真空干燥器中备用。

3. 结构表征

（1）表观形貌观察。将 PPy/NF 置于金相显微镜下，依次提高显微镜放大倍率，观察电极表面的形貌。

（2）傅里叶变换红外光谱实验。取少量 PPy 粉末与一定量干燥的溴化钾粉末于玛瑙研钵中，研磨成粉末，之后用压片机压片。将压好的片放入红外光谱仪中测定 PPy 的傅里叶变换红外（FTIR）光谱。

（3）X 射线衍射实验。取少量 PPy 粉末于玛瑙研钵中，充分研磨后，均匀平铺在玻璃托盘上并压实，放入 X 射线衍射（XRD）仪样品腔中测定其 XRD 谱图，扫描时间为 10min，角度范围为 5°～90°。

4. 传感性能测试

本实验采用 Autolab 电化学工作站进行葡萄糖电化学生物传感性能测试。测试采用三电极系统，以铂电极为对电极，饱和甘汞电极（SCE）为参比电极，所制备的 PPy/NF 电极为工作电极。

（1）碱性葡萄糖水溶液中的循环伏安曲线测定。向 100mL 电解池中加入 50mL 浓度为 0.10mol·L^{-1} 的 KOH 与不同浓度 C$_6$H$_{12}$O$_6$ 的混合溶液为电解液，进行循环伏安（CV）曲线测试，扫描电位范围为 $-0.1\sim0.8$V，扫描速率为 50mV·s^{-1}，葡萄糖浓度分别为 0.0mmol·L^{-1}、1.0mmol·L^{-1}、2.0mmol·L^{-1}、3.0mmol·L^{-1}、4.0mmol·L^{-1} 和 5.0mmol·L^{-1}。

（2）电流-时间曲线测试。向 100mL 电解池中加入 40mL 空白的 0.10mol·L^{-1} 的 KOH 溶液，采用计时电流法测定电流-时间曲线（i-t 曲线）。设定一定的工作电位，稳定控制搅拌速率，待基线平稳后，向溶液中每间隔 60s 加入一定体积、一定浓度的葡萄糖溶液，共加入 5 次。改变工作电位，更换新的电解液，重复上述测试，工作电位分别设为 0.40V、0.45V、0.50V 和 0.55V。综合分析 i-t 曲线上的阶梯电流响应与测试电位的关系，确定葡萄糖传感测试的工作电位。

（3）检测范围、LOD 和灵敏度测试。向 150mL 电解池中加入空白的 0.10mol·L^{-1} 的 KOH 溶液 30mL，采用计时电流法，在步骤（2）确定的工作电位下，稳定控制搅拌速率，待基线平稳后，每间隔 60 s 加入一定体积、一定浓度的葡萄糖溶液，测试时长约 1600 s，连续测定 i-t 曲线。以 i-t 曲线上的阶梯电流与相对应的溶液中的葡萄糖浓度作图，即可得到其线性检测范围、LOD 和灵敏度。同时，采用下面半经验公式(6.4-2)对 i-t 曲线进行拟合，检验半经验公式在用 PPy/NF 对葡萄糖进行电化学传感检测的适用性。

$$i=458\times\left[\frac{6.4\times c^{1.54}+5.5\times c^{1.49}}{t}\right]^{0.5} \tag{6.4-2}$$

（4）抗干扰性测试。准确称取 0.440g 抗坏血酸固体粉末于烧杯中，用一定量去离子水溶解，并定容至 50mL 的容量瓶中，配制成 50mmol·L^{-1} 的抗坏血酸（AA）溶液，备用。按上述方法，分别配制 50mmol·L^{-1} 的多巴胺、果糖、乳糖、氯化钠溶液。

向 100mL 电解池中加入 40mL 空白的 0.10mol·L^{-1} 的 KOH 溶液，采用三电极体系，利用计时电流法测定 PPy/NF 的 i-t 曲线。具体实验方法如下：设定测试电压为 0.50V，待基线稳定后，每隔 60s 向空白的 0.10mol·L^{-1} 的 KOH 溶液中依次加入一定量的配制好的葡萄糖溶液和抗干扰物质溶液，使得溶液中葡萄糖浓度为 2.0mmol·L^{-1}，抗干扰物质浓度为 0.20mmol·L^{-1}，最后再次加入一定量的葡萄糖溶液，使得体系中葡萄糖浓度增加 0.20mmol·L^{-1}。实验过程在稳定搅拌条件下进行。

【操作注意事项】

1. 泡沫镍处理过程中，需用到丙酮、乙醇以及硫酸和过氧化氢的混合溶液，注意使用后的溶液应回收到指定容器中，严禁倒入下水道。

2. 在做性能测试前，应详细了解金相显微镜、红外光谱仪、X 射线衍射仪和电化学工作站的测试原理和基本操作规程，以便能在老师指导下顺利完成性能测试并进行综合分析。

【数据记录及结果处理】

1. 详细记录金相显微镜、红外光谱、X 射线衍射图谱的测试条件和测试结果。

2. 收集、整理电化学测试实验数据，并用 Origin 软件对实验数据进行规范的图形化处理。

3. 根据 NF、PPy 以及 PPy/NF 高倍率下金相显微镜照片、红外光谱和 X 射线衍射实验结果，分析其形貌及结构特征。

4. 根据 CV 曲线测定结果分析 PPy/NF 对葡萄糖氧化的电化学催化性能。

5. 根据电流-时间曲线测试结果，确定葡萄糖传感器的最佳工作电位。

6. 对 PPy/NF 对葡萄糖的检测范围、LOD 和灵敏度、抗干扰性能进行分析。

7. 根据实验研究结果综合评价 PPy/NF 对葡萄糖的非酶电化学传感检测性能。

8. 以小论文形式撰写研究报告。

【思考题】

1. PPy/NF 能实现对葡萄糖传感检测的原因是什么？

2. 测试 $i\text{-}t$ 曲线时的注意事项有哪些？

3. 在进行测试电位选择时应依据哪些原则？

4. 对比分析实验方法和半经验方法检测葡萄糖浓度的优缺点。

6.5　全钒氧化还原液流电池基本性能的测定

【实验目的】

1. 理解全钒氧化还原液流电池的工作原理。

2. 掌握电池基本性能的评价方法。

3. 了解电池性能测试平台的使用方法。

【实验原理】

全钒氧化还原液流电池（vanadium redox flow battery，简称 VRFB）是一种新型的化学电源，可用于电能的存储和转化。VRFB 主要由电极、储液罐、隔膜、反应电堆、电解液、泵等构成，分为静止型和流动型两大类。流动型 VRFB 可消除浓差极化，电池容量大，但电池自身也会消耗一部分电能，其结构如图 6.5-1 所示。静止型 VRFB 易发生浓差极化，电池容量小，自身不消耗电能。

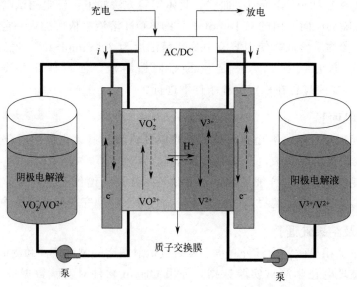

图 6.5-1　流动型全钒氧化还原液流电池结构示意图

VRFB 的工作物质是各种价态的钒离子溶液。钒是一种具有银灰色金属光泽的稀有金属，主要价态有 +2、+3、+4 和 +5。在一定条件下，这些离子均能存在于水溶液中。在酸性溶液中，+4 和 +5 价的钒分别以 VO^{2+}、VO_2^+ 形式存在；+2 和 +3 价钒的存在形式是 V^{2+} 和 V^{3+}。VRFB 的正、负两个半电池由隔膜分开，每个半电池电解液为不同氧化还原电对的钒离子溶液，一般采用硫酸作为支持电解质，也可以采用硫酸与盐酸混合液作为支持电解质。正极反应物种主要为 V(V)/V(IV) 电对，负极反应物种为 V(III)/V(II) 电对。这两组电对之间的电势差是发生氧化还原反应的驱动力，促使电池完成充、放电反应。VRFB 电极反应和电池反应为：

$$阴极：VO^{2+} + H_2O \underset{放电}{\overset{充电}{\rightleftharpoons}} VO_2^+ + 2H^+ + e^- \tag{6.5-1}$$

$$阳极：V^{3+} + e^- \underset{放电}{\overset{充电}{\rightleftharpoons}} V^{2+} \tag{6.5-2}$$

$$电池反应：VO^{2+} + V^{3+} + H_2O \underset{放电}{\overset{充电}{\rightleftharpoons}} VO_2^+ + V^{2+} + 2H^+ \tag{6.5-3}$$

VRFB 充电后正极电解液中钒为五价，其稀溶液为橘红色，浓溶液呈棕黑色；负极为 V^{2+} 溶液，其稀溶液呈紫色，浓溶液为紫黑色。放电后，五价钒还原为四价，其稀溶液呈天蓝色，浓溶液呈蓝黑色；V^{2+} 则氧化为 V^{3+}，V^{3+} 稀溶液呈绿色，浓溶液为墨绿色。此外，V^{2+} 很容易被空气中的氧气氧化，并生成绿色的 V^{3+}，因此在使用过程中应采用惰性气体保护。

影响 VRFB 性能的主要因素有电解液的浓度、稳定性以及隔膜材料。此外，工作温度、电极材料也会对其性能产生影响。钒电池的能量密度与电解液中钒浓度密切相关，通常情况下，钒浓度越高，能量密度越大，钒浓度为 $2.0\,mol \cdot L^{-1}$ 的 VRFB 的能量密度可达 $25\,W \cdot h \cdot kg^{-1}$。

【仪器与试剂】

VRFB 测试系统 1 套，如图 6.5-2 所示，使用方法详见仪器使用说明。

电解液回收桶 1 个，洗瓶 1 个，250mL 烧杯 1 个，电解液填充注射器 1 个，尖端口电解液引流氟塑料管，串联和并联连接器各 1 个，USB 端口外部负载灯 1 个，USB 端口外部负载风扇 1 个，十字螺丝刀 2 把，防护化学手套 2 副，护目镜 1 副。

$1.5\,mol \cdot L^{-1}$ 四价钒与 $3.0\,mol \cdot L^{-1}$ 硫酸混合溶液。

【实验步骤】

1. 实验前准备

首先向 2 个电解液储罐中灌注 100~150mL 电解液。选择 MEA 的连接方式为串联；检查系统前面板上端子连接的正确性。

电解液泵送速率设置为 $200\,mL \cdot min^{-1}$（注意最大不能超过 $350\,mL \cdot min^{-1}$）。之后打开电解液泵的开关。打开"背光"标签旁边的电解液储液室的卤素灯，以直观地跟踪工作模式下电解液颜色的变化。

2. 串联模式下 VRFB 充电

(1) 在"MEA 连接类型"中选择"串联"。

(2) 选择 VRFB 的两种运行方式之一——"充电"。

(3) 将"运行模式特征"设置为"可用"。

(4) 在充电运行方式下选择"恒压"。

(5) 参数设置即充电过程调整。

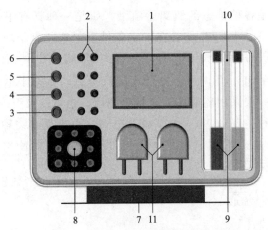

图 6.5-2 VRFB 测试系统的主面板

1—LCD 触摸控制屏；2—连接导线端子；3—USB 负载接口；4—USB 电脑接口；5—USB 数据接口；

6—HDMI 投影仪接口；7—电解液传输泵；8—膜电极模块；

9—2 个电解液储罐；10—卤素照明灯；11—耐酸 VRFB 系统支架

设置初始充电电压在 4～5V 之间，若充电电流超过 1.2A 时应继续调低电压直至充电电流不高于 1.2A，并保持在此恒定电压下充电，直到充电电流降低至约 0.5A。

之后将充电电压增加 0.2～0.4V，调整时应注意观察，使电流值不高于 1.2A。可多次重复上述充电过程，并保证每次电压增加值在 0.2～0.4V 之间，直至充电电压达到 6.8V，充电电流降至 0.2A 以下，即完成充电。

（6）保持所选设置，激活"构建曲线"控制字段，将显示屏幕切换到曲线构建模式，在"X 轴"和"Y 轴"标签旁边字段中自行定义 X 轴和 Y 轴参数。

（7）按下"开始"标签，使 VRFB 系统与先前的设置同步运行。同时，自动激活曲线构建功能。只有在所选择的操作模式进行了所有必要的调整后，才能激活"启动"。在运行模式下，按动"停止"标签，VRFB 系统将停止工作，同时也会终止曲线的构建。

（8）按下"写入 USB 设备"标签，曲线数据可通过 USB 端口输入到提前接入的存储设备中，并以 Excel 表格形式记录实验数据。

3. 串联模式下 VRFB 的外部负载放电

（1）在"MEA 连接类型"中选择"串联"。

（2）选择 VRFB 的两种运行方式之一——"放电"。

（3）将"运行模式特征"设置为"可用"。

（4）在放电运行方式下选择"外部负载放电"。

（5）设置初始放电电压低于 2.4V。当放电电流降至 0.4A 时，可适当将放电电压再增加 0.2～0.4V，调整时应注意观察，使放电电流值不高于 1.2A。可多次重复上述放电过程，并保证每次电压增加值在 0.2～0.4V 之间，直到放电电压为 2.4V，放电电流降至 0.4A 以下，即完成放电。上述放电过程中能观察到接入的 LED 灯亮起或接入的风扇转动。

（6）保持所选设置，激活"构建曲线"控制字段，将显示屏幕切换到曲线构建模式，在"X 轴"和"Y 轴"标签旁边字段中自行定义 X 轴和 Y 轴参数。

（7）按下"开始"标签，使 VRFB 系统与先前的设置同步运行。同时，自动激活曲线构建功能。只有在所选择的操作模式进行了所有必要的调整后，才能激活"启动"。在运行模式下，按动"停止"标签，VRFB 系统将停止工作，同时也会终止曲线的构建。

（8）按下"写入 USB 设备"标签，曲线数据可通过 USB 端口输入到提前接入的存储设备中，并以 Excel 表格形式记录实验数据。

4. 串联模式下 VRFB 基于内部电子负载的恒流放电

（1）在"MEA 连接类型"中选择"串联"。

（2）选择 VRFB 的两种运行方式之一——"放电"。

（3）将"运行模式特征"设置为"可用"。

（4）在放电运行方式下选择"恒流"。

（5）设置初始放电电压低于 2.4V，放电电流不高于 1.2V。当放电电流降至 0.4A 时，可适当将放电电压再增加 0.2～0.4V，调整时应注意观察，使放电电流值不高于 1.2A。可多次重复上述充电过程，并保证每次电压增加值在 0.2～0.4V 之间，直到放电电压为 2.4V，放电电流降至 0.4A 以下，即完成放电。

（6）在此放电过程中由于选用了"内部电子负载"方式放电，因此不能观察到接入的 LED 灯亮起或接入风扇的转动。

（7）保持所选设置，激活"构建曲线"控制字段，将显示屏幕切换到曲线构建模式，在"X 轴"和"Y 轴"标签旁边字段中自行定义 X 轴和 Y 轴参数。

（8）按下"开始"标签，使 VRFB 系统与先前的设置同步运行。同时，自动激活曲线构建功能。只有在所选择的操作模式进行了所有必要的调整后，才能激活"启动"。在运行模式下，按动"停止"标签，VRFB 系统将停止工作，同时也会终止曲线的构建。

（9）按下"写入 USB 设备"标签，曲线数据可通过 USB 端口输入到提前接入的存储设备中，并以 Excel 表格形式记录实验数据。

5. 实验结束

实验结束后，使用 VRFB 放电程序"初级循环"所描述的相同方法，将放电模式设置为直流，放电电流为 0.8A，放电电压设置为 2.4V，直至电流显示低于 0.2A 后，关闭泵、背光灯及系统开关。

【操作注意事项】

1. 不得随意拆卸设备组件以防电解液泄漏。

2. 实验中使用了强酸及钒盐，实验中应严格遵守实验操作规程及化学物质的使用规定，做好个人防护，并需在指导教师培训和检查后方可开始实验。

3. 串联方式可以使外部负载在电池放电模式下稳定运行，但需在电池完全放电后方可运行。而且当 VRFB 电位降至 3V 以下时，外部负载的 USB 接口电源将自动断电。

4. 并联方式下，电流降至 0.8A 时，VRFB 将自动停止充电。

5. 废弃物及化学品需分类回收。

【数据记录及结果处理】

1. 根据实验数据绘制此 VRFB 的输出功率密度曲线，并确定最大输出功能密度值。

2. 计算电池的质量比容量。

3. 观察并记录实验过程中电解液颜色的变化。

【思考题】

1. 全钒氧化还原液流电池的优势有哪些？

2. 哪些因素会影响全钒氧化还原液流电池的充放电性能？

第7章　结构化学实验

7.1　物质摩尔折射率的测定

视频讲解

【实验目的】

1. 了解阿贝折射仪的构造和工作原理，正确掌握其使用方法。

2. 测定化合物的折射率和密度，求算化合物、基团和原子的摩尔折射率，判断各化合物的分子结构。

【实验原理】

在光的照射下，分子中电子（主要是价电子）云相对于分子骨架产生相对运动，使分子中的电子极化。摩尔折射率可作为分子中电子极化率的量度，用 R 表示，其定义为：

$$R = \frac{n^2 - 1}{n^2 + 2} \times \frac{M}{\rho} \tag{7.1-1}$$

式中，n 为折射率；M 为摩尔质量；ρ 为密度。

摩尔折射率 R 与波长 λ 有关，若以钠 D 线为光源（属于高频电场，$\lambda = 5893\text{Å}$，$1\text{Å} = 0.1\text{nm}$），则所测得的折射率以 n_D 表示，相应的摩尔折射率以 R_D 表示。根据麦克斯韦电磁理论，物质的介电常数 ε 和折射率 n 之间有如下关系：

$$\varepsilon(\lambda) = n^2(\lambda) \tag{7.1-2}$$

ε 和 n 均与波长 λ 有关。将式(7.1-2) 代入式(7.1-1) 得

$$R = \frac{\varepsilon - 1}{\varepsilon + 2} \times \frac{M}{\rho} \tag{7.1-3}$$

ε 通常是在静电场或低频电场（λ 趋于 ∞）中测定的，因此折射率也应该用外推法求波长 λ 趋于无穷大时的 n_∞，其结果才更准确，这时摩尔折射率以 R_∞ 表示。R_D 和 R_∞ 一般较接近，相差约百分之几，只对少数物质是例外。

摩尔折射率有体积的因次，通常以 cm^3 表示。实验结果表明，摩尔折射率具有加和性，即摩尔折射率等于分子中各原子折射率及形成化学键时折射率的增量之和。离子化合物的摩尔折射率等于其离子折射率之和。利用物质摩尔折射率的加和性质，就可根据物质的化学式算出其各种同分异构体的摩尔折射率并与实验测定结果作比较，从而分析原子间的键型及分子结构。表 7.1-1 列出了常见原子的摩尔折射率 R_D，表 7.1-2 列出了一些原子之间形成化学键时摩尔折射率的增量 ΔR_D。

表 7.1-1　常见原子的摩尔折射率

原子	R_D	原子	R_D
H	1.028	Br	8.741
C	2.591	I	13.954
O(酯类)	1.764	N(脂肪族的)	2.744
O(缩醛类)	1.607	N(芳香族的)	4.243
OH(醇)	2.546	S(硫化物)	7.921
Cl	5.844	CN(腈)	5.459

表 7.1-2　常见原子间形成化学键时摩尔折射率的增量

化学键	ΔR_D	化学键	ΔR_D
单键	0	四元环	0.317
双键	1.575	五元环	−0.19
三键	1.977	六元环	−0.15
三元环	0.614		

对于共价化合物，摩尔折射率的加和性还可表现为分子的摩尔折射率等于分子中各化学键摩尔折射率之和。表 7.1-3 列出了由实验总结出来的一些共价键的摩尔折射率数据。

表 7.1-3　一些共价键的摩尔折射率

键	R_D	键	R_D	键	R_D
C—C	1.296	C—Cl	6.51	C≡N	4.82
C—C（环丙烷）	1.50	C—Br	9.39	O—H(醇)	1.66
C—C（环丁烷）	1.38	C—I	14.61	O—H(酸)	1.80
C—C（环戊烷）	1.26	C—O(醚)	1.54	S—H	4.80
C—C（环己烷）	1.27	C—O(缩醛)	1.46	S—S	8.11
C═C（苯环）	2.69	C═O	3.32	S—O	4.94
C═C	4.17	C═O(甲基酮)	3.49	N—H	1.76
C≡C（末端）	5.87	C—S	4.61	N—O	2.43
C$_{芳香}$—C$_{芳香}$	2.69	C═S	11.91	N═O	4.00
C—H	1.676	C—N	1.57	N—N	1.99
C—F	1.45	C≡N	3.75	N═N	4.12

对于同一化合物，由表 7.1-1 和表 7.1-2 求得的摩尔折射率的数值与由表 7.1-3 求得的数据略有差异。

同时，对于某些化合物，由表 7.1-1～表 7.1-3 中数据求得的结果与实验测定结果也有较大偏差，这可能是因为表中数据只考虑到相邻原子间的相互作用而忽略了不相邻原子间的相互作用，或忽略了分子中各化学键之间的相互作用。如作相应的修正，二者结果将趋于一致。

折射率法的优点是快速、精确度高、样品用量少且设备简单。摩尔折射率在化学研究方面除了可用于鉴别化合物、确定化合物的结构外，还可分析混合物的成分，测定物质的浓度、纯度，计算分子的大小，测定摩尔质量，研究氢键和推测络合物的结构。此外，根据摩尔折射率与其他物理化学性质的关系，还可推求与这些性质相关的数据。

【仪器与试剂】

阿贝折射仪 1 台（使用方法见 8.10 节），恒温水浴 1 台，电子天平 1 台，比重瓶 1 个，滴管 6 支。

待测液体：（1）四氯化碳，（2）乙醇，（3）乙酸甲酯，（4）乙酸乙酯，（5）二氯乙烷。所用试剂均为分析纯。

【实验步骤】

1. 用比重瓶测定纯水及各液态物质的密度

（1）将比重瓶及带有毛细管的塞子洗净、烘干，在分析天平上准确称重（m_0），然后向瓶中注满纯水。轻轻塞上塞子，让瓶内液体经由塞子上的毛细管溢出。注意瓶内不得留有气泡，如果瓶内装的是其他液体，务必擦干比重瓶外沾有的溶液。

（2）将装满纯水的比重瓶置于恒温水浴中（应比室温高 5℃以上）恒温 10min，用滤纸仔细擦去比重瓶外面的水后，再移至天平准确称重（m_{H_2O}）。

（3）将比重瓶中的水倾出后（保持洁净），烘干。依次装入［仪器与试剂］中所列的 5 种待测液态物质，按步骤（2）测定 m 值，根据式(7.1-4)计算出各待测液体的密度。

$$\rho = \frac{m - m_0}{m_{H_2O} - m_0} \times \rho_{H_2O} \tag{7.1-4}$$

水在不同温度下的密度值可从表 9.10 中获得。

2. 测定各化合物的折射率

（1）熟悉阿贝折射仪的构造及使用方法，了解其使用注意事项。

（2）用阿贝折射仪依次测定水及 5 种待测液态物质的折射率（n_D）。

【操作注意事项】

1. 阿贝折射仪在使用前需要校正，20℃下纯净水的折射率为 1.3330。

2. 比重瓶及带有毛细管的塞子要洗净烘干再使用。

3. 阿贝折射仪在每次滴加样品前，要洗净镜面；使用完毕后应用丙酮或乙醚棉球擦净镜面，待干燥后在两镜之间垫上镜头纸后用手轮密合锁紧。

【数据记录及结果处理】

1. 列表记录实验数据。

2. 求算所测各化合物的密度，并结合所测各化合物的折射率数据由式(7.1-1)求出其摩尔折射度。

3. 根据有关化合物的摩尔折射度，求出 CH_2、Cl、C、H 等基团或原子的摩尔折射度。

【思考题】

1. 按表 7.1-1 和表 7.1-2 的数据计算上述各化合物的摩尔折射度的理论值，并与实验结果比较。

2. 讨论上述各化合物及各基团摩尔折射率实验值的误差来源，估算其相对误差。

7.2 古埃法测定物质的摩尔磁化率

【实验目的】

1. 掌握古埃法测定磁化率的原理和方法。

2. 通过测定一些络合物的磁化率，求算中心原子未成对电子数和判断这些分子的配位键类型。

【实验原理】

1. 磁化率

物质在外磁场作用下被磁化后会产生一个附加磁场，磁感应强度为：

$$B = B_0 + B' = \mu_0 H + B'$$

式中　B_0——外磁场的磁感应强度，T；

　　　B'——附加磁感应强度，T；

　　　μ_0——真空磁导率，其数值等于 $4\pi \times 10^{-7} N \cdot Å^2$；

　　　H——外磁场强度，$A \cdot m^{-1}$。

磁场强度单位 $A \cdot m^{-1}$ 与磁感应强度 B 单位 T 之间也有如下变换关系：

$$\left(\frac{1000}{4\pi}A \cdot m^{-1}\right) \times \mu_0 = 10^{-4}\,T$$

物质的磁化可用磁化强度 M 来描述，M 也是矢量，其大小与磁场强度 H 成正比：

$$M = \chi H$$

式中，χ 为物质的体积磁化率。在化学上常用质量磁化率 χ_m 或摩尔磁化率 χ_M 来表示物质的磁性质。

$$\chi_m = \frac{\chi}{\rho}$$

$$\chi_M = M\chi_m = \frac{\chi M}{\rho}$$

式中，ρ 和 M 分别是物质的密度和摩尔质量。

2. 分子磁矩与磁化率

物质的磁性与组成物质的原子、离子或分子的微观结构有关，当原子、离子或分子的两个自旋状态电子数不相等，即有未成对电子时，物质就具有永久磁矩。由于热运动，永久磁矩指向各方向的机会相同，所以该磁矩的统计值等于零。在外磁场作用下，具有永久磁矩的原子、离子或分子，除了其永久磁矩会顺着外磁场的方向排列（其磁化方向与外磁场相同，磁化强度与外磁场强度成正比）表现为顺磁性外，还由于它内部电子轨道运动感应的磁矩方向与外磁场相反，表现为逆磁性。因此，这类物质的摩尔磁化率 χ_M 是摩尔顺磁化率 $\chi_{顺}$ 和摩尔逆磁化率 $\chi_{逆}$ 之和。

$$\chi_M = \chi_{顺} + \chi_{逆}$$

对于顺磁性物质，$\chi_{顺} \gg |\chi_{逆}|$，可作近似处理，即 $\chi_M = \chi_{顺}$。对于逆磁性物质，则只有 $\chi_{逆}$，所以它的 $\chi_M = \chi_{逆}$。

第三种情况是物质被磁化的强度与外磁场强度不存在正比关系，而是随着外磁场强度的增加而剧烈增加，当外磁场消失后，它们的附加磁场并不立即随之消失，这种物质称为铁磁性物质。

磁化率是物质的宏观性质，分子磁矩是物质的微观性质，用统计力学方法可以得到摩尔顺磁磁化率 $\chi_{顺}$ 和分子永久磁矩 μ_m 间的关系：

$$\chi_{顺} = \frac{N_0 \mu_m^2}{3kT} = \frac{C}{T}$$

式中，N_0 为阿伏伽德罗常数；k 为玻尔兹曼常数；T 为热力学温度。

物质的摩尔顺磁磁化率与热力学温度成反比的关系是居里首先在实验中发现，称为居里定律，C 为居里常数。

物质的永久磁矩 μ_m 与它所含有的未成对电子数 n 的关系为：

$$\mu_m = \mu_B \sqrt{n(n+2)}$$

式中，μ_B 的物理意义是单个自由电子自旋所产生的磁矩，称为玻尔磁子。

$$\mu_B = \frac{eh}{4\pi m_e} = 9.274 \times 10^{-24}\,J \cdot T^{-1}$$

式中，h 为普朗克常数；m_e 为电子质量。因此，只要实验测得 χ_M，即可求出 μ_m，算出未成对电子数 n。

3. 磁化率的测定

古埃法测定磁化率的装置如图 7.2-1 所示。将装有样品的圆柱形玻璃样品管按图 7.2-1 所示方式悬挂在两磁极中间，使样品底部处于两磁极的中心，亦即磁场强度最强区域，样品的顶部则位于磁场强度最弱甚至为零的区域。这样，样品就处于一不均匀的磁场中。设样品的截面积为 A，长度为 dh，样品在长度方向的体积 Adh 内非均匀磁场中所受到的作用力为 dF，则

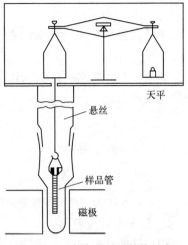

天平

悬丝

样品管

磁极

图 7.2-1　古埃磁天平结构示意

$$dF = \chi \mu_0 HA dh \frac{dH}{dh}$$

式中，$\frac{dH}{dh}$ 为磁场强度梯度，对于顺磁性物质的作用力，指向磁场强度最大的方向，反磁性物质则指向磁场强度较弱的方向。若不考虑样品周围介质（如空气，其磁化率很小）和 H_0 的影响时，整个样品所受的力为：

$$F = \int_{H=H}^{H=0} \chi \mu_0 HA dh \frac{dH}{dh} = \frac{1}{2} \chi \mu_0 H^2 A$$

当样品受到磁场作用时，天平的另一臂加减砝码使之平衡，设 Δm 为施加磁场前后的质量差，则

$$F = \frac{1}{2} \chi \mu_0 H^2 A = g \Delta m = g(\Delta m_{空管+样品} - \Delta m_{空管})$$

由于 $\chi = \chi_m \rho$，$\rho = \frac{m}{hA}$，所以

$$\chi_M = \frac{2(\Delta m_{空管+样品} - \Delta m_{空管}) h g M}{\mu_0 m H^2}$$

式中，m 为样品质量。

磁场强度 H 可用"特斯拉计"测量，或用已知磁化率的标准物质进行间接测量。例如，莫尔盐 $(NH_4)_2SO_4 \cdot FeSO_4 \cdot 6H_2O$ 可用作标准物质。已知莫尔盐的 χ_m 与热力学温度 T 的关系式为：

$$\chi_m = \frac{9500}{T+1} \times 4\pi \times 10^{-9} \, m^3 \cdot kg^{-1}$$

磁化率的单位从 CGS 磁单位制改用国际单位 SI 制，这两种单位都常用。两种单位的质量磁化率、摩尔磁化率的换算关系分别为：

$$1 m^3 \cdot kg^{-1}(SI) = \frac{1}{4\pi} \times 10^3 \, cm^3 \cdot g^{-1}(CGS)$$

$$1 m^3 \cdot mol^{-1}(SI) = \frac{1}{4\pi} \times 10^6 \, cm^3 \cdot mol^{-1}(CGS)$$

4. 磁矩测定的应用

用测定磁矩的方法可判别化合物是共价配合物还是电价配合物。共价配合物以中心离子空的价电子轨道接受配体的孤对电子，从而形成共价配键。为了尽可能多成键，中心原子（或离子）的外层电子往往会重排，以腾出更多空的价电子轨道来容纳配体的电子对。

例如，Fe^{2+} 外层有 6 个 d 电子，可能产生两种不同配键类型的配合物。Fe^{2+} 自由离子状态下外层电子结构为 $3d^6 4s^0 4p^0$。当 Fe^{2+} 与 6 个 H_2O 配体形成配位离子 $[Fe(H_2O)_6]^{2+}$ 时，由于 H_2O 有相当大的偶极矩，与中心离子 Fe^{2+} 以库仑引力相结合而成电价配键，产生电价配合物。电价配键的形成不需要中心离子腾出空轨道，中心离子与配位体的相对大小和中心离子所带的电荷基本保持不变，因此 Fe^{2+} 外层电子未重排，仍有 4 个未成对电子，所以 $[Fe(H_2O)_6]^{2+}$ 的磁矩不为零。但是，当 Fe^{2+} 与 CN^- 形成配合物时，Fe^{2+} 外层电子就会发生重排，Fe^{2+} 的 6 个电子会"挤"在 3 个 d 轨道中，让出另 2 个 3d 轨道与 1 个 4s 和 3 个 4p 轨道共同形成 6 个 d^2sp^3 轨道，它们能接受 6 个 CN^- 的 6 对孤对电子，形成 6 个共价配键。因此，$[Fe(CN)_6]^{4-}$ 配位离子的磁矩 $\mu_m = 0$，是共价配合物。外层电子的重排方式如图 7.2-2 所示。

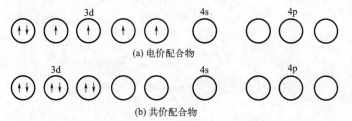

图 7.2-2　在不同配合物中中心离子 Fe^{2+} 外层电子分布结构

所以配离子磁矩的测定是判别共价配键与电价配键的重要方法，但有些中心离子形成的共价配合物与电价配合物含有相同数目的未成对电子。例如，Zn^{2+} 未成对电子数为零，$[Zn(CN)_4]^{2-}$ 和 $[Zn(NH_3)_4]^{2+}$ 等为 Zn^{2+} 所形成的共价配位离子，$[Zn(H_2O)_4]^{2+}$ 等为其电价配位离子。而这些配位离子的磁矩也均为零，所以对于 Zn^{2+} 来说，就无法用测定磁矩的方法来判别其配键的性质。

绝大多数有机物分子中的化学键都是由自旋反平行电子对形成的价键，因此这些分子的总自旋磁矩也等于零，是反磁性的。帕斯卡分析了大量有机化合物摩尔磁化率的数据，总结出分子的摩尔磁化率具有加和性。此结论可用于研究有机物分子结构。

从磁性测定结果还能得到其他有用的信息。例如，测定物质磁化率对温度和磁场强度的依赖性可以判断物质是顺磁性、反磁性还是铁磁性的；对合金磁化率测定可以得到合金组成。此外，磁性的测定也可用于研究生物体系中血液的成分。

【仪器与试剂】

古埃磁天平（使用方法见 8.23 节），特斯拉计，样品管。

$(NH_4)_2SO_4 \cdot FeSO_4 \cdot 6H_2O$，$FeSO_4 \cdot 7H_2O$，$K_4Fe(CN)_6 \cdot 3H_2O$，$K_3Fe(CN)_6$。以上试剂均为分析纯。

【实验步骤】

1. 将特斯拉计的探头放入磁铁的中心架中，套上保护套，调节特斯拉计的数字显示为"0"。

2. 除下保护套，把探头平面垂直置于磁场两极中心，打开电源，调节"调压旋钮"，使电流增大至特斯拉计上显示约 0.3T，调节探头上下、左右位置，观察数字显示值，把探头位置调节至显示值为最大的位置，此乃探头最佳位置。用探头沿此位置的垂直线，测定离磁

铁中心多高处 $H_0=0$，这也就是样品管内应装样品的高度。关闭电源前，应调节调压旋钮使特斯拉计数字显示为零。

3. 用莫尔盐标定磁场强度

（1）取一支清洁干燥的空样品管悬挂在磁天平的挂钩上，使样品管正好与磁极中心线齐平，样品管不可与磁极接触，并与探头有合适的距离。

（2）在 $H=0$ 时，准确称取空样品管质量 $m_1(H_0)$。

（3）调节特斯拉计旋钮，使数显值 $H_1=0.300T$，再迅速称重得 $m_1(H_1)$；逐渐增大电流，使特斯拉计数显值 $H_2=0.350T$，称量得 $m_1(H_2)$。

（4）略微增大电流，接着减小电流，当特斯拉计数显值减至 $H_2=0.350T$ 时，称重得 $m_2(H_2)$；继续减小电流使数显值为 $0.300T(=H_1)$ 时，再称量得 $m_2(H_1)$；再减小电流，当数显值降为 $0.000T(=H_0)$ 时，再次称取空管质量得 $m_2(H_0)$。

上述调节电流由小到大，再由大到小的测定方法可以抵消磁场剩磁现象的影响。

$$\Delta m_{空管}(H_1)=\frac{1}{2}\big[\Delta m_1(H_1)+\Delta m_2(H_1)\big]$$

$$\Delta m_{空管}(H_2)=\frac{1}{2}\big[\Delta m_1(H_2)+\Delta m_2(H_2)\big]$$

式中

$$\Delta m_1(H_1)=m_1(H_1)-m_1(H_0), \ \Delta m_1(H_2)=m_1(H_2)-m_1(H_0)$$

$$\Delta m_2(H_1)=m_2(H_1)-m_2(H_0), \ \Delta m_2(H_2)=m_2(H_2)-m_2(H_0)$$

4. 取下样品管，用小漏斗装入研细并干燥过的莫尔盐，将样品管底部在软垫上轻轻碰击，使样品均匀填实，直至所要求的高度。用尺准确测量样品高度 h，按前述方法将装有莫尔盐的样品管置于磁天平上，重复称空管的过程，测得 $m_{1,空管+样品}(H_0)$、$m_{1,空管+样品}(H_1)$、$m_{1,空管+样品}(H_2)$、$m_{2,空管+样品}(H_2)$，求出 $\Delta m_{空管+样品}(H_1)$ 和 $\Delta m_{空管+样品}(H_2)$。

5. 用同一样品管，采用上述相同方法分别测定 $FeSO_4 \cdot 7H_2O$、$K_4Fe(CN)_6 \cdot 3H_2O$ 和 $K_3Fe(CN)_6$ 的 $\Delta m_{空管+样品}(H_1)$ 和 $\Delta m_{空管+样品}(H_2)$。

6. 测定后的样品分别倒回回收瓶，并可重复使用。

【操作注意事项】

1. 所测样品均应预先研细，并放在装有浓硫酸的干燥器中干燥。

2. 空的样品管需洁净干燥。装样时应使样品均匀填实。

3. 称量时，样品管应正好处于两磁极之间，其底部与磁极中心线齐平。悬挂样品管的悬线勿与任何物件相接触。

4. 样品回收时，注意瓶上所贴标志，切忌倒错。

【数据记录及结果处理】

1. 列表记录实验数据。

2. 由莫尔盐的单位质量磁化率和相关实验数据计算磁场强度值。

3. 计算 $FeSO_4 \cdot 7H_2O$、$K_4Fe(CN)_6 \cdot 3H_2O$ 和 $K_3Fe(CN)_6$ 的 χ_M、μ_m 和未成对电子数 n。

4. 根据 n 讨论 $FeSO_4 \cdot 7H_2O$ 和 $K_4Fe(CN)_6 \cdot 3H_2O$ 中 Fe^{2+} 最外层电子结构以及这两种配合物的配位键类型。

【思考题】

1. 不同励磁电流下测得样品的摩尔磁化率是否相同? 为什么?
2. 用古埃法测定磁化率时, 影响测量精度的因素有哪些?

7.3 红外吸收光谱法分析物质的结构

【实验目的】

1. 了解红外分光光度计的使用方法。
2. 掌握红外吸收光谱法原理。
3. 测定 HCl、HBr 及 CO 的红外光谱。

【实验原理】

红外吸收光谱已成为在自然科学的各个领域中得到广泛应用的一种极为重要的研究手段。目前市售红外分光光度计根据其用途和测定的波长范围分为多种型号。其设计原理是: 从光源出来的光分成两路光束, 一路光束透过被测样品, 另一路光束透过标准样品, 用棱镜色散成单色光后, 直接记录两路光束的强度比, 即样品的透光率。色散元件用碱金属卤化物单晶的棱镜 (测定范围在 $2.5 \sim 15 \mu m$ 时用 NaCl 晶体, 测定范围在 $15 \sim 25 \mu m$ 时用 KBr 晶体), 目前用得比较多的色散元件是光栅。

双光束分光光度计的光学原理是: 从光源 S_0 出来的光被分成样品光束和参比光束, 这两路光束用一定速率旋转的半圆形的扇形镜交替送到入射狭缝 S_1。通过 S_1 的光, 再通过离轴抛物镜变成平行光线后, 往复通过棱镜被色散。由于立托夫镜的旋转, 选择一定波长的光在出射狭缝 S_2 上成像。从 S_2 射出的单色红外线由椭圆面镜聚焦, 在检测器的接收面上被接收。

由于样品的吸收, 两路光束必然产生强度差, 因此, 在检测器里产生与此成比例的交流电压, 经放大后, 使平衡电动机工作, 驱动参比减光器, 直到两光束光的强度没有差别为止, 同时带动记录仪记录透光率。

无论是气体、液体、固体或溶液样品都可以测定, 但在测试不同状态的样品时必须考虑合适的样品槽及测定方法。本实验介绍的是测定气体的振动-转动光谱的方法。

同核双原子分子不产生振动-转动光谱, 所以这里仅讨论异核双原子分子。将异核双原子分子看作刚性转子, 其中一个原子处于坐标原点, 其转动运动的薛定谔方程为:

$$\frac{\partial^2 \psi_R}{\partial x^2} + \frac{\partial^2 \psi_R}{\partial y^2} + \frac{\partial^2 \psi_R}{\partial z^2} + \frac{8\pi^2 \mu}{h^2} E_R \psi_R = 0$$

式中, $x^2 + y^2 + z^2 \equiv r^2$ (一定), r 为核间距离; μ 为折合质量; h 为普朗克常数; ψ_R 为转子转动运动的波函数。若两个原子的质量分别为 m_1、m_2, 则

$$\frac{1}{\mu} = \frac{1}{m_1} + \frac{1}{m_2}$$

解薛定谔方程得转动能级

$$E_R = \frac{h^2}{8\pi^2 \mu r^2} J(J+1)$$

式中, J 是转动量子数。

若把双原子分子的振动作为简谐振动处理，薛定谔方程可用下式表示：

$$\frac{d\psi_v^2}{dx^2}+\frac{8\pi^2\mu}{h^2}\Big(E_v-\frac{1}{2}kx^2\Big)\psi_v=0$$

式中，x 是离开核间距离平衡位置的位移；k 是振动的力常数；ψ_v 为振子振动运动的波函数。振动能级

$$E_v=(v+\frac{1}{2})h\gamma_0$$

式中，v 表示振动量子数；γ_0 是振动频率。γ_0 与力常数 k 和折合质量 μ 之间存在着下列关系：

$$\gamma_0=\frac{1}{2\pi}\sqrt{\frac{k}{\mu}}$$

因此，双原子分子的振动-转动能级可近似地用下式表示：

$$E_{vR}=E_v+E_R=\Big(v+\frac{1}{2}\Big)h\gamma_0+\frac{h^2}{8\pi^2\mu}\overline{\Big(\frac{1}{r^2}\Big)_v}J(J+1)$$

由于核间距离随振动状态的不同而异，所以分别用与其振动量子数 v 对应的平均值 $\overline{\Big(\frac{1}{r^2}\Big)_v}$ 代替 $\frac{1}{r^2}$。

波数 ν（单位为 cm^{-1}）为波长的倒数，其大小和两个能级 v''、J'' 与 v'、J' 之间跃迁的频率相当，可表示为：

$$\nu=\frac{E'}{hc}-\frac{E''}{hc}=(v'-v'')\nu_0+B_{v'}J'(J'+1)-B_{v''}J''(J''+1)$$

式中，c 为光速；$\nu=\frac{1}{\lambda}=\frac{\gamma}{c}$ 为波数。B_v 用下式表示：

$$B_v=\frac{h}{8\pi^2c\mu}\overline{\Big(\frac{1}{r^2}\Big)_v}$$

光谱的选律为：

$$\Delta v=v'-v''=\pm1$$
$$\Delta J=J'-J''=\pm1$$

常温下的双原子分子一般都处于最低的振动能级，若只考虑 $v''=0$ 及 $v'=1$ 的情况，并假设 $B=B_1=B_2$，则红外光谱中出现光谱线的位置（cm^{-1}）可由下式给出：

$$\nu=\nu_0+2Bm \quad (m=\pm1,\pm2,\cdots)$$

根据光谱线的位置及相应的 m 值，可计算出 B_1 和 B_2 的值，进而可求出平均核间距离 r。从上式还可知，双原子分子的振动-转动光谱在 ν_0 处没有吸收线，ν_0 作为谱线的中心，在低于此波数一侧（P 支）及高于此波数一侧（R 支）每隔大约 $2B$ 的距离出现谱线。

根据 ν 还可通过下式求出分子振动的力常数 k：

$$k=4\pi^2c^2\nu_0^2\mu$$

【仪器与试剂】

红外分光光度计（使用方法详见仪器使用说明书），气槽（长 10cm，NaCl 窗片），干燥器，真空泵，聚乙烯袋。

HCl（分析纯），HBr（分析纯），硅胶。

【实验步骤】

1. 用真空泵减压气槽，关闭活塞。在一边的导入口接上橡皮管，把它的顶端插入已放入少量浓 HCl 瓶的上部，缓慢开启活塞，将 HCl 气体灌入气槽中。气体的量控制在最强吸收峰透光率的 20%～40% 范围内。

2. 将测定槽安装在红外分光光度计上，测定 $3200 \sim 2500 \mathrm{cm}^{-1}$ 范围的红外光谱。调节分光光度计的记录滚筒驱动部的齿轮，把波数扩大到标准刻度的 4～8 倍，得到 HCl 的光谱图。

3. 对于 CO 气体，可用城市气体作为试样，测定其 $2250 \sim 1950 \mathrm{cm}^{-1}$ 范围的红外光谱，同样可以求出转动常数以及 ν_0。

4. 对于 HBr 气体，测定波长范围为 $2800 \sim 2300 \mathrm{cm}^{-1}$ HBr 的红外谱图。

【操作注意事项】

由于样品槽的窗片是岩盐的结晶，容易破损，容易吸潮变模糊，所以操作时要特别当心，除了测定和调制样品外，必须保存在干燥器中。在没有恒温、恒湿室的场合，在调制样品时，为防止窗片变模糊，可用纱布包好的硅胶和窗片接触，并用橡胶圈固定，用聚乙烯袋把样品槽全部包起来，仅留气体导入口在外面。

【数据记录及结果处理】

1. 从 HCl 和 CO 的谱图读取各吸收带的波数，计算其间隔，再应用各吸收带的 m 值计算 B 值。ν_0 作为 $m = +1$ 和 $m = -1$ 吸收带的中间波数，求出 HCl 和 CO 的 ν_0 值，并计算 H—Cl 键和 C—O 键振动的力常数 k。

2. 求出 HBr 的 ν_0 及振动的力常数 k，并将所得结果与 HCl 的值比较。

3. 气体的振动-转动光谱可用于波长校正。

4. 实际测得的红外光谱的各谱带之间并非等间隔的，其波数由下式可知：

$$\nu = \nu_0 + am + bm^2$$

式中，a、b 均为常数。

根据 $|m| < 7$ 的吸收带的 ν 并利用最小二乘法可确定 $a = B_1 + B_0$、$b = B_1 - B_0$ 及 ν_0，再分别求出 B_0 和 B_1 的值。转动常数 B_v 和振动能级 v 的关系近似由下式表示：

$$B_v = B_e - \alpha_e \left(v + \frac{1}{2} \right)$$

式中，B_e 和 α_e 为常数。从 B_0 和 B_1 的值求得 B_e，B_e 与平衡核间距离 r_e 有下列关系：

$$B_e = \frac{h}{8\pi^2 c \mu r_e^2}$$

所以可计算出 r_e。

7.4　X 射线粉末衍射法测定晶胞参数

视频讲解

【实验目的】

1. 了解 X 射线粉末衍射仪的简单结构及使用方法。

2. 掌握 X 射线粉末衍射法的原理。

3. 测出 NaCl 或 NH_4Cl 晶体的点阵类型、晶胞参数以及每个晶胞中含正、负离子的个数。

【实验原理】

1. 晶胞参数

晶体是由具有一定结构的原子、原子团（或离子基团）按一定的周期在三维空间重复排列而成的。反映整个晶体结构的最小平行六面体单元称为晶胞。晶胞的形状及大小可通过夹角 α、β、γ 及三个边长 a、b、c 来描述，α、β、γ 和 a、b、c 称为晶胞参数。

晶体的空间结构可以看成是由间距为 d 的一簇相互平行的晶面组成，也可以是由间距互不相等的几簇晶面穿插而成。当某一波长的 X 射线以一定的方向照射晶体时，晶体内的这些晶面像镜面一样反射入射线，但不是任何的反射都能产生衍射。只有那些晶面间距为 d，与入射的 X 射线的夹角为 θ，且两相邻晶面反射的光程差 Δ 为波长 λ 的整数倍（n）的晶面簇在反射方向的散射波，才会相互叠加而产生衍射，如图 7.4-1 所示。

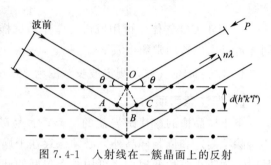

图 7.4-1 入射线在一簇晶面上的反射

光程差 $\Delta = AB + BC = n\lambda$，而 $AB = BC = d\sin\theta$，所以

$$2d\sin\theta = n\lambda$$

上式称为布拉格（Bragg）方程。

如果样品与入射线夹角为 θ，晶体内某一簇晶面符合布拉格方程，那么其衍射方向与入射线方向的夹角为 2θ，见图 7.4-2。对于粒度在 $20\sim30\mu m$ 之间的多晶样品，在晶体中存在着各种可能取向的晶面，与入射 X 射线成 θ 角的、晶面间距为 d 的晶面簇的晶粒有许许多多，且分布在以半顶角为 2θ 的圆锥面上，见图 7.4-3。因此，在用单色 X 射线照射多晶样品时，满足布拉格方程的晶面簇不止一个，有多个衍射圆锥相应于不同晶面间距 d 的晶面簇和不同的 θ 角。当 X 射线衍射仪的计数管和样品绕试样中心轴转动时（试样转动 θ 角，计数管转动 2θ），参看图 7.4-3，就可以把满足布拉格方程的所有衍射线记录下来。衍射峰位置 2θ 与晶面间距（即晶胞大小与形状）有关。而衍射线的强度（即峰高）与该晶胞内原子、离子或分子的种类、数目以及它们在晶胞中的位置有关。由于任何两种晶体的晶胞形状、大小和内含物总存在差异，所以 2θ 和相对强度 $\dfrac{I}{I_0}$ 可以作物相分析的依据。

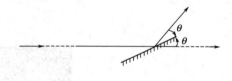

图 7.4-2 衍射线方向和入射线的夹角

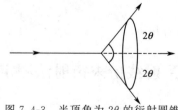

图 7.4-3 半顶角为 2θ 的衍射圆锥

2. 晶胞大小的测定

以晶胞参数 $\alpha = \beta = \gamma = 90°$、$a \neq b \neq c$ 的正交晶系为例，由其晶体结构可推出晶面间距的倒数：

$$\frac{1}{d} = \sqrt{\frac{p^2}{a^2} + \frac{q^2}{b^2} + \frac{r^2}{c^2}}$$

式中，p、q、r 称为晶面符号。

对于四方晶系，因 $a = b \neq c$，$\alpha = \beta = \gamma = 90°$，上式可简化为：

$$\frac{1}{d} = \sqrt{\frac{p^2 + q^2}{a^2} + \frac{r^2}{c^2}}$$

对于立方晶系，因 $a = b = c$，$\alpha = \beta = \gamma = 90°$，因此立方晶系晶面间距的倒数为：

$$\frac{1}{d} = \sqrt{\frac{p^2 + q^2 + r^2}{a^2}}$$

从衍射谱中各衍射峰所对应的 2θ 角，通过布拉格方程求得的只是相对应的各 $\dfrac{n}{d} = \dfrac{2\sin\theta}{\lambda}$ 值。因为不知道某一衍射是第几级衍射，所以，如果将上面三个式子的两边各乘以 n，并令

$$h = np,\quad k = nq,\quad l = nr$$

式中，h、k、l 为衍射指标，可以将 hkl 看作是一簇比 pqr 更为密集的晶面，其晶面间距为 d 的 $\dfrac{1}{n}$ 倍。显然，hkl 表示的一簇晶面是假想的、实际并不存在的晶面。那么，对于正交晶系，有

$$\frac{n}{d} = \sqrt{\frac{n^2 p^2}{a^2} + \frac{n^2 q^2}{b^2} + \frac{n^2 r^2}{c^2}} = \sqrt{\frac{h^2}{a^2} + \frac{k^2}{b^2} + \frac{l^2}{c^2}} \tag{7.4-1}$$

对于四方晶系，有

$$\frac{n}{d} = \sqrt{\frac{n^2 p^2 + n^2 q^2}{a^2} + \frac{n^2 r^2}{c^2}} = \sqrt{\frac{h^2 + k^2}{a^2} + \frac{l^2}{c^2}} \tag{7.4-2}$$

对于立方晶系，有

$$\frac{n}{d} = \sqrt{\frac{n^2 p^2 + n^2 q^2 + n^2 r^2}{a^2}} = \sqrt{\frac{h^2 + k^2 + l^2}{a^2}} \tag{7.4-3}$$

若已知入射 X 射线的波长 λ，从衍射谱中直接读出各衍射峰的 θ 值，通过布拉格方程（或直接从 *Tables for Conversion of X-Ray Diffraction Angle to Interplaner Spacing* 中）求得所对应的各 $\dfrac{n}{d}$ 的值。如果还知道各衍射峰所对应的衍射指标，则立方（或四方、正交）晶系的晶胞参数就可确定。这一寻找对应各衍射峰指标的步骤称为"指标化"。

对于立方晶系，指标化最简单，由于 h、k、l 为整数，所以将各衍射峰的 $\left(\dfrac{n}{d}\right)^2$ 或 $\sin^2\theta$ 被其中最小的 $\left(\dfrac{n}{d}\right)^2$ 值除，所得到的

$$\frac{\left(\dfrac{n}{d}\right)_1^2}{\left(\dfrac{n}{d}\right)_1^2} : \frac{\left(\dfrac{n}{d}\right)_2^2}{\left(\dfrac{n}{d}\right)_1^2} : \frac{\left(\dfrac{n}{d}\right)_3^2}{\left(\dfrac{n}{d}\right)_1^2} : \frac{\left(\dfrac{n}{d}\right)_4^2}{\left(\dfrac{n}{d}\right)_1^2} : \frac{\left(\dfrac{n}{d}\right)_5^2}{\left(\dfrac{n}{d}\right)_1^2} : \cdots \tag{7.4-4}$$

或

$$\frac{\sin^2\theta_1}{\sin^2\theta_1} : \frac{\sin^2\theta_2}{\sin^2\theta_1} : \frac{\sin^2\theta_3}{\sin^2\theta_1} : \frac{\sin^2\theta_4}{\sin^2\theta_1} : \frac{\sin^2\theta_5}{\sin^2\theta_1} : \cdots \tag{7.4-5}$$

的数列应为一整数列,例如,为 $1:2:3:4:\cdots$,则按 θ 角增大的顺序,标出各衍射线的衍射指标,hkl 为 100、110、110、200、$\cdots$。

在立方晶系中,有素晶胞(P)、体心晶胞(I)和面心晶胞(F)三种形式。在素晶胞中,衍射指标无系统消光。但在体心晶胞中,只有 $h+k+l$ 等于偶数的粉末衍射线,而在面心晶胞中,却只有 h、k、l 全为偶数或全为奇数的粉末衍射,其他的衍射线因散射线的相互干扰而消失(称为系统消光)。

对于立方晶系所能出现的 $h^2+k^2+l^2$ 之值,立方素晶胞为 $1:2:3:4:5:6:8:\cdots$(缺 7、15、23 等);立方体心晶胞为 $2:4:6:8:10:12:14:16:18:\cdots=1:2:3:4:5:6:7:8:9:\cdots$;立方面心晶胞为 $3:4:8:11:12:16:19:\cdots$。表 7.4-1 为立方晶系晶体衍射指标的规律。

表 7.4-1 立方晶系晶体衍射指标的规律

$h^2+k^2+l^2$	P	I	F	$h^2+k^2+l^2$	P	I	F
1	100			14	321	321	
2	110	100		15			
3	111		111	16	400	400	400
4	200	200	200	17	410,322		
5	210			18	411,330	411	
6	211	211		19	331		331
7				20	420	420	420
8	220	220	220	21	421		
9	300,221			22	332	332	
10	310	310		23			
11	311		311	24	422	422	422
12	222	222	222	25	500,430		
13	320			$\vdots$			

因此,可由衍射光谱的各衍射峰的 $\left(\dfrac{n}{d}\right)^2$ 或 $\sin^2\theta$ 来确定所测物质所属的晶系、晶胞的点阵类型及晶胞参数。

如不符合上述任何一个数值,则说明该晶体不属立方晶系,需要用对称性较低的四方、六方等由高到低的晶系逐一来分析尝试决定。

知道了晶胞参数,就可计算晶胞体积。在立方晶系中,每个晶胞中含粒子(原子或离子或分子)的个数 N 可按下式求得:

$$N = \frac{\rho a^3 N_0}{M} \tag{7.4-6}$$

式中,M 为待测样品的摩尔质量;N_0 为阿伏伽德罗常数;ρ 为待测样品的密度。

【仪器与试剂】

多功能 X 射线衍射仪(Cu 靶,仪器使用前需经过严格的操作培训)。

NaCl(分析纯),NH_4Cl(分析纯)。

【实验步骤】

1. 制样

（1）将粉末载样座下部倒扣在制样平台上，用制样平台上凸起的三个圆形柱夹住。

（2）待测样品于玛瑙研钵中研磨至粉末，用药匙将其填入粉末载样座圆环中孔内。

（3）用制样工具中的压柱将粉末压实压平。

（4）用制样工具中的刀片或载玻片将多余的粉末刮掉。

（5）用刷子刷干净载样座圆环上除中间孔外以及制样平台上洒落的粉末，然后将粉末载样座放到样品架上。

2. 联机

（1）打开总电源开关，打开循环冷却水。

（2）开启 X 射线衍射仪总电源，按下衍射仪控制面板上的"POWER ON"按钮，确保等电压电流出现"0、0"（此时衍射仪将自动开始进行角度自检）之后，再将高压发生器开关钥匙顺时针转 90°到水平位置，仪器电压电流将自动升到 30kV、10mA。

（3）在计算机桌面双击"Data Collector"图标，输入用户名和密码。从软件菜单栏选择 Instrument＞Connect，在弹出的"Connect"对话框中选择"Reflection-transmission spinner"样品台，点击"OK"，则计算机将使用该样品台的配置连接衍射仪。连接上仪器后，Data Collector 将打开左边框显示当前所用配置，将工作电流升至 40kV、40mA。

3. 样品测试

（1）单个样品测试：点击"Measure"菜单里的"Program"项，选择所需要运行的测量程序，点击"Open"按钮打开程序执行；在"Start"对话框中输入所要保存的文件名（默认取名为程序名称＋下划线＋数字）和保存目录；确定"OK"之后将开始测量，样品默认从 A1 位置装入。测量完成后，确认出现"No program executing"再开门。

（2）多样品批处理：点选 File＞Open Program，点选"Sample Batch"，然后点击"Open"，也可新建批处理文件：File＞New Program＞设置文件储存位置＞设置样品测试参数，再从 Measure＞program 选择刚刚修改过的"Batch Program"，然后运行。

4. 关机

实验完毕后，从菜单栏点击 Measure＞Program，点选"Turn off"，然后点击"Open"，在弹出的对话框中点"OK"，电压电流将自动降为 15kV、5mA。取消勾选电压文本框边上的"Generator on"可选框，点击"Apply"按钮。将高压发生器开关钥匙逆时针转 90°到垂直位置关闭高压发生器。在软件菜单栏选择 Instrument＞Disconnect，然后关闭软件。按下 X 衍射仪控制面板上的"POWER OFF"按钮，仪器不会马上关机，而是先自检再关机，因此关机会延迟约 1min，不可反复按关机按钮。仪器关闭之后，X 射线发生器仍是热的，因此需等待 5min 再关闭水冷机，最后关闭总电源开关。

【操作注意事项】

1. 用于粉末衍射的样品，其粒度应在 $20\sim30\mu m$ 之间（相当于 $200\sim325$ 目），以保证晶粒与入射线之间存在各种可能的夹角，否则衍射谱图不连续。

2. 使用 X 射线衍射仪时，必须严格按仪器操作规程操作。

【数据记录及结果处理】

1. 标出 X 射线粉末衍射图中各衍射峰的 2θ 值及峰高值，由 2θ 值求出其 $\dfrac{n}{d}$，并以最高

的衍射峰为 $100(I_0)$，标出各衍射峰的相对衍射强度$\left(\dfrac{I}{I_0}\right)$，将这些数值列表。通过 PDF（Powder Diffraction File）卡片集（也称 ASTM 卡片）进行物相分析。

2. 算出各衍射峰的$\left(\dfrac{n}{d}\right)^2$值，并都除以各衍射峰中最小的$\left(\dfrac{n}{d}\right)^2$值，将所得数列$\dfrac{d_1^2}{d_1^2}:\dfrac{d_2^2}{d_1^2}:\dfrac{d_3^2}{d_1^2}:\dfrac{d_4^2}{d_1^2}:\dfrac{d_5^2}{d_1^2}:\cdots$化为整数列。与立方晶系可能出现的三种格子的$\left(\dfrac{n}{d}\right)^2$数列比较，以确定所测样品所属的晶系和晶格类型。并把各衍射线指标化，进而求出其晶胞参数并取平均值。

3. 按式（7.4-6）算出单一晶胞中所含粒子（原子或离子或分子）的个数。已知，$\rho_{NaCl}=2.164$，$\rho_{NH_4Cl}=1.527$。

【思考题】

1. 多晶（粉末）衍射能否用含有多种波长的多色 X 射线？为什么？

2. 如果 NaCl 晶体中有少量 Na^+ 位置被 K^+ 所替代，其衍射图有何变化？若 NaCl 晶体中混有 KCl 晶体，其衍射图又如何？

3. 试计算在所测 NaCl 或 KCl、NH_4Cl 晶体中，正、负离子的接触半径 r^+ 和 r^- 以及半径之比 r^+/r^-。

【讨论】

1. X 射线粉末衍射物相分析的优点是能直接分析物相，样品用量少，且不破坏原样品。其局限性是已知物的 PDF 卡片有限。对于混合样品，一般某一物相的含量低于 3％时就不易鉴定出，特别对于摩尔质量相差悬殊的混合物。因衍射能力的极大差异，有时甚至含量达 40％亦鉴别不出。

2. 在混合相中物相太多的情况下，因衍射线重叠分不开，也会造成鉴定困难。此时在其他分析方法的配合下，应用一系列物理方法（如重力、磁力等）或化学方法把一部分物相分离出去，然后分别鉴定。所以 X 射线衍射物相分析是一种分析手段，但不是唯一最佳的手段，它还需与其他仪器和方法如化学分析、光谱分析等配合使用。

3. 要得到精确的晶胞参数，必须先得到精确的 θ 值。除了加快记录纸走速，使 θ 读数精确外，更主要的应尽量用高 θ 角的衍射峰。从三角函数可知，当 θ 愈接近 $90°$时，$\sin\theta$ 的变化愈小，θ 角大，即使读数有点误差，亦可得到相当精确的 $\sin\theta$ 值。

4. 在离子晶体中可以近似地把离子看成球状，因为大多数离子具有全满或半满电子壳层，它们的确具有球状电子云分布。但是对离子半径给以确切的定义是困难的，只能理解为在晶体中相邻离子之间的平衡距离 r_0 是对应的正负离子半径之和，即 $r_0=r_++r_-$，r_0 可以从 X 射线结构分析确定，但如何来确定正、负离子的分界线，不同的确定方法，结果略微有所不同。

第8章 实验仪器及使用方法

8.1 中和热（焓）测定装置

中和热的测量中采用 SWC-ZH 中和热（焓）测定装置。

【使用方法】

1. 打开机箱盖，将仪器平稳地放在实验台上，将传感器 PT100 插头接入后面板传感器座，用配置的加热功率输出线接入 "I＋""I－""红-红""蓝-蓝"，接入 220V 电源。

2. 打开电源开关，仪器处于待机状态，待机指示灯亮，预热 10min。

3. 用布擦净量热杯，量取一定量的去离子水注入其中，将量热杯放到反应器的固定架上，放入搅拌磁子调节适当的转速。

4. 将传感器插入量热杯中（不要与加热丝相碰），将功率输入线两端接在电热丝两接头上。按 "状态转换" 键切换到测试状态（测试指示灯亮），调节 "加热功率" 调节旋钮，使其输出为所需功率。再次按 "状态转换" 键切换到待机状态，并取下加热丝两端任一夹子。

5. 定时开关置于 "定时" 位置时，设定 "定时" 30s，蜂鸣器响，记录一次温差值。

6. 待温度基本稳定后，按 "状态转换" 键切换到测试状态，仪器对温差自动采零，即可进行实验。

【注意事项】

仪器不要放置在有强电磁场干扰的区域内。

8.2 量热计多功能控制箱

HR-15B 量热计多功能控制箱前面板如图 8-1 所示。

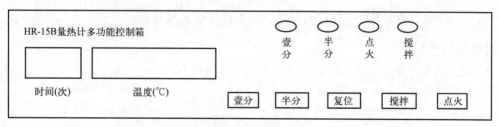

图 8-1　HR-15B 量热计多功能控制箱前面板示意图

时间为时间计数间隔数。温度为实测温度。

1. 打开控制箱后面的电源后，温度自动显示。

2. 搅拌——按下面板上的搅拌键。

3. 点火——按下面板上的点火键。

4. 时间——按下面板上的壹分、半分键，可选择计数时间间隔。

5. 复位——按下面板上的复位键，可将时间计数清零。

仪器每到一个时间间隔，发出"嘟"一声声响。当使用壹分间隔时，在间隔为"1"时，时钟每 30s 也会发出"嘟"一声声响，但时间间隔数不变。

8.3　饱和蒸气压实验装置

DP-AF-Ⅱ型饱和蒸气压实验装置可用于"饱和蒸气压测定"实验。该设备将实验中所需要的恒温水浴、低真空压力计和缓冲储气罐合为一体。

【使用方法】

1. 用橡胶管将 U 形等位计、缓冲储气罐、压力仪表接口、真空泵等连接成饱和蒸气压的实验装置。

2. 仪器整体气密性检查。

3. 开机预热 15min 后，设置温度。系统温度达到设定温度时，开启真空泵，当 U 形等位计内的待测液体沸腾 3~5min 时，测定其饱和蒸气压。

【注意事项】

1. 不要将仪器放置在有强电磁场干扰的区域内。

2. 不要将仪器放置在潮湿及有腐蚀性气体的场所，应放置在通风干燥的地方。

3. 长期搁置再启用时，应将灰尘打扫干净后，将仪器试通电，试运行，检查有无漏电现象，避免因长期搁置产生的灰尘及受潮造成漏电事故。

4. 传感器和仪表必须配套使用，不可互换，互换虽也能工作，但测控温的准确度将有所下降。

5. 为保证使用安全，严禁无水干烧（无水通电加热），这样会损坏加热器。

6. 非专业人员请勿打开仪器面板对仪器进行调试和维修，更不允许调整和更换元件，否则无法保证仪表测控温的准确度。

8.4　精密数字气压计

DP-A（YW）精密数字气压计可测定当前温度下的大气压值。

【使用方法】

1. 将仪器放置在空气流动较小、不易受到干扰的地方。

2. 打开电源开关，预热 15min。

3. 面板显示值为大气压，单位为 kPa。

【注意事项】

1. 不要将仪器放置在有强电磁场干扰的区域内。

2. 不要将仪器放置在通风的环境中，尽量保持仪器附近的气流稳定。

3. 压力传感器输入口不能进水或其他杂物，仪器上面请勿堆放其他物品。

4. 避免系统中气压有急剧变化（否则会缩短传感器的使用寿命）。

8.5 真空泵

【构造及原理】

凡低于大气压的气体存在的空间状态,称为真空。为使体系减压所用的泵称为真空泵。根据抽气的不同需要,泵的种类也不同。目前,实验室常用的是 2x 系列旋片式真空泵,极限压力为 $6×10^{-2}$ Pa。国产油封旋片式机械泵的型号用符号 2x-1 表示,其中"2"表示双级泵(用两个单元泵串联一起,可产生较高真空度),"x"表示旋片式真空泵,"1"表示抽气速率为 $1L·s^{-1}$。

2x 系列的各种真空泵外形和结构基本相同,泵由电机经三角带传动到转子,电机和泵用螺钉卡板固定在底盘上。

泵由定子、转子、旋片、排气阀等部件组成。在泵体内装入一个中隔板,将其分成高、低真空室,各室都有排气阀,泵的进气口处有过滤网,排气口处有挡油网。泵的定子是由铜或钢制成的圆形筒,转子是由钢制的偏心圆柱体,中间有被弹簧压住的旋片(小翼)紧贴缸壁,将定子和转子分隔为两部分,浸没在机械泵油中,油封住了漏气孔,也对定子和转子起润滑作用。

当转子按箭头方向旋转时,进气和排气部分随着旋片的伸缩,它们的体积周期性地扩大和压缩。进气部分(接系统)因体积扩大而使压力降低,起吸(抽)气作用,排气部分(通大气)因体积被压缩,起排气作用。这样周而复始地工作,就能将系统(容器)的气体抽走。

必须指出,普通的机械泵,只适用于抽永久性气体,而不能抽走水蒸气或其他可凝(易凝)性蒸气,因为在压缩比(可达 700:1)较高的情况下,这些蒸气在未排出之前就会因压缩而凝结成液体,并随即混入油中,无法从泵内逸出,变成微小粒状并在泵中循环,还会重新蒸发到系统中去,使系统真空度下降。对于这种易凝结蒸气,必须使用另一种泵——气镇泵。

【注意事项】

油泵不能用来直接抽出可凝结性的蒸气,例如水蒸气、挥发性液体(乙醚和苯等)。如果应用到这些场合时,必须在油泵的进气口前连接冷凝器及吸收塔或者洗气瓶,例如用氯化钙或五氧化二磷吸收水汽,用活性炭或硅胶吸收有机蒸气。如果不这样连接,则这些蒸气凝于真空油中,影响真空度及抽气效率。

油泵不能用来直接抽具有腐蚀性的气体,例如氯化氢、氯气、二氧化硫等。因为这些气体迅速腐蚀油泵中精密加工机件的表面,很快就使真空泵不能工作。如果油泵应用于这类场合,这些气体应当首先经过固体氢氧化钠吸收塔。

停止油泵运转时,应当注意必须破坏系统内外的气压差,否则真空泵中的油会倒吸入真空系统内,因此在停止油泵运转之前,应当使油泵进气处连接的三通活塞接通大气,放入空气,然后切断抽气机的电源。

8.6 自冷式凝固点测定仪

【使用方法】

1. 将传感器插头插入后面板上的传感器接口,将交流电源接入后面板上的电源插座。

2. 打开电源开关，数秒后显示实时温度、温差值。

3. 将后面板的冷却液进口与制冷系统冷却液出口用橡胶管对接，将冷却液出口与制冷系统冷却液进口对接。根据实验需要设定制冷系统温度，打开制冷系统外循环。

4. 安装样品管和搅拌装置，应保证温度传感器探头位于样品管的中心且与搅拌棒有一定空隙，防止搅拌时发生摩擦。

5. 测定样品的凝固点。

【注意事项】

1. 传感器与仪表必须配套使用，以保证检测的准确度。本实验采用 SWC-LGe 自冷式凝固点测定仪。

2. 仪器不要放置在有强电磁场干扰的区域内。

3. 如电机不搅拌，请检查后面板上的保险丝（0.2A）。

4. 探头的最前端为感温点，测量应将其尽量接近被测点。整个探头封装得较长，是为了方便使用，严禁弯折及在大于仪器满量程的被测温度下使用。

5. 测温探头采用铜管/不锈钢装（NTY-2A/NTY-5B）封装，请勿用于测量强酸强碱溶液或在有强腐蚀的环境中使用。

请勿测量带电、漏电溶液，以防烧坏探头和仪器。

8.7 控温仪

【构造原理】

实验采用 DTC-3A 型控温仪。该仪器选用 8 位单片机作为控制中心，采用智能化控制技术，位式调节方式和人工智能调节，包括模糊逻辑 PID 调节即参数自整定功能的先进控制自算法。其控制精度高，上冲量小，适用于化学、物理、生化、医学等众多场合。单片机系统有 WatchDog 电路，可以防止仪表受到强干扰时造成"死机"。仪表配接 RS-232C 接口，可与上位机（如 PC 机，工业控制机和其他智能型设备等）通信，可形成网络控制或分散控制。提供计算机接口软件范例。输入信号数字滤波，采用单片机软件进行非线性校正。

DTC-3A 型控温仪前后面板示意如图 8-2 和图 8-3 所示。

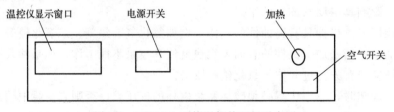

图 8-2 DTC-3A 型控温仪前面板示意图

【使用方法】

1. 将热电偶温度探头按正确的极性接在黑接线柱上。

2. 仪器接线柱端子，由专业人员对照标识接好线。

3. 打开电源开关，显示表头的两列数码管即亮（如有空气开关先推上）。

4. 将温度探头固定在相应的受控点，此时仪器即开始测温。

5. 仔细阅读下面 7 和 8 的说明和操作指南，掌握显示表头的按键等操作。

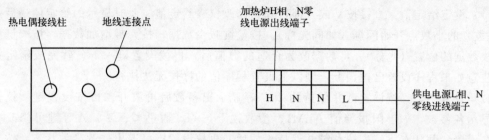

图 8-3　DTC-3A 型控温仪后面板示意图

（注：1. 供电电源的 L 相和零线应分清，严禁接反。2. 仪器地线连接点应接在可靠的地线处，以防触电）

6. 设定相应的设定值后，如有控制输出，则表头的 OUT 指示灯亮，且面板上相应的加热指示灯亮。

7. 观察所显示测温值的变化。SV 显示窗口即为当前的目标温度值。

8. 若设定值远大于测温值，OUT 指示灯亮，说明加热回路在加热，测温值处于上升阶段；反之，若设定值小于测温值，加热指示灯灭，说明加热回路没有工作。当测温值接近设定值时，OUT 指示灯闪烁。

9. 当温度值低于设定温度时，OUT 指示灯应为全亮或闪烁。如果不亮，请核实设定温度，检查加热回路是否连通，加热回路是否有器件损坏。

10. 当加热指示灯全亮时，在面板温度显示表头上应能看到明显温度上升，如没有温升应立即关断加热电源，检查测温传感器是否接对接好。

11. 温控仪显示表头面板如图 8-4 所示。

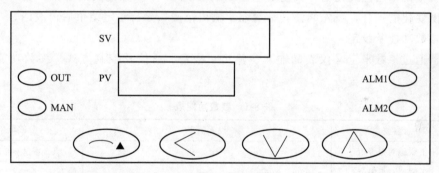

图 8-4　温控仪显示表头面板示意图

（1）OUT：主输出指示。

（2）ALM1：报警 1 指示。

（3）ALM2：报警 2 指示。

（4）MAN：程序运行指示。

（5）⌒▲：设置键。

（6）＜：数据移位键兼自整定启动功能。

（7）Ⅴ：数据减少键。

（8）Λ：数据增加键。

（9）PV：给定值显示。

（10）SV：测量值显示。

12. 温控仪显示表头面板操作说明

（1）设定给定值：直接按∨或∧即可开始修改仪表给定值。此时显示的给定值最后一位（个位数）的小数点开始闪烁（如同光标）。按∨键减少数据，按∧键增加数据，按＜键可移动修改数据的位置（光标）。将数据改为合适的数值后，再按设置键一下，就完成给定并退出。注意如果程序设置已被锁上，则以上设置程序值的操作无法执行。

（2）设置参数：按设置键并保持约2s，等显示出参数后再放开。再按设置键，仪表将依次显示各参数，如上限报警值 ALM1、参数锁 Loc 等。通过＜、∨、∧等键可修改参数值。在设置参数状态下，先按＜键并保持不放后，再按设置键可退出修改参数状态，按∨键可返回设置上一数值。注意如果程序设置已经被锁上，则以上设置程序值的操作无法执行。

（3）自整定（AT）：初次使用时应利用仪表自整定功能来确定控制参数（MPt 参数值），才能实现理想的控制。注意：系统在不同的给定值下整定得出的参数值不完全相同，所以需要执行自整定功能时，应先等程序运行到最常用的给定值上，再执行启动自整定的操作功能。初次启动自整定时按＜键并保持约2s等"At"字样在下显示器上显示即可（如果已启动过一次，则该操作功能无法进行，这时应用参数设置方法将 Ctrl 设置为 2 来启动自整定）。自整定时仪表执行位式控制。经过2～3次 ON/OFF 动作后，仪表内部微处理器根据位式控制产生的振荡，分析其周期、幅度及波形来计算最佳控制参数。仪表自整定出控制参数并且开始执行精确的控制。如果要放弃自整定，可在自整定状态下再按＜键并保持约2s，等仪表下显示器"At"字样停止闪烁即可。通常自整定只需执行一次即可。仪表在自整定结束后，会将参数"Ctrl"设置为 3（出厂时为 1），这样今后无法在面板上按＜键启动自整定，可以避免人为的误操作再次启动自整定。

（4）自整定采用位式控制，其输出定位在 oPL 及 oPH 参数定义的位置。在一些输出不允许大幅度变化的场合，可先调整其参数缩小输出范围，等自整定结束后再改回。

13. 参数功能及设定

本仪器通过参数来定义仪表的输入、输出、报警、通信及控制方式。参数功能表如表8-1所示。

表8-1　参数功能表

参数代号	参数含义	设置范围	数值单位
ALM1	上限绝对报警值	−1999～+9999	1℃或1定义单位
ALM2	下限绝对报警值	−1999～+9999	同上
Hy-1	正偏差报警值	0～9999	同上
Hy-2	负偏差报警值	0～9999	同上
Hy	回差(死区,滞环)	0～200.0 或 0～2000	0.1℃或1定义单位
AT	控制方式	0 位式，1、3 人工智能，2 调节参数自整定	
I	保持参数	0～9999	1℃或1定义单位
P	速率参数	0～9999	$0.01s\cdot℃^{-1}$
d	滞后时间参数	1～9999	s
t	输出周期	0～125	s
Sn	输入规格	0～42	
dp	小数点位置	0,个位;1,十位;2,百位;3,千位	
p-sl	输入下限显示值	−1999～+9999	1定义单位

参数代号	参数含义	设置范围	数值单位
p-sh	输入上限显示值	−1999～+9999	1定义单位
pb	主输入平移修正	−1999～+1999	0.1℃或1定义单位
oP-A	输出方式	0,2时间比例;1,0～10mA;3,直接阀门控制;4,4～20mA	
outL	输出下限	0～220	1%
outH	输出上限	0～220	1%
AL-P	报警输出定义	0～31	
CooL	系统功能选择	0～15	
Addr	通信地址	0～63	
bAud	通信波特率	0～9600	
FILt	输入数字滤波	0～20	
A'M	运行状态	0,手动;1,自动	
LocKK	参数修改级别	0～9999	
EP1-EP8	现场参数定义	NonE-run	

各参数意义如下。

(1) 报警参数 ALM1、ALM2、Hy-1、Hy-2

此四个参数设置仪表的报警功能,当系统满足报警条件时,可在下显示器交替显示报警原因。当显示 orAL 时,说明输入超出量程报警。如设置 ALM1＝9999、ALM2＝−1999、Hy-1＝9999、Hy-2＝9999,则相应的报警作用取消。

(2) 回差参数 Hy

理论上 Hy 值越小,位式调节和自整定精度越高。但可能出现测量值受干扰而造成误动作。如测量值数字跳动过大,可先加大数字滤波参数 FILt 值,使得测量值跳动小于 2～5 个数字,然后将 Hy 设置为测量值的瞬间跳动值。

(3) 调节方式参数 AT

AT＝0,位式调节,控温精度低。AT＝1,人工智能调节,允许从面板启动执行自整定功能。AT＝2,启动自整定参数功能。AT＝3,人工智能调节,不允许从面板启动执行自整定功能。

(4) I、P、d、t 等参数

① I 表示系统的保温能力,P 表示系统的升温能力,d 表示系统的滞后时间,tl 用于平衡控制效果(快速响应和高精度)和稳定输出。减小 I,积分作用正比增强,I＝0,则取消积分作用。增大 P,比例和微分正比增强。减小 d,比例和积分作用增强,微分作用减弱。t 越小,微分作用越强,但比例作用相应减弱。例如,控制产生振荡,加大 I,如出现静差,可减小 I。I 过小和 P 过大都会导致系统振荡或超调,前者周期短,后者周期长,反之出现静差。I 正常,P 过小,也可能产生一个长周期的超调。t 通常为 0.5～4s,其设置值越小,控制精度越高。

② I、P、d、t 可通过自整定初步确定,并在此基础上修改。自整定时,先正确设置自整定时的给定值,使给定值在最常用值或最高使用温度。自整定通常需要几分钟甚至几小时,结束后,先观察相当于自整定用时的 1/2 的时间,看控制效果如何。

③ 如对控制结果不满意，可采用逐试法进一步修改参数。每次修改 I、P、d，可使之变化一倍，通常几次之后即可获得一满意值。一般情况下，I、P、d 等参数无须修改。

【注意事项】

1. 仪器不要放置在强电磁场干扰的区域内。

2. 加热炉的加热功率应在加热可控硅功率的允许范围内，否则会造成可控硅的永久性损坏。

3. 测温传感器应置于控温区域的中心位置。

4. 为安全起见，应保证加热器无漏电。

5. 仪器所用电源插座必须有可靠接地！

8.8 综合热分析仪及差热分析仪

实验选用 ZCT 型综合热分析仪及 ZCT 型差热分析仪。ZCT 型热分析工具软件使用微量样品一次采集即可同步得到温度和差热分析曲线，使采集曲线对应性更好，有助于分析辨别物质热效应机理。对 TG 曲线进行一次微分计算可得到热重微分曲线（DTG 曲线），能更清楚地区分相继发生的热重（差热）变化反应，精确提供起始反应温度、最大反应速率温度和反应终止温度，方便地为反应动力学计算提供反应速率数据，精确地进行定量分析。

【操作方法】

1. 实验前应检查并做好如下准备

（1）冷却水已连接，流量稳定；

（2）开启仪器主机预热仪器至少 20min；

（3）检查仪器主机与信号线已连接好；

（4）热分析系统软件是否已经安装完成。

2. 放样

支撑杆差热盘左边放空坩埚作参比物，右边放试样。

3. 通信线连接

确认仪器与计算机通过通信串口线（HD-MI 线）已正常连接。开启电脑，待电脑启动完成后开启热分析仪主机上的电源开关，听到仪器的自检报警声，响几声后停止。

4. 参数设置

点击主菜单"新采集""基本实验参数""升温参数"，依据仪器类型根据采集需要设置参数，见图 8-5。

（1）分析设备类型

DTA（仅差热曲线，差热分析仪适用）；

TG（热重曲线和差热曲线同时采集，综合热分析仪适用）；

SDSC（仅热流曲线，差示扫描量热仪适用）。

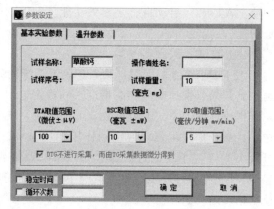

图 8-5 基本参数设定

（2）设定量程

量程：默认设置，DTA 为 50，TG 为 20，DSC 为 20；

基线位置：差热，热重，SDSC 零点（起始点）位置，采集曲线的初始位置；纵坐标由下向上为 0～20，采集窗口中间为 10。

（3）温升参数设定

采样周期：控制实际数据采集周期，1000ms 即 1 秒采集 1 个数据点；

温度下限：温度坐标轴显示的最低温度点；

温度上限：温度坐标轴显示的最高温度点。

（4）放大器增益

仪器参数的放大倍数，保持默认值即可。

5. 数据采集

完成样品的实时采集，通过数据采集，实验者可记录试样的基本信息，设定多段加温程序，观察采样曲线及采集数据点，存储实验曲线。

（1）新建采集

新建一个采集。点击工具栏"新采集"，弹出"参数设定"窗口，在基本设置中如实填写实验信息，见图 8-6。依据实验条件设置分段升温参数（加温程序），点击"确认"开始采集数据。

（2）停止采集

当数据采集程序到达设定时间后，采集程序自动停止，弹出"正常完成采样任务"点击"确认"，弹出保存对话框，浏览文件夹，保存数据到指定的目录。点击工具栏"停止"按钮能手动结束采样，弹出保存对话框。

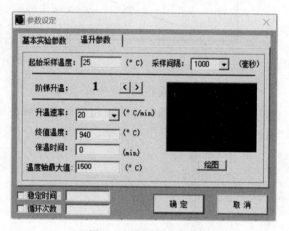

图 8-6　设置升温参数

（3）保存文件

点击主菜单，"文件-设置数据文件夹"设置采集完成后保存文件默认路径。

【数据分析】

按存储路径选择待分析数据文件，点击"打开"，窗口界面将出现相应的实验曲线。

1. 差热曲线（DTA）分析

试样 S 和参比物 R 置于一定气氛以一定速率加热或冷却的相同温度状态的环境中，记录试样和参比物之间的温差 ΔT，并对时间或温度作图，得到差热（DTA）曲线，见图 8-7。DTA 分析包括外推起始温度、拐点温度，外推终止温度，分析峰宽、峰高、峰值、峰面积、仪器常数、反应热焓。

（1）"数据分析"—"DTA"—"峰区分析参数设置"选择要分析显示的参数与算法，点击确定，更改分析的参数。

（2）差热曲线的颜色和标尺栏颜色对应，查看标尺栏顶部标注的名称，或查看曲线显示区图例栏，找准差热曲线。

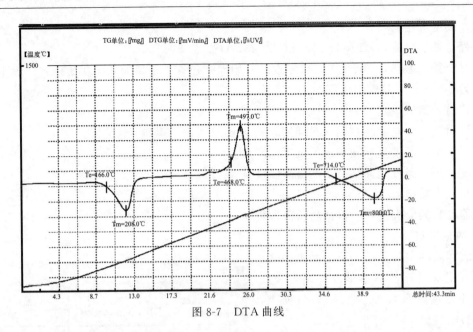

图 8-7　DTA 曲线

（3）选择曲线中放热峰/吸热峰单峰，点击"数据分析-DTA-峰区分析"，软件自动生成一条红色竖线和水平调整光标，用鼠标单击峰前缘平滑处，松开鼠标左键，生成一条平行于 Y 轴的引出线，同理点击峰后缘，完成峰区分析，软件标示出所选各特征点温度，见图 8-8。

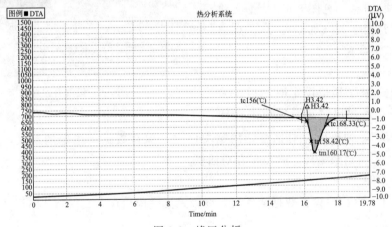

图 8-8　峰区分析

（4）差热曲线分析符号的含义

T_e：外推起点温度，指峰前缘上斜率最大的一点作切线与外延基线的交点；

T_i：拐点，峰前缘上斜率最大的一点，此点二阶微分为 0；

T_c：外推终点温度，指峰后缘上斜率最大的一点作切线与外延基线的交点；

T_m：峰温，峰顶的温度，一阶微分与零线交点；

W：试样的质量，单位 mg；

A：曲线与基线包围的面积，是热量的直接量度，单位 mm^2；

S_d：垂直法得到的峰面积，单位 mm^2；

S_c：连线法得到的峰面积，单位 mm^2；

K：仪器常数或叫比例系数，其大小取决于传热系数，单位 $J \cdot g^{-1} \cdot mm^{-2}$；

H：试样的热焓，单位 mJ；

ΔH：单位质量的焓变，单位 mJ·mg^{-1}；

H_d：垂直法下算出的热焓，单位 mJ·mg^{-1}；

H_c：连线法下算出的热焓，单位 mJ·mg^{-1}；

H_p：峰高，垂直于温度轴或时间轴自峰顶至内插基线的距离；

H_w：峰宽，离开基线点至回到基线点间的温度或时间的间隔。

2. 热重曲线（TG）分析

通过热天平连续记录质量与温度（或时间）的关系，获得热重曲线。热重曲线以质量为纵坐标，以温度 T 或时间 t 为横坐标，即 $m\text{-}T(t)$ 曲线，见图 8-9。它表示过程的失重积累量，属积分型，从热重曲线可得到试样组成、稳定性、热分解温度、热分解产物和热分解动力学等有关数据。TG 曲线分析包括外推温度、拐点及失重量分析。

（1）"数据分析-TG 分析-失重分析参数设置"中选择要分析的参数，点击确认，更改显示的参数。

（2）热重曲线的颜色和标尺栏颜色对应，查看标尺栏顶部注明的名称，或查看曲线显示区图例栏，找准热重曲线。

（3）选择要分析的台阶（单台阶或多台阶），点击"数据分析-TG-失重分析"，软件自动生成相关数据，完成峰区分析。

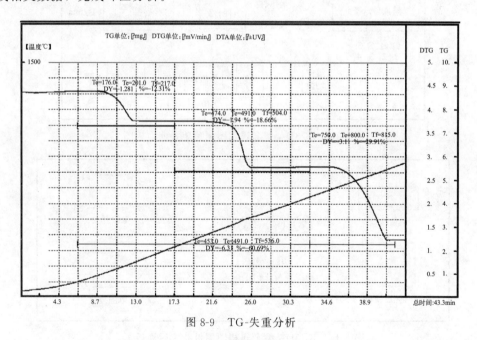

图 8-9 TG-失重分析

（4）常见失重点温度分析。点击"数据分析-TG-失重％点分析"，自动标出试样失重 1％、5％、10％、50％的温度。

点击"数据分析-TG-失重％点分析（区域）"，按照热重分析的方法选择要分析的区域，即可标出在所选区段内失重 1％、5％、10％、50％（相对试样质量）的温度。

"数据分析-TG-失重％点分析 参数设置"，选择要标出的选项，点击确认更改。

（5）热重曲线分析符号的含义

W：试样质量，开始采集时填入的试样质量。

dW：失重量，所选区段质量改变量，W_r-W_1。

％：失重百分比，质量变化（dW）在试样质量（W）中所占的比例。

W_1：左边界质量，分析起始点时的失重量。

W_r：右边界质量，分析终止点时的失重量。

T_e：外推起始温度，台阶斜率最大的一点作切线与外延基线的交点。

T_i：拐点温度，台阶斜率最大的一点，此点二阶微分为 0。

T_c：外推终止温度，台阶斜率最大的一点作切线与外延基线的交点。

T1％、T5％、T10％、T50％：失重 1％、5％、10％、50％（相对于试样质量）时的温度。

重新分析。重新截取待分析的 TG 曲线段重复执行（3）的操作。

8.9　金属相图测量装置

JX-3DA 型金属相图控制器连接计算机和加热器，用于控制加热装置、采集和传送实验数据。其前后面板如图 8-10 和图 8-11 所示，每次实验可同时加热及绘制 4 组分样品。

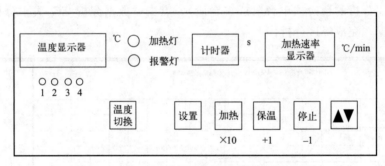

图 8-10　JX-3DA 型金属相图测量装置前面板图

图 8-11　JX-3DA 型金属相图测量装置后面板图

注意：热电偶接口位置的红、绿、蓝、紫分别代表各个通道记录的数据在电脑软件上显示的冷却曲线的颜色，即我们在电脑屏幕上同时看到的是 4 条（4 个样品）实时记录的冷却曲线。

【使用方法】

1. 检查仪器各接口连线连接是否正确，连接好加热装置（本装置为三挡控制，当开关拨至一挡时，1、2、3、4 单元同时加热，拨至二挡时 5、6、7、8 单元同时加热，拨至三挡时 9、10 单元加热）确认连线已接好，插上电源插头，打开电源开关，让仪器预热 10min。

2. 各按钮功能

（1）"温度切换"按钮，是在各个温度探头之间切换，并使探头温度显示窗口显示当前对应的探头温度。如需四个探头温度自动循环显示，操作方法为：按下"温度切换"按钮，依次按下让四个通道走完，再按一下会看到四个指示灯同时亮一下，这时进入自动循环状态，如需停止循环，按一下"温度切换"即可。

（2）"设置"按钮，使 JX-3DA 型金属相图测量装置进入设置状态。

（3）"加热"按钮，使加热器以加热功率开始加热，在设置状态下将调整的数值以 10 倍计算。

（4）"保温"按钮，使加热器以保温功率开始加热，在设置状态下将调整的数值以"＋1"来计算。

（5）"停止"按钮，使加热器停止工作，在设置状态下将调整的数值以"－1"来计算。

（6）"▲▼"按钮，控制时钟的开启与关闭，在设置状态下调整时钟的计时时间。

3. 设置工作参数

（1）按"设置"按钮，加热速度显示器显示"o"，设置目标温度，显示在加热速度显示器上。按"＋1"增加，按"－1"减少，按"×10"左移一位即扩大十倍。

（2）按"设置"按钮，加热速度显示器显示"b"，设置保温功率，显示在加热速度显示器上。按"＋1"增加，按"－1"减少，按"×10"左移一位即扩大十倍。

（3）按"设置"按钮，加热速度显示器显示"c"，设置加热速度，显示在加热速度显示器上。按"＋1"增加，按"－1"减少，按"×10"左移一位即扩大十倍。

（4）"▲▼"用于调整时钟计数可在 0～99 范围内循环。

设置完成后，按下"加热"按钮，加热器开始加热。启动采集系统后开始采集数据（仪器设置及范围参看 JX-3DA 型说明）。

采集数据完成后，按软件使用说明即可绘制相应的曲线。

注意：当面板上"状态"指示灯亮起时，表示仪器进入设置状态。

8.10　阿贝折射仪

实验所采用的 WAY 型阿贝折射仪构造如图 8-12 所示。

【使用方法】

1. 仪器的安装

将折射仪置于靠窗的桌子或白炽灯前，但勿使仪器置于直照的日光中，以避免液体试样迅速蒸发。用橡皮管将测量棱镜和辅助棱镜上保温夹套的进水口与超级恒温槽串联起来，恒温温度以折射仪上的温度计读数为准。

2. 加样

松开锁钮，开启辅助棱镜，使其磨砂的斜面处于水平位置，用滴定管加少量丙酮清洗镜

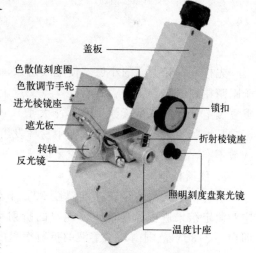

图 8-12　阿贝折射仪实物图

盖板
色散值刻度圈
色散调节手轮
进光棱镜座
遮光板
转轴
反光镜
锁扣
折射棱镜座
照明刻度盘聚光镜
温度计座

面，除去难挥发的污物，用滴定管时注意勿使管尖碰撞镜面。必要时可用擦镜纸轻轻吸干镜面，但勿用滤纸。待镜面干燥后，滴加数滴试样于辅助棱镜的毛镜面上，闭合辅助棱镜，旋紧锁钮。若试样易挥发，则可在两棱镜接近闭合时从加液小槽中加入，然后闭合两棱镜，锁紧锁钮。

3. 对光

转动手柄，使刻度盘标尺上的示值为最小，调节反射镜，使入射光进入棱镜组，同时从测量望远镜中观察，使视场最亮。调节目镜，使视场准丝最清晰。

4. 粗调

转动手柄，使刻度盘标尺上的示值逐渐增大，直至观察到视场中出现彩色光带或黑白临界线为止。

5. 消色散

转动消色散手柄，使视场内呈现一个清晰的明暗临界线。

6. 精调

转动手柄，使临界线正好处在 X 形准丝交点上，若此时又呈微色散，必须重调消色散手柄，使临界线明暗清晰（调节过程在目镜看到的图像颜色变化如图 8-13 所示）。

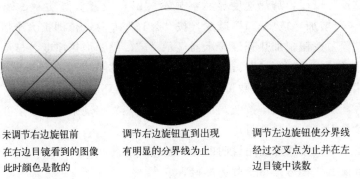

未调节右边旋钮前在右边目镜看到的图像此时颜色是散的　　调节右边旋钮直到出现有明显的分界线为止　　调节左边旋钮使分界线经过交叉点为止并在左边目镜中读数

图 8-13　滴定过程目镜图像

7. 读数

先打开罩壳上方的小窗，使光线射入，然后从读数望远镜中读出标尺上相应的示值。由于眼睛在判断临界线是否处于准丝点交点上时，容易疲劳，为减少偶然误差，应转动手柄，重复测定三次，三个读数相差不能大于 0.0002，然后取其平均值。试样的成分对折射率的影响是极其灵敏的，沾污或试样中易挥发组分的蒸发，使试样组分发生微小的改变，会导致读数不准，因此测一个试样须重复取三次样，测定这三个样品的数据，再取其平均值。

8. 仪器校正

折射仪上的刻度是在标准温度 20℃ 下刻制的，所以最好在 20℃ 下测定折射率。否则，应对测定结果进行温度校正。纯水的折射率在 10～30℃ 之间的温度系数为 $-0.0001℃^{-1}$，即在 10～30℃ 范围内，水溶液的折射率温度校正公式为：

$$n^{20} = n^t + 0.0001 \times (t/℃ - 20)$$

有机溶液的折射率温度校正公式为

$$n^{20} = n^t + 0.00038 \times (t/℃ - 20)$$

由此可见，只有严格控制测定温度，才能准确测定物质的折射率。一般来说，如果要求折射率的准确度为 0.002，则温度波动应小于 ±3℃；如果要求折射率的准确度为 0.0001，则温度波动应小于±0.2℃；如果要求折射率的准确度为 0.00001，则温度波动应小于±0.02℃。当温度低于 10℃ 或高于 30℃ 时，不能用上述校正公式进行换算，而须通入恒温水，使样品达到规定温度后，再测定折射率。

折射仪的刻度盘上的标尺的零点有时会发生移动，须加以校正。校正的方法是用一种已知折射率的标准液体，一般是用纯水，按上述方法进行测定，将平均值与标准值比较，其差值即为校正值。在精密的测定工作中，须在所测范围内用几种不同折射率的标准液体进行校正，并画成校正曲线，以供测试时对照校核。也可以直接校正仪器，校正时若读数有偏差，可先使读数指示蒸馏水或标准样品的折射率值，再调节分界线调节旋钮，直至明暗分界线恰好通过十字交叉点。在以后的测定过程中，不许再动分界线调节旋钮。纯水在 10～30℃ 的折射率如表 8-2 所示。

表 8-2　纯水在 10～30℃ 的折射率

温度/℃	折射率	温度/℃	折射率
10	1.33371	21	1.33290
11	1.33363	22	1.33281
12	1.33359	23	1.33272
13	1.33353	24	1.33263
14	1.33346	25	1.33253
15	1.33339	26	1.33242
16	1.33332	27	1.33231
17	1.33324	28	1.33220
18	1.33316	29	1.33208
19	1.33307	30	1.33196
20	1.33299		

【注意事项】

1. 在阿贝折射仪中，最关键的地方是一对直角棱镜，开合棱镜要小心，使用时不能将滴管或其他硬物碰到镜面。滴管口要烧光滑，以免不小心碰到镜面造成刻痕。

2. 在每次滴加样品前，均应洗净镜面，使用完毕后应用丙酮或乙醚洗净镜面并干燥。擦洗时只能用柔软的棉巾或镜头纸吸干液体，而不能用力擦，防止将毛玻璃面擦光。

3. 用完后要流尽金属套中的水，拆下温度计并装在盒中。擦净镜面，待干燥后在两棱镜间垫上一小张擦镜纸，关闭棱镜，然后放入箱内。箱内必须放上干燥剂。

4. 保持仪器的清洁，严禁用油手或汗手触及光学零件，镜上不允许积有灰尘。有时在目镜中看不到半明半暗而是畸形的，这是棱镜间未曾充满液体；若出现弧形光环，则可能是有光线未经过棱镜而直接照射在聚光透镜上。

5. 若液体折射率不在 1.3～1.7 范围内，则阿贝折射仪不能测定，也看不到明暗界线。折射仪不要被日光直接照射或靠近热的光源（如电灯泡），以免影响测定温度。

6. 用校正螺钉进行仪器校正，须在老师指导下进行，学生不得擅自操作。

7. 仪器应避免强烈振动或撞击，以防止光学零件损伤及影响精度。

8.11　超级恒温水浴

【使用方法】

1. 实验所采用的 SYC-15B 超级恒温水浴结构见图 8-14。先将加热器开关、搅拌器开关置于"关"的位置，按下电源开关，此时显示器和指示灯均有显示。

2. 回差的选择。接通电源后，"恒温"指示灯亮，回差处于0.5。按"回差"键，回差指示灯将依次显示为0.5、0.4、0.3、0.2、0.1，选择所需的回差值即可。

3. 控制温度的设置。按移位键 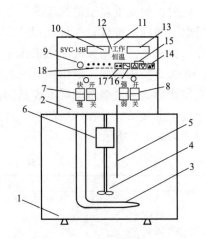 ，显示器LED的十位数字闪烁，再按 ▲ 键，选择所需设定温度的十位，同样方法分别设定所需温度的个位和十分位，再按移位键 ，"工作"指示灯亮。此时显示器LED显示值即为设定的温度值。

4. 仪表进入自动升温控温状态。打开恒温水浴的加热器开关和水搅拌开关，需要快搅拌时"水搅拌"置于"快"位置。通常情况下置于"慢"位置即可。升温过程中为使升温速度尽可能快，可将加热器功率置于"强"位置。当温度接近设定温度2～3℃时，将加热器功率置于"弱"的位置，以免过冲，达到较为理想的控温目的。

5. 循环水泵的使用。内循环时，只用一根备用橡胶管将两接嘴短接即可。外循环需用两只橡胶管，具体连接方式可根据实际需要而定。

6. 工作完毕，关闭加热器电源、搅拌器电源、控制器电源开关。为安全起见，拔下电源插头。

图 8-14　SYC-15B 超级恒温水浴结构示意图

1—不锈钢水浴箱；2—控温机箱；3—加热器；
4—搅拌器；5—温度传感器；6—循环水泵；
7—搅拌器开关；8—加热器开关；9—电源总开关；
10—温度显示窗口；11—工作指示灯；
12—恒温指示灯；13—设定温度显示窗口；
14—复位键；15—增、减键；
16—移位键；17—回差键；18—回差指示灯

【注意事项】

1. 不宜放置在潮湿及有腐蚀性气体的场所，应放置在通风干燥的地方。

2. 长期搁置再启用时，应将灰尘打扫干净后，将水浴试通电，试运行，检查有无漏电现象，避免因长期搁置产生的灰尘及受潮造成漏电事故。

3. 为保证使用安全，严禁无水干烧（无水通电加热）。水浴水位高于150mm才能通电加热，水位过低可能造成"干烧"而损坏加热器。

8.12　双液系沸点测定仪

图 8-15 为 FDY-Ⅱ型双液系沸点测定仪前面板示意图。

【使用方法】

1. 将传感器插头插入后面板上的"传感器"插座。

2. 将～220V 电源接入后面板上的电源插座。

3. 按图连好沸点仪实验装置，传感器勿与加热丝相碰。

4. 接通冷凝水。量取待测溶液加入蒸馏瓶内，并使传感器和加热丝，浸入溶液内。打开电源开关，调节"加热电源调节"旋钮（电压为15V即可），按照步骤开始实验。

5. 实验结束后，关闭仪器。

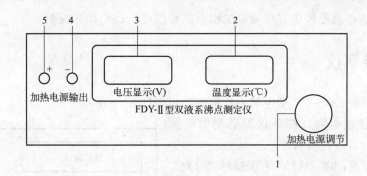

图 8-15　FDY-Ⅱ型双液系沸点测定仪前面板示意图

1—电源开关；2—温度显示窗口；3—电压显示窗口；4—负极接线柱；5—正极接线柱

【注意事项】

1. 加热丝一定要被被测液体浸没，否则通电加热时可能会引起有机液体燃烧。

2. 加热功率不能太大，加热丝上有小气泡逸出即可。

3. 温度传感器不要直接碰到加热丝。

8.13　恒温加热磁力搅拌器

磁力搅拌器的种类很多，下面以 WH220-HT 型恒温加热磁力搅拌器为例介绍其使用方法。WH220-HT 型恒温加热磁力搅拌器的特点是：可同时进行磁力搅拌和加热，搅拌速率为 $100 \sim 1200 r \cdot min^{-1}$；数字显示，直接读取搅拌速率、热板温度和被加热液体的温度；热板温度在 $50 \sim 500 ℃$、液体温度在 $40 \sim 300 ℃$ 范围内随意设定和控制。

【使用方法】

1. 运行

(1) 按下设备右侧电源开关开启设备。此时设备会进行自检，蜂鸣器会发出响声。

(2) 按下 start/stop 键设备启动，同时左上角左数第二个指示灯亮。顺时针方向打开调速旋钮，指示灯亮，缓慢旋转该钮加速至所需转速。

2. 设置温度和转数

(1) 按 select 来切换功能键，LED 下方的指示灯对应相应的功能。

SETTEMP：设置温度　　　　　　　PRO. TEMP：实际温度

PRO. RPM：实际转速　　　　　　 SETRPM：设置转速

(2) 按↑、↓设置温度和时间，一直按着上下箭头，可以快速增减数值。

(3) 按 select 查看实际温度和实际转速。

(4) 按下 start/stop 键设备停止。

【注意事项】

1. 每次使用完毕后应拔掉电源。

2. 如发生搅拌失控现象，应将"调速"旋钮调至低速位置，待稳定后再缓慢提高速率。

3. 应避免使用金属容器或底部过厚及底部不平的容器，否则搅拌能力会下降。

4. 在搅拌黏稠液体时，应适当减小液体体积并降低转速。

5. 每次开机控温加热时，显示温度高于设定温度属正常，逐渐达到所需温度。

6. 严禁用液体温度探头直接测量工作台热板温度，以免损坏探头。

8.14 电导率仪

实验所采用的 DDS-307 型电导率仪控制面板如图 8-16 所示。

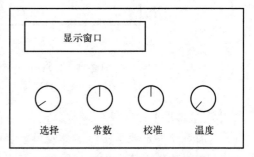

1. 预热：接通电源，按下仪器后侧的电源开关，预热 30min 后进行校准。

2. 仪器的校准：将"选择"开关指向"检查"，"常数"补偿调节旋钮指向"1"刻度线，"温度"补偿调节旋钮指向"25"刻度线，调节"校准"旋钮，使仪器显示 $100.0\mu S\cdot cm^{-1}$，校准完毕。

3. 常数设置：调节"常数"补偿旋钮，使仪器显示值与电极上所标常数值一致。如电极常数为 $1.025cm^{-1}$，则调节"常数"补偿旋钮使仪器显示为 102.5。

图 8-16 电导率仪控制面板示意图

4. 测量：调节"选择"开关置于合适的量程位置，则读数为待测液体的电导率。如果测量过程中显示值熄灭，说明测量值超出量程范围，此时，应切换"选择"开关至上一挡量程。

注：如果调节"温度"补偿旋钮指向待测溶液的实际温度值，此时测量结果将是经过温度补偿后折算为 25℃下的电导率值；如果调节"温度"补偿旋钮指向"25"刻度线，那么测量结果将是待测液体在该温度下未经补偿的原始的电导率值。

8.15 酸度计

【使用方法】

图 8-17 为所采用的 pH-400 型酸度计的液晶显示屏。图 8-18 为其按键面板。各按键的功能详见表 8-3。

图 8-17 液晶显示屏

1—电导率测量模式图标；2—测量值；3—校准模式图标（CAL）和编号；4—测量单位；5—温度单位（℃和℉）；6—校准过程显示的 pH 和电导率单位；7—校准过程显示的 pH 和电导率值、数据储存和回显的编号以及特殊显示模式的提示符号；8—数据储存和回显的图标（M^+ 为测量值储存图标，RM 为测量值回显图标）；9—温度值以及特殊显示模式的提示符号；10—自诊断图标和编号；11—温度补偿状态图标（ATC 为自动温度补偿，MTC 为手动温度补偿）；12—校准指示图标；13—读数稳定显示图标；14—最大值和最小值图标

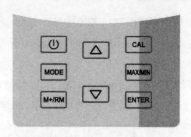

图 8-18　按键面板

表 8-3　按键操作和功能

按键	操作	功能
		pH-400 台式 pH 计
⏻	短按	开关电源
MODE	短按	选择测量模式：pH→mV
	长按	进入参数设置：P1→P2→…P4
CAL	短按	进入和退出校准模式
ENTER	短按	在校准模式：按键进行校准 在参数设置模式：按键确认并返回测量模式
M+/RM	短按	储存测量值
	长按	回显储存的测量值
△ ▽	短按 长按	在手动温度补偿（MTC）模式，短按改变温度值，长按快速改变 在参数设置模式，按键改变参数和设置 在回显（RM）模式，短按选择储存编号，长按快速改变
MAX/MIN		最大值和最小值按键

1. 将电源适配器插头插入仪器的 "DC9V" 插座中并插紧。电源电压应符合适配器上标注的电压要求。适配器插口内径 2.5mm，电源内 "＋" 外 "－"。

2. 将电极接头接入仪器 "pH/mV" 接口。

3. 按 ⏻ 键开机，按 MODE （转换）键可切换不同的测量模式（pH，mV 或相对 mV）。

4. pH 计最多可用三种缓冲液校准。校准时要将电极浸入缓冲液中搅拌均匀， CAL 键进行相应缓冲值的校准。

5. 显示屏显示当前 pH、mV 或相对 mV 测量值。

6. 按 Setup（设置）键可显示经校准而得到的信息和清除或选择输入的缓冲液值。

【电极的安装和维护】

1. 去掉电极的防护帽。

2. 建议电极在第一次使用前，或电极填充液干了，应该浸在标准溶液或 KCl 溶液中 24h 以上。

3. 去掉 pH 计接头防护帽，将电极插头接到背面 BNC（电极）和 ATC（温度探头）输入孔。

4. ORP 及离子选择电极的选择性连接。去掉 BNC 密封盖，将电极接到 BNC 输入孔。

5. 在各次测量之间要清洗电极，吸干电极表面溶液（不要擦拭电极），用蒸馏水或去离子水或待测溶液进行冲洗。

6. 将玻璃电极存放在电极填充液 KCl 溶液中或电极存储液中。测量过程中如选择可填充电解液电极，加液口应敞开，在存放时关闭。注意在内部溶液液面较低时添加电解液。温度探头应干燥存放。

【pH 计校准】

因为电极的响应会发生变化，因此 pH 计和电极都应校准，以补偿电极的变化，越有规律地进行校准，测量就越精确。为了获得精确的测量结果，有必要每天或经常进行校准。

pH 计最多可使用 3 种缓冲液进行自动校准。若再输入第四种缓冲液时，将替代第 1 种缓冲液的值。

pH-400 型 pH 计具有自动温度补偿功能。

(1) 按 CAL 键，仪器进入校准模式，LCD 右上角闪烁 CAL1 图标，LCD 右下角闪烁 6.86 pH，提示用 pH 6.86 缓冲溶液进行第 1 点校准。

(2) 用纯水清洗电极并甩干，浸入 pH 6.86 缓冲溶液中，搅动后静止放置等待读数稳定。LCD 右下角显示对校准溶液进行扫描和锁定的过程，LCD 显示稳定的☺图标，此时按 ENTER 键将仪器校准。校准成功后 LCD 显示 End 图标，第 1 点校准结束。同时 LCD 右上角闪烁 CAL2 图标，LCD 右下角交替显示 4.00 pH 和 9.18 pH，提示用 pH 4.00 或 pH 9.18 缓冲溶液进行第 2 点校准。

(3) 取出 pH 电极，用纯水洗净并甩干，浸入 pH 4.00 缓冲溶液中，搅动后静止放置等待读数稳定。LCD 右下角显示对校准溶液进行扫描和锁定的过程，当仪器锁定 4.00 pH 时 LCD 将显示稳定的☺图标，此时按 ENTER 键将仪器校准。校准成功后 LCD 显示 End 图标和酸性量程的电极斜率，第 2 点校准结束，同时 LCD 右上角闪烁 CAL3 图标，右下角闪烁 9.18 pH，提示用 pH 9.18 缓冲液进行第 3 点校准。

(4) 第 3 点校准同步骤 (2) 和 (3) 一致，第 3 点校准结束后在 LCD 显示稳定的测量值和校准指示图标 Ⓛ Ⓜ Ⓗ。

(5) 在三点校准过程中，按 CAL 键可随时退出校准程序，即仪器可任意进行 1 点、2 点或 3 点校准，LCD 将分别显示对应的校准指示图标。

【mV（相对 mV）测量方式的校准】

测量 mV 主要是为了确定离子浓度和氧化还原电势。

为了确定离子浓度，可以使用离子选择性电极（ISE）记录离子浓度，且使其以电势形式（mV 模式）显示，由电势值能确定试样的离子浓度（借助于事先记录的校准曲线）。

氧化还原电势的测量，可用于监测或控制需要定量还原剂或氧化剂的溶液中。

(1) 按 ⏻ 键开机，按 MODE 键切换至 mV 测量模式。

(2) 接上电极并浸入被测溶液中，稍加搅动后静止放置，待读数稳定并显示☺图标后读数。

【错误诊断】

在校准和测试过程中，仪器有自诊断功能，会提示相应信息，如表 8-4 所示。

表 8-4　pH 测量模式自诊断信息

显示符号	内容	提示
Err 1	校准时 pH 校准溶液超出仪器的识别范围	1. 检查 pH 缓冲溶液是否正确 2. 检查仪器与电极连接是否良好 3. 检查电极是否损坏
Err 2	pH 电极零电位超标 （＜−60mV 或＞60mV）	1. 检查电极球泡中不能有气泡 2. 检查 pH 缓冲溶液是否正确 3. 更换新的 pH 电极
Err 3	pH 电极斜率超标 （＜85％或＞110％）	
Err 4	校准时测量值未稳定按 ENTER 键	显示 ☺ 图标后再按 ENTER 键
Err 5	校准时测量值长时间不稳定（≥3 min）	1. 检查电极球泡中不能有气泡 2. 更换新的 pH 电极

8.16　数字电位差综合测试仪

实验采用 SDC-Ⅱ型数字电位差综合测试仪，该设备将 UJ 系列电位差计、光电检流计、标准电池等集成为一体。电位差值六位显示，既可使用内部基准进行校准，又可外接标准电池作基准进行校准。保留电位差计测量功能，电路采用对称漂移抵消原理，克服了元器件的温漂和时漂，提高测量的准确度。

【使用方法】

1. 开机

用电源线将仪表后面板的电源插座与～220V 电源连接，打开电源开关（ON），预热 15min 再进入下一步操作。

2. 以内标为基准进行测量

（1）校验

① 将"测量选择"旋钮置于"内标"。

② 将测试线分别插入测量插孔内，将"10^0"位旋钮置于"1"，"补偿"旋钮逆时针旋到底，其他旋钮均置于"0"，此时，"电位指标"显示"1.00000"V，将两测试线短接。

③ 待"检零指示"显示数值稳定后，按一下"采零"键，此时，"检零指示"显示为"0000"。再将"测量选择"旋钮转至"断"挡。

（2）测量

① 用测试线将被测电动势按"＋""－"极性与"测量插孔"连接。

② 将"测量选择"置于"测量"。

③ 调节"10^0～10^{-4}"五个旋钮，使"检零指示"显示数值为负且绝对值最小。

④ 调节"补偿旋钮"，使"检零指示"显示为"0000"，此时，"电位显示"数值即为被测电动势的值。

3. 以外标为基准进行测量

(1) 校验

① 将"测量选择"旋钮置于"外标"。

② 将已知电动势的标准电池按"＋""－"极性与"外标插孔"连接。

③ 调节"$10^0 \sim 10^{-4}$"五个旋钮和"补偿"旋钮，使"电位指示"显示的数值与外标电池数值相同。

④ 待"检零指示"数值稳定后，按一下"采零"键，此时，"检零指示"显示为"0000"。再将"测量选择"旋钮转至"断"挡。

(2) 测量

① 拔出"外标插孔"的测试线，再用测试线将被测电动势按"＋""－"极性接入"测量插孔"。

② 将"测量选择"置于"测量"。

③ 调节"$10^0 \sim 10^{-4}$"五个旋钮，使"检零指示"显示数值为负且绝对值最小。

④ 调节"补偿旋钮"，使"检零指示"为"0000"，此时，"电位显示"数值即为被测电动势的值。

【注意事项】

1. 测量过程中，若"检零指示"显示溢出符号"OU·L"，说明"电位指示"显示的数值与被测电动势值相差过大。应尽快测量，避免电极极化。

2. 为降低电极极化现象，不测量时，应将"测量选择"置于"断"位。

8.17　甘汞电极

甘汞电极属于第二类电极，即 $Hg, Hg_2Cl_2(s), KCl$(溶液)。其中 KCl 溶液浓度通常为饱和、$1mol \cdot L^{-1}$ 和 $0.1mol \cdot L^{-1}$ 三种，分别称为饱和、$1mol \cdot L^{-1}$ 和 $0.1mol \cdot L^{-1}$ 甘汞电极。其电极反应为：

$$Hg_2Cl_2(s) + 2e^- = 2Hg(l) + 2Cl^-(aq)$$

电极电位为：

$$E\{Hg_2Cl_2(s)/Hg\} = E^{\ominus}\{Hg_2Cl_2(s)/Hg\} - \frac{RT}{F}\ln a(Cl^-)$$

式中，$E^{\ominus}\{Hg_2Cl_2(s)/Hg\}$ 为甘汞电极的标准电位，$E^{\ominus}\{Hg_2Cl_2(s)/Hg\} = 0.2685V$。

甘汞电极的电位在不同资料中报道的数值并不一致。在电极电位计算中可任选一种，但在整个计算中所采用的甘汞电极电位必须一致。甘汞电极的电位随温度升高而降低。饱和甘汞电极在不同温度下的电位可由下式计算：

$$E(饱和) = 0.2420 - 0.00076(t - 25)$$

式中，t 为摄氏温度。

饱和甘汞电极的温度系数虽然较大，但使用和维护方便，因此最常使用。

甘汞电极不宜用在强酸性及强碱性溶液中。如果被测溶液中不允许含 Cl^-，应避免直接插入甘汞电极，可用盐桥和中间容器隔开。应注意甘汞电极的清洁，不得使灰尘或外离子进入该电极内部。也必须注意不得倾倒或剧烈振动。212 型甘汞电极在使用时，可将橡皮帽打开，使其中 KCl 溶液缓缓外流，而外部溶液不易流入电极内。当电极内溶液太少时，应及时补充。

8.18　电化学工作站

本仪器可用于常规电化学测试。下面简单介绍 CHI 电化学工作站用于测定循环伏安曲线的方法。图 8-19 为 CHI 电化学测试系统设置界面。界面最上方的菜单功能如下。

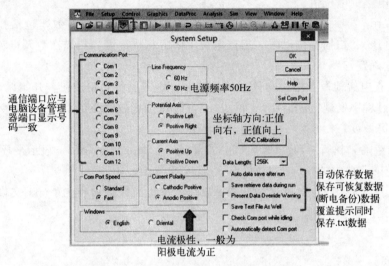

图 8-19　CHI 电化学测试系统设置界面

File（文件）菜单：主要处理文件的新建、打开、存储、删除、转换为文本文件和打印图形数据等功能。

Setup（设置）菜单：主要处理实验技术选择、试验参数设定、系统设置和硬件测试等功能。

Control（控制）菜单：主要处理试验过程的控制功能，包括运行试验、暂停/继续试验、反转扫描极性、反复运行试验、终止试验等。

Graphics（图形显示）菜单：处理实验数据的显示功能，包括当前数据作图、数据重叠/平行显示、局部放大、手工报告结果、图形的颜色字体设置等。

Dataproc（数据处理）菜单：主要完成实验数据的进一步处理，包括平滑、插值、修改或删除数据点、背景扣除、基线校正、信号平均、数学运算等。

Analysis（分析）菜单：主要用于数据的分析，包括校正曲线、标准加入法、数据文件分析报告、时间依赖关系等。

Sim（模拟）菜单：可实现对给定反应机理的循环伏安法进行数字模拟和数据拟合，也可对交流阻抗等效电路进行模拟和数据拟合。

View（查看）菜单：用于显示当前数据的性质、数据列表、有关电化学过程的数学表达式等。

Window（窗口）菜单：用于对工作区域现有数据的显示方式的控制。

Help（帮助）菜单：包含系统提供的帮助文件和设备供应商的一些信息。

【使用方法】

1. 打开 CHI 电源，预热 30min，然后打开计算机。

2. 将工作电极、辅助电极、参比电极安放在装有电解液的电解池内后，分别与 CHI 电化学工作站的相应接线柱相连接。

3. 通过计算机进入 CHI 操作软件。执行 Setup 命令中的 Technique 选项，通过选择 Cyclic Voltammetry 设定循环伏安实验技术。

4. 在 Control 选项下，点击 Open Circle Potential，获取开路电压值（即未通电时研究电极相对参比电极的电位值）。

5. 执行 Setup 选项中的 Parameters 命令，设定循环伏安实验参数，包括扫描起始电位（通常为开路电压）、扫描电位上限、扫描电位下限、扫描速度、扫描次数及电流记录灵敏度（根据预备实验确定）。

6. 再次检查电解池及各电极与仪器的连接后，点击黑色开始按钮，开始循环伏安实验。

如果实验过程中发现电流溢出，可通过点击红色停止按钮终止实验，在参数设定命令中重设电流记录灵敏度。

7. 实验结束后，执行 Graphics 选项中的 Present Data Plot 命令，显示循环伏安曲线。

8. 执行 File 菜单中的 Save As 命令，存储实验数据。

9. 执行 File 菜单中的 Convert to Text 命令，将实验数据转换为 .text 文件，便于用通用软件处理数据。

10. 实验完毕，关机。

【注意事项】

1. 仪器的电源应采用单相三线。

2. 如开机时仪器噪声较大，应检查风扇是否正常运转。

3. 仪器不宜时开时关，但晚上离开实验室时切记关机。

4. 仪器使用温度为 15～28℃，此温度范围外也能工作，但会造成漂移和影响仪器寿命。

5. 电极夹头长时间使用会造成脱落，可自行焊接，但注意夹头不要和同轴电缆外面一层网状的屏蔽层短路。

6. 保持仪器干燥通风，切勿使仪器接触强酸、强碱及其他腐蚀性药品。

8.19 紫外-可见分光光度计

以 722S 型紫外-可见分光光度计为例介绍分光光度计的使用方法。

【使用方法】

1. 预热：打开样品室盖，此时光路呈关闭状态。开机预热 30min 后进行测定工作。仪器开关在机器的左侧后方。

2. 调整波长：使用仪器上的旋钮调整所需要的波长，并从显示窗垂直观察波长读数。

3. 调零（0％T）：用"模式"键将仪器调至透射比状态，样品室在开盖状态下，按"0％"键即能自动调整零位。

4. 调 100％T：将用作背景的空白试样置入样品室光路中，盖下样品室盖，此时光路呈打开状态，在透射比状态下，按"100％"键，即能自动调整 100％T 位。如一次调不到，可再按一次。

注意：每改变一次波长都需要重调 $100\%T$。

5. 样品测试：将盛有样品的比色皿放入样品槽中，盖下样品室盖，用拉杆改变试样槽位置，使欲测样品处于光路中，用"模式"键将仪器调至吸光度状态，待读数稳定后即可读数。

6. 拉杆有定位感，到位时应前后轻轻推动一下，以确保定位正确。

7. 关机：测试结束后，关闭开关。将比色皿洗干净并倒置于仪器旁，并在下面垫上一小片滤纸。

8. 在测试过程中，应随时观察、调整 $0\%T$ 和 $100\%T$，以确保准确测定。为保护仪器的光电池，延长其使用寿命，在调整波长或更换样品时，应将样品室盖打开。

8.20　高速离心机

以 LG10-2.4A 型高速离心机为例介绍离心机使用方法。该离心机控制面板如图 8-20 所示。

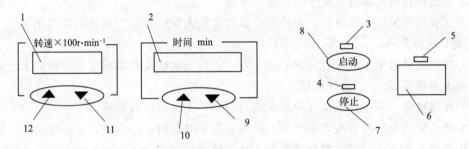

图 8-20　LG10-2.4A 型高速离心机控制面板示意图

1. 转速显示窗：显示预置转速和实际转速。数字闪烁显示时，为预置转速，由加速键 12 或减速键 11 控制数字闪烁增加或减小。启动后，自动显示实际转速。

2. 时间显示窗：显示预置定时运转时间和剩余运转时间。显示预置定时运转时间范围：$0\sim999$min。显示数字由加时键 10 或减时键 9 控制，正计时快速增加或减小。启动后，倒计时显示剩余运转时间。

3. 启动灯：机器运转时灯亮，停止时灯熄。

4. 停止灯：机器停止时灯亮，运转时灯熄。

5. 电源指示灯：电源接通时灯亮，断开时灯熄。

6. 电源开关：向上按开关时，电源接通；向下按开关时，电源断开。

7. 停止键：按此键机器停止运转，停止灯亮。

8. 启动键：按此键机器开始运转，启动灯亮。

9. 减时键：按住或点动此键，预置定时运转时间将连续或断续减少。

10. 加时键：按住或点动此键，预置定时运转时间将连续或断续增加。

11. 减速键：预置转速时，按住或点动此键，预置转速将连续或断续地闪烁减小，启动后，自动显示实际转速。

12. 加速键：预置转速时，按住或点动此键，预置转速将连续或断续地闪烁增加，启动后，自动显示实际转速。

注意：运转中按11或12键，将闪烁减小或增加预置转速，3s后显示实际转速。

【使用方法】

1. 运转前检查

(1) 电源的电压、电流（保险）是否符合要求。

(2) 确保转头安装到位，转动灵活。金属件无腐蚀痕迹。同时检查固定转头的锁母是否旋紧。

(3) 检查离心腔、驱动轴和转头的安装表面，确保清洁。

(4) 检查分离物与转头、试管的化学相溶性。

(5) 确保试样等重配平，对称放置。严禁在不平衡量＞3g的状态下进行运转。

(6) 确保良好的工作环境，如必要的通风和隔离。

(7) 试液密度$\leqslant 1.2g \cdot cm^{-3}$。

2. 试样平衡

(1) 用专用天平将所分离的试样称重配平（最大质量差$\leqslant 3g$），并对称放置于转头。

(2) 单份试样可用水与之配平，并对称放置。

(3) 试管内所放试样的液面，不许超出试管"最大使用容量"刻线，以防止飞液。

3. 离心机操作

(1) 按住机器右侧手柄，打开离心机上盖，正确安装转头并紧固后，对称装上已配平的试样（最大质量差$\leqslant 3g$），盖好机器上盖，并锁住。

(2) 接通电源：将电源线接入单相交流（220V，10A）三线插座。

(3) 离心机通电：向上按电源开关，机器通电，电源指示灯5亮，停止灯4亮，转速显示窗1闪烁显示数字"000"，时间显示窗2显示数字"000"。

(4) 设置转速：按住或点动加速键12或减速键11，根据需要设置相应转速。转速显示窗闪烁显示预置转速，启动后，自动显示实际转速。（未按启动键时闪烁显示预置转速。）

(5) 设置定时：按住或点动加时键10或减时键9，按要求设置定时时间（定时范围0～999min）。

(6) 启动：按启动键8，机器开始运转，启动灯3亮，停止灯4熄，转速显示窗1停止闪烁后，显示实际转速。经短时间后，机器自动平稳地达到预置转速。

(7) 停机：①时间显示窗倒计时显示"000"，自动停机，停止灯亮，启动灯熄。当转速显示窗显示"000"时，机器发出"哔、哔"鸣叫声，以示提醒。此时，转速显示窗开始闪烁显示上次启动前的预置转速，时间显示窗显示上次启动前的定时时间。②运转中停机：按停止键，停机，停止灯亮，启动灯熄。

(8) 当转速显示窗显示"000"，同时机器发出"哔、哔"鸣叫声后，方可开盖，取出试样。如下次继续分离同类样品，所需转速、定时相同时，不关电源的情况下，重新按"启动"键即可。

(9) 运行完毕：①向下按电源开关，机器断电。②拔下电源线。③擦拭机器。

(10) 本机具有超速和失速保护及报警装置。当设置转速＞13000r·min^{-1}或因故障造成机器超速（$\geqslant 13000$r·min^{-1}）或失速运转时，本机将自动停机并发出连续报警声，此时须按电源开关，使机器断电后再通电，方可重新设置、运行。如出现故障，停止使用。

【注意事项】

1. 操作前应详细阅读使用说明书。
2. 严禁转头超速运转。严禁在不平衡量＞3g 的状态下进行运转。
3. 试管内所放试样的液面，不许超出试管"最大使用容量"刻线，以防止飞液。
4. 每次运转前，须检查固定转头的锁母是否旋紧。
5. 离心机电器发生故障，应立即切断电源。

8.21　自动指示旋光仪

【旋光现象和旋光度】

一般光源发出的光，其光波在垂直于传播方向的全部方向上振动，这种光称为自然光，或称为非偏振光；而只在一个方向上有振动的光称为平面偏振光。当一束平面偏振光通过某些物质时，其振动方向会发生改变，此时光的振动面旋转一定的角度，这种现象称为物质的旋光现象，这种物质称为旋光物质。旋光物质使偏振光振动面旋转的角度称为旋光度。尼柯尔（Nicol）棱镜就是利用旋光物质的旋光性而设计的。

【构造原理和结构】

旋光仪的主要元件是两块尼柯尔棱镜。尼柯尔棱镜是由两块方解石直角棱镜沿斜面用加拿大树脂黏合而成的，如图 8-21 所示。

当一束单色光照射到尼柯尔棱镜时，分解为两束相互垂直的平面偏振光，一束折射率为 1.685 的寻常光，一束折射率为 1.486 的非寻常光，这两束光线到达加拿大树脂黏合面时，折射率大的寻常光（加拿大树脂的折射率为 1.550）被全反射到底面上的墨色涂层而被吸收，而折射率小的非寻常光则通过棱镜，这样就获得一束单一的平面偏振光。用于产生平面偏振光的棱镜称为起偏镜。如让起偏镜产生的偏振光照射到另一个透射面与起偏镜透射面平行的尼柯尔棱镜，则

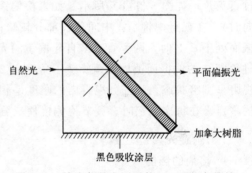

图 8-21　旋光仪的主要元件——尼柯尔棱镜

这束平面偏振光也能通过第二个棱镜。如果第二个棱镜的透射面与起偏镜的透射面垂直，则由起偏镜出来的偏振光完全不能通过第二个棱镜。如果第二个棱镜的透射面与起偏镜的透射面之间的夹角 θ 在 0°～90°之间，则光线部分通过第二个棱镜，第二个棱镜称为检偏镜。通过调节检偏镜，能使透过的光线强度在最强和零之间变化。如果在起偏镜与检偏镜之间放有旋光性物质，则物质的旋光作用，使来自起偏镜的光的偏振面改变了某一角度，只有检偏镜也旋转同样的角度，才能补偿旋光线改变的角度，使透过的光的强度与原来相同。旋光仪就是根据这种原理设计的，如图 8-22 所示。

通过检偏镜用肉眼判断偏振光通过旋光物质前后的强度是否相同是十分困难的，这会产生较大误差。为此设计了一种在视野中分出三分视野的装置，如图 8-23 所示。其原理是：在起偏镜后放置一块狭长的石英片，由起偏镜透来的偏振光通过石英片时，石英片的

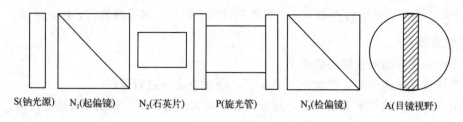

S(钠光源)　N₁(起偏镜)　N₂(石英片)　P(旋光管)　N₃(检偏镜)　A(目镜视野)

图 8-22　旋光仪的设计原理

旋光性使偏振旋转了一个角度 φ，通过镜前观察。

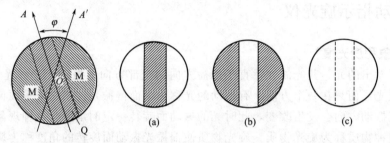

图 8-23　三分视野示意图

A 是通过起偏镜的偏振光的振动方向，A' 是又通过石英片旋转一个角度后的振动方向，此两偏振方向的夹角 φ 称为半暗角（$\varphi=2°\sim3°$）。如果旋转检偏镜使透射光的偏振面与 A' 平行，在视野中将观察到：中间狭长部分较明亮，而两旁较暗。这是由于两旁的偏振光不经过石英片，如图 8-23（b）所示。如果检偏镜的偏振面与起偏镜的偏振面平行（即在 A 的方向时），在视野中将是：中间狭长部分较暗而两旁较亮，如图 8-23（a）所示。当检偏镜的偏振面处于 $\varphi/2$ 时，两旁直接来自起偏镜的光偏振面被检偏镜旋转了 $\varphi/2$，而中间被石英片转过角度 φ 的偏振面被检偏镜旋转了角度 $\varphi/2$。这样中间和两边的光偏面都被旋转了 $\varphi/2$，故视野呈微暗状态，且三分视野内的暗度是相同的，如图 8-23（c）所示。将这一位置作为仪器的零点，在每次测定时，调节检偏镜使三分视界的暗度相同，然后读数。

【影响旋光度的因素】

1. 溶剂的影响

旋光物质的旋光度主要取决于物质本身的结构。另外，还与光线透过物质的厚度、测量时所用光的波长和温度有关。如果被测物质是溶液，影响因素还包括物质的浓度，溶剂也有一定的影响。因此旋光物质的旋光度，在不同的条件下，测定结果通常不一样，因此一般用比旋光度作为量度物质旋光能力的标准，其定义式为：

$$[\alpha]_D^t=\frac{\alpha}{lc}$$

式中，D 表示光源，通常为钠 D 线；t 为实验温度；α 为旋光度；l 为液层厚度，cm；c 为被测物质的浓度[以每毫升溶液中含有样品的质量（g）表示]。在测定比旋光度值时，应说明使用什么溶剂，如不说明一般指水为溶剂。

2. 温度的影响

温度升高会使旋光管膨胀而长度加长，从而导致待测液体的密度降低。另外，温度变化还会使待测物质分子间发生缔合或解离，使旋光度发生改变。通常温度对旋光度的影响可用下式表示：

$$[\alpha]_D^t = [\alpha]_D^{20} + Z(t-20)$$

式中，t 为测定时的温度；Z 为温度系数。

不同物质的温度系数 Z 不同，Z 一般在 $-0.01 \sim 0.04\,℃^{-1}$ 之间。为此在实验测定时必须恒温。旋光管上装有恒温夹套，与恒温水浴连接。

3. 浓度和旋光管长度对比旋光度的影响

在一定的实验条件下，常将旋光物质的旋光度与浓度视为正比，因为将比旋光度作为常数。而旋光度和溶液浓度之间并不是严格地呈线性关系，因此严格地讲比旋光度并非常数。在精密的测定中比旋光度和浓度间的关系可用下面的式子来表示：

$$[\alpha]_t^\lambda = A + Bq$$

$$[\alpha]_t^\lambda = A + Bq + Cq^2$$

$$[\alpha]_t^\lambda = A + \frac{Bq}{C+q}$$

式中，q 为溶液的浓度；A、B、C 为常数，可以通过不同浓度的几次测量来确定。

旋光度与旋光管的长度成正比。旋光管通常有 10cm、20cm、22cm 三种规格。10cm 规格的经常使用，但对旋光能力较弱或者较稀的溶液，为提高准确度，降低读数的相对误差，需用 20cm 或 22cm 长度的旋光管。下面以 WZZ-2B 自动指示旋光仪为例介绍其使用方法。

【使用方法】

1. 安放仪器。仪器应安放在正常的照明、室温和湿度条件下，防止在高温高湿的条件下使用，避免经常接触腐蚀性气体。承放仪器的基座或工作台应牢固稳定并基本水平。

2. 接通电源。

3. 准备试管。

4. 清零。在已准备好的试管中注入去离子水或待测试样的溶剂放入仪器试样室的试样槽中，按下"清零"键，使显示为零。一般情况下，仪器在不放入试管时测数为零，放入无旋光度溶剂后（例如去离子水）测数也为零，须注意若在测试光束的通路上有小气泡或试管的护片上有油污、不洁物或将试管护片旋得过紧而引起附加旋光度，则将会影响空白测数，在有空白测数存在时必须仔细检查上述因素或者用装有溶剂的空白试管放入试样槽后再清零。

5. 测试。除去空白溶剂，注入待测样品，将试管放入试样室的试样槽中，仪器的伺服系统动作，液晶屏显示所测的旋光度值，此时液晶屏显示"1"。注意，试管内腔应用少量被测试样冲洗 3～5 次。

6. 复测。按"复测"键一次，液晶屏显示"2"，表示仪器显示的是第二次测量结果，再次按"复测"键，显示"3"，表示仪器显示的是第三次测量结果。按"123"键，可切换显示各次测量的结果。按"平均"键，显示平均值，液晶屏显示"平均"。

7. 复位。按"复位"键仪器程序初始化，显示为零。

8. 仪器使用完毕后，应关闭电源开关并清洗、擦干旋光管。

【注意事项】

1. 仪器应放在干燥通风处，防止潮气侵蚀，尽可能在 20℃ 的环境中使用，搬动仪器应小心轻放，避免振动。

2. 装有去离子水或其他空白溶剂的试管放入样品室前，应保证试管中无气泡。试管中若有气泡，应先让气泡浮在凸颈处；通光面两端的雾状水滴应用软布揩干。试管螺帽不宜旋得过紧，以免产生应力，影响读数。试管安放时应注意标记位置和方向。将待测样品注入试管后，需按相同的位置和方向放入样品室内。

3. 光源（钠光灯）积灰或损坏，可打开机壳进行擦拭或更换。

4. 机械部件摩擦阻力增大，可以打开后门板，在伞形齿轮、涡轮蜗杆处加稍许钟油。

【自动指示旋光仪的结构及测试原理】

目前旋光仪的三分视野检测、检偏镜角度的调整均采用光电检测器，通过电子放大及机械反馈系统自动进行，最后数字显示。该旋光仪体积小、灵敏度高、读数方便、减少人为观察三分视野明暗度相向时产生的误差，对弱旋光性物质同样适用。

WZZ 型自动数字显示旋光仪的结构原理如图 8-24 所示。

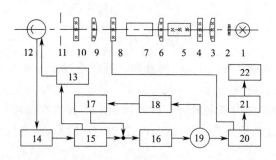

图 8-24　WZZ 型自动数字显示旋光仪结构示意

1—光源；2—聚光镜；3—场镜；4—起偏器；5—调制器；6—准直镜；7—试管；8—检偏器；9—物镜；
10—滤色片；11—光阑；12—光电倍增管；13—自动高压；14—前置放大；15—选频放大；16—功率放大；
17—非线性控制；18—测速反馈；19—伺服电机；20—机械传动；21—模数转换；22—数字显示

光源发出的波长为 589.44nm 的单色光依次通过聚光镜、小孔光阑、场镜、起偏器、法拉第调制器、准直镜，形成一束振动平面随法拉第线圈中交变电压变化的准直的平面偏振光，经过装有待测溶液的试管后射入检偏器，再经过接收物镜、滤色片、小孔光阑进入光电倍增管，光电倍增管将光强信号转变成电信号，并经前置放大器放大。

若检偏器相对于起偏器偏离正交位置，则说明具有频率为 f 的交变光强信号，相应地有频率为 f 的电信号，此电信号经过选频放大，功率放大，驱动伺服电机通过机械传动带动检偏器转动，使检偏器向正交位置趋近直到检偏器到达正交位置，频率为 f 的电信号消失，伺服电机停转。

仪器一开始正常工作，检偏器即按照上述过程自动停在正交位置上，此时将计数器清零，定义为零位，若将装有旋光度为 α 的样品的试管放入试样室中时，检偏器相对于入射的平面偏振光又偏离了正交位置 α 角，于是检偏器按照前述过程再次转过 α 角获得新的正交位置。模数转换器和计数电路将检偏器转过的 α 角转换成数字显示，于是就测得了待测样品的旋光度。

8.22　测量显微镜

测量显微镜是光学计量仪器之一，它的构造简单，操作方便。15J 型测量显微镜的构造示意如图 8-25 所示。

外界光线通过反光镜而垂直向上反射，与测量工作台上之被测物件相遇，所照亮的工件由物镜放大经过转向棱镜而成像在分划板上，经过目镜而进入观察者的眼中。

【使用方法】

直角坐标系中进行长度测量，见图 8-26。

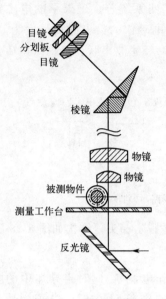

图 8-25　15J 型测量显微镜
构造原理示意

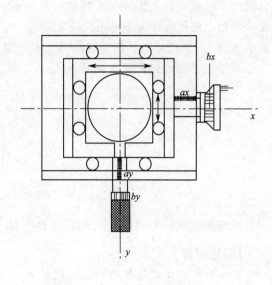

图 8-26　15J 型测量显微镜的
测量原理示意

x 轴测微器的 x 示值：

毫米数值——$ax(1\text{mm} \cdot \text{格}^{-1})$

毫米/100 数值——$bx(0.01\text{mm} \cdot \text{格}^{-1})$

y 轴测微器的 y 示值：

毫米数值——$ay(1\text{mm} \cdot \text{格}^{-1})$

毫米/100 数值——$by(0.01\text{mm} \cdot \text{格}^{-1})$

将被测物件牢靠地安置在测量工作台上后，开始转动显微镜调焦手轮，得到清晰的视场；使目镜中十字分划丝与被测原始基准（包括点、线、面）相重合，记下 x 轴和 y 轴示值，是为初读数 x_0 和 y_0。然后旋转测微器，视场移动，再使目镜中十字分划丝与所求测距的基准（包括点、线、面）相重合，记下 x 轴和 y 轴的示值，是为测量读数 x_1 和 y_1。通过 x_0 和 y_0 与 x_1 和 y_1 就可以计算出所要测量的数据。

【注意事项】

1. 随使用者眼睛视线，应预先调节目镜，使见到清晰的十字分划线。

2. 显微镜调焦时，先调整镜筒使物镜将近工作表面，然后逐渐远离，直至见到清晰图像为止。

3. 转动测微手轮进行测量时，应朝一方向运动，以免由于其他因素产生空位，影响测量精度。

4. 做精密测定时工作地点必须维持温度变化范围在（20±5）℃以内。

8.23　古埃磁天平的构造及原理

古埃磁天平是一种全自动电光分析天平，主要部件为悬线（尼龙丝或琴弦）、样品管、电磁铁、励磁电源、DTM-3A 特斯拉计、霍尔探头、照明系统等。磁天平的电磁铁为单梳水冷却型，磁极直径为 40mm，磁极矩为 10～40mm，电磁铁的最大磁场强度为 0.6T，励磁电源为 220V 交流电，用整流器将交流电变为直流电，经滤波串联反馈输入电磁铁，如图 8-27 所示，励磁电流可从 0 调至 10A。

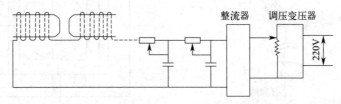

图 8-27　简易古埃磁天平电源线路示意图

磁场强度测量用 DTM-3A 特斯拉计。仪器传感器是霍尔探头，结构如图 8-28 所示。

【测量原理】

在一块半导体单晶薄片的纵向两端通电流 i_H（工作电流），此时半导体中的电子沿着 i_H 反方向移动，见图 8-29。当放入垂直于半导体平面的磁场 H 中时，电子会受到磁场力 F_g（劳仑兹力）的作用而发生偏转，使薄片的一个横端上产生电子积累，造成两横端面之间有电场，所产生的电场力 F_e 又阻止了电子的偏转作用。当 $F_g = F_e$ 时，电子的积累达到动态平衡，产生一个稳定的霍尔电势 V_H，这种现象称为霍尔效应，见图 8-29。表达霍尔效应的关系式为：

$$V_H = K_H i_H B \cos\theta$$

式中，B 为磁感应强度；K_H 为元件灵敏度；θ 为磁场方向和半导体面的垂线的夹角。

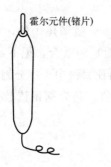

图 8-28　霍尔探头

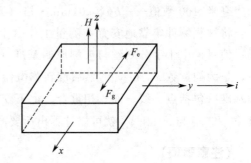

图 8-29　霍尔效应原理示意图

由上式可知，当半导体材料的几何尺寸固定，i_H 由稳流电源固定时，V_H 与被测磁场 H 成正比。当霍尔探头固定 $\theta = 0°$ 时，磁场方向与霍尔探头平面垂直时输入最大，V_H 的信号通过放大器放大，并配以双积分型单片数字电压表，经过放大倍数的校正，使数字显示直接指示出与 V_H 相对应的磁感应强度。

【注意事项】

1. 霍尔探头是易损元件，必须防止变送器受压、挤扭、弯曲和碰撞等，以免损坏元件。

2. 使用前应检查霍尔探头铜管是否松动，如有松动应紧固后使用。

3. 霍尔探头不宜在局部强光照射下或高于 60℃ 的温度时使用，也不宜在腐蚀性气体场合下使用。

4. 磁场极性判别：在测试过程中，特斯拉计数字显示若为负值，则说明探头的 N 极与 S 极位置放反，需纠正。

5. 霍尔探头平面与磁场方向要垂直放置。

6. 实验结束后应将霍尔探头套上保护金属套。

8.24　四探针电导率测试仪

【使用方法】

图 8-30 为 RTS-8 型四探针电导率测试仪前面板示意图。表 8-5 列出了前面板各按钮操作及功能。

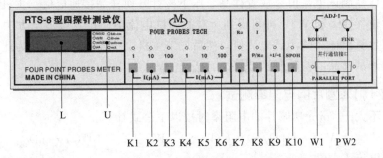

图 8-30　仪表前面板示意图

表 8-5　前面板各按钮操作及功能

项目	说明
K1,K2,K3,K4,K5,K6	测量电流量程选择按键，共 6 个量程，当按相应的量程时，此量程按钮上方的指示灯会亮
K7	"$R_\square$/ρ"测量选择按键，即测量样品的方块电阻还是电阻率的选择按键，开机时自动设置在"$R_\square$"位。按下此按键会在这两种测量状态下切换，按键上方的相应的指示灯会亮，表示现处的测量类别
K8	"电流/测量"方式选择按键，开机时自动设置在"I"位；按下此按键会在这两种模式下切换，按键上方的相应的指示灯会亮，表示现处的状态。即当处在"I"时表示数据显示屏显示的是样品测量电流值，用户可根据测量样品调节量程按键或电位器获得适合样品测量的电流。当在"ρ/$R_\square$"时表示现处于测量模式下，数据显示屏显示的是方块电阻或电阻率的测量值
K9	电流换向按键，按键上方的灯亮时表示反向，灭时表示正向
K10	低阻测试扩展按键（只在 100mA 量程挡有效），按键上方的灯指示开、关的状态
W1,W2	W1 为电流粗调电位器，W2 为电流细调电位器
P	与计算机通信的并口接口
L	显示测试值的数据显示屏，在不同的测试状态下分别用来显示样品的测试电流值、方块电阻测量值、电阻率测量值
U	测试值的单位指示灯

连机测量时用户只需对前面板电位器 W1、W2 进行操作（调节样品测试电流值）。前面板

的其他按键用户不需在主机上操作，在测量时完全由计算机控制。测试时按照下述步骤进行。

（1）开启主机电源开关，此时"$R_\square$"和"I"指示灯亮。预热约10min。

（2）估计所测样品方块电阻或电阻率范围。按表8-6和表8-7选择适合的电流量程对样品进行测量，按下 K1（$1\mu A$）、K2（$10\mu A$）、K3（$100\mu A$）、K4（$1mA$）、K5（$10mA$）、K6（$100mA$）中相应的键选择量程（如无法估计样品方块电阻或电阻率的范围，则可先以"$10\mu A$"量程进行测量，再以该测量值作为估计值按表8-6和表8-7选择电流量程得到精确的测量结果）。

表8-6　方块电阻测量时电流量程
选择表（推荐）

方块电阻/Ω	电流量程
<2.5	100mA
2.0～25	10mA
20～250	1mA
200～2500	100μA
2000～25000	10μA
>20000	1μA

表8-7　电阻率测量时电流量程
选择表（推荐）

电阻率/(Ω·cm)	电流量程
<0.03	100mA
0.03～0.3	10mA
0.3～30	1mA
30～300	100μA
300～3000	10μA
>3000	1μA

（3）确定样品测试电流值。放置样品，压下探针，使样品接通电流。主机此时显示电流数值。调节电位器W1和W2，即可得到所需的测试电流值。推荐按以下方法，根据不同的样品测试类别计算出样品的测试电流值，然后调节主机电位器使测试电流为此电流值，即可方便得到需要测试样品的精确测试结果。

【测试实例1】薄圆片的电阻率测试

测定厚度不大于4mm薄圆片的电阻率时按以下公式计算：

$$\rho = V/I \times F(D/S) \times F(W/S) \times W \times F_{sp} \times 10^n (\Omega \cdot cm)$$

选取测试电流I：

$$I = F(D/S) \times F(W/S) \times W \times F_{sp} \times 10^n$$

式中，n是整数，与量程挡有关。然后按此公式计算出测试电流数值。

在仪器上调整电位器"W1"和"W2"，使测试电流显示值为计算出来测试电流数值。

按以上方法调整电流后，按"K8"键选择"$R_\square/\rho$"，按"K7"键选择"ρ"，仪器则直接显示测量结果（Ω·cm）。然后按"K9"键进行正反向测量，正反向测量值的平均值即为此点的实际值。

例1：测厚度为0.63mm、直径为76mm的硅片，已知$F_{sp}=1.01$，由于探针平均间距$S=1mm$，故$D/S=76$，从表8-8中查得$F(D/S)=4.526$，表8-9中查得$F(W/S)=0.9894$，故

$$I = 4.526 \times 0.9894 \times 0.63 \times 1.01 \times 10^n = 2.849 \times 10^n$$

显示器显示电流数为2849。

例2：测厚度为0.32mm、直径为76mm的硅片，已知$F_{sp}=1.003$，由于探针平均间距$S=1mm$，故$D/S=76$，从表8-8中查得$F(D/S)=4.526$，表8-9中查得$F(W/S)=1$，故

$$I = 4.526 \times 0.32 \times 1.003 \times 10^n = 1.453 \times 10^n$$

显示器显示电流数为1453。

例3：测厚度为0.22mm、直径为100mm的硅片，已知$F_{sp}=1.01$，由于探针平均间距$S=1mm$，故$D/S=100$，从表8-8中查得$F(D/S)=4.528$，表8-9中查得$F(W/S)=1$，故

$$I = 4.528 \times 0.22 \times 1.01 \times 10^n = 0.996 \times 10^n$$

显示器显示电流数为 996。

表 8-8　直径修正系数 F（D/S）与 D/S 值的关系

D/S 值	$F(D/S)$值		
	中心点	半径中点	距边缘 6mm 处
＞200	4.532		
200	4.531	4.531	4.462
150	4.531	4.529	4.461
125	4.530	4.528	4.460
100	4.528	4.525	4.458
76	4.526	4.520	4.455
60	4.521	4.513	4.451
51	4.517	4.505	4.447
38	4.505	4.485	4.439
26	4.470	4.424	4.418
25	4.470		
22.22	4.454		
20.00	4.436		
18.18	4.417		
16.67	4.395		
15.38	4.372		
14.28	4.348		
13.33	4.322		
12.50	4.294		
11.76	4.265		
11.11	4.235		
10.52	4.204		
10.00	4.171		

表 8-9　厚度修正系数 F（W/S）与 W/S 值的关系

W/S 值	$F(W/S)$	W/S 值	$F(W/S)$	W/S 值	$F(W/S)$	W/S 值	$F(W/S)$
＜0.400	1.0000	0.505	0.9973	0.615	0.9907	0.725	0.9783
0.400	0.9997	0.510	0.9971	0.620	0.9903	0.730	0.9776
0.405	0.9996	0.515	0.9969	0.625	0.9898	0.735	0.9769
0.410	0.9996	0.520	0.9967	0.630	0.9894	0.740	0.9761
0.415	0.9995	0.525	0.9965	0.635	0.9889	0.745	0.9754
0.420	0.9994	0.530	0.9962	0.640	0.9884	0.750	0.9746
0.425	0.9993	0.535	0.9960	0.645	0.9879	0.755	0.9738
0.430	0.9993	0.540	0.9957	0.650	0.9874	0.760	0.9731
0.435	0.9992	0.545	0.9955	0.655	0.9869	0.765	0.9723
0.440	0.9991	0.550	0.9952	0.660	0.9864	0.770	0.9714
0.445	0.9990	0.555	0.9949	0.665	0.9858	0.775	0.9706
0.450	0.9989	0.560	0.9946	0.670	0.9853	0.780	0.9698
0.455	0.9988	0.565	0.9943	0.675	0.9847	0.785	0.9689
0.460	0.9987	0.570	0.9940	0.680	0.9841	0.790	0.9680
0.465	0.9985	0.575	0.9937	0.685	0.9835	0.795	0.9672
0.470	0.9984	0.580	0.9934	0.690	0.9829	0.800	0.9663
0.475	0.9983	0.585	0.9930	0.695	0.9823	0.805	0.9654
0.480	0.9981	0.590	0.9927	0.700	0.9817	0.810	0.9644
0.485	0.9980	0.595	0.9923	0.705	0.9810	0.815	0.9635
0.490	0.9978	0.600	0.9919	0.710	0.9804	0.820	0.9626
0.495	0.9976	0.605	0.9915	0.715	0.9797	0.825	0.9616
0.500	0.9975	0.610	0.9911	0.720	0.9790	0.830	0.9607

W/S 值	F(W/S)	W/S 值	F(W/S)	W/S 值	F(W/S)	W/S 值	F(W/S)
0.835	0.9597	0.935	0.9378	1.35	0.8181	2.35	0.5562
0.840	0.9587	0.940	0.9366	1.40	0.8026	2.40	0.5464
0.845	0.9577	0.945	0.9354	1.45	0.7872	2.45	0.5368
0.850	0.9567	0.950	0.9342	1.50	0.7719	2.50	0.5275
0.855	0.9557	0.955	0.9329	1.55	0.7568	2.55	0.5186
0.860	0.9546	0.960	0.9317	1.60	0.7419	2.60	0.5098
0.865	0.9536	0.965	0.9304	1.65	0.7273	2.65	0.5013
0.870	0.9525	0.970	0.9292	1.70	0.7130	2.70	0.4931
0.875	0.9514	0.975	0.9279	1.75	0.6989	2.75	0.4851
0.880	0.9504	0.980	0.9267	1.80	0.6852	2.80	0.4773
0.885	0.9493	0.985	0.9254	1.85	0.6718	2.85	0.4698
0.890	0.9482	0.990	0.9241	1.90	0.6588	2.90	0.4624
0.895	0.9471	0.995	0.9228	1.95	0.6460	2.95	0.4553
0.900	0.9459	1.00	0.9215	2.00	0.6337	3.00	0.4484
0.905	0.9448	1.05	0.9080	2.05	0.6216	3.2	0.422
0.910	0.9437	1.10	0.8939	2.10	0.6099	3.4	0.399
0.915	0.9425	1.15	0.8793	2.15	0.5986	3.6	0.378
0.920	0.9413	1.20	0.8643	2.20	0.5875	3.8	0.359
0.925	0.9402	1.25	0.8491	2.25	0.5767	4.0	0.342
0.930	0.9390	1.30	0.8336	2.30	0.5663		

【测试实例2】薄层方块电阻测试

测试薄层方块电阻 $R_\square$ 时可以按以下公式计算：

$$R_\square = V/I \times F(D/S) \times F(W/S) \times F_{sp} \times 10^n$$

选取测试电流 I：

$$I = F(D/S) \times F(W/S) \times F_{sp} \times 10^n$$

式中，n 是整数，与量程挡有关。然后计算出测试电流值。

在仪器上调整电位器"W1"和"W2"，使测试电流显示值为计算出来的测试电流数值。

按以上方法调整电流后，按"K8"键选择"$R_\square/\rho$"，按"K7"键选择"$R_\square$"，仪器则直接显示测量结果。然后按"K9"键进行正反向测量，正反向测量值的平均值即为此点的实际值。

例1：测单面扩散层的硅片方块电阻。已知 $D = 100\text{mm}$，$S = 1\text{mm}$，$F_{sp} = 1.001$，从表 8-8 中查得 $F(D/S) = 4.528$，则

$$I = 4.528 \times 1.001 \times 10^n = 4.533 \times 10^n$$

显示器显示电流数为 4533。

例2：测双面扩散层的硅片方块电阻。已知 $D = 100\text{mm}$，$S = 0.4\text{mm}$，$F_{sp} = 1.001$，从表 8-8 中查得 $F(D/S) = 4.532$，$F(W/S) = 1$，则

$$I = 4.532 \times 1.001 \times 10^n = 4.536 \times 10^n$$

显示器显示电流数为 4536。

例3：测离子注入层的硅片方块电阻。已知 $D = 76\text{mm}$，$S = 1\text{mm}$，$F_{sp} = 1.01$，从表 8-8 中查得 $F(D/S) = 4.526$，则

$$I = 4.526 \times 1.01 \times 10^n = 4.571 \times 10^n$$

显示器显示电流数为 4571。

【测试实例 3】棒材或厚片电阻率测试

测试棒材或厚度大于 4mm 的厚片电阻率 ρ（$\Omega \cdot cm$）时按以下公式计算：

$$\rho = V/I \times C \times 10^n$$

选取测试电流 I：

$$I = C \times 10^n$$

式中，C 为参数；n 为整数，与量程挡有关。然后得出测试电流值。

（1）在仪器上调整电位器 "W1" 和 "W2"，使测试电流显示值为计算出来的测试电流数值。

（2）按以上方法调整电流后，按 "K8" 键选择 "$R_\square/\rho$"，按 "K7" 键选择 "ρ"，仪器则直接显示测量结果（$\Omega \cdot cm$）。然后按 "K9" 键进行正反向测量，正反向测量值的平均值即为此点的实际值。

例：已知某一四探针头 $C = 6.278$，故 $I = 6.278 \times 10^n$，显示器显示电流数为 6278。

【测试实例 4】电阻测试

测试电阻 R 时按以下公式计算：

$$R = V/I \times 10^n$$

选取测试电流 I：

$$I = 1 \times 10^n$$

显示器显示电流数为 10000。在仪器上调整电位器 "W1" 和 "W2"，使测试电流显示值为计算出来的测试电流数值。

按以上方法调整电流后，按 "K8" 键选择 "$R_\square/\rho$"，按 "K7" 键选择 "ρ"，仪器则直接显示测量结果（Ω）。然后按 "K9" 键进行正反向测量，正反向测量值的平均值即为此点的实际值。

8.25 万用表

【使用方法】

实验所采用的 34465A 型万用表面板及各功能键相关说明见图 8-31。

图 8-31 34465A 型万用表面板图

1—USB 端口；2—显示屏；3—测量配置和仪器操作键；4—HI 和 LO 感测端子；5—HI 和 LO 输入端子；
6—AC/DC 电流输入端子（10A 端子）；7—On/Standby（电源/待机）开关；8—软键；
9—光标定位键盘；10—范围选择键；11—前/后开关

在进行两线电阻测量时按照以下步骤进行。

（1）配置测试引线，如图 8-32 所示。

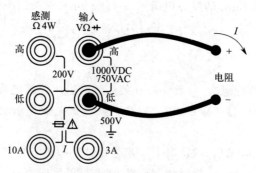

图 8-32　两线电阻测试引线接入方式

（2）打开软件 Keysight Bench Vue，进入界面后双击右上角设备图标（DMM）。点击"仪器设备"界面，在"测量"的下拉菜单中选择"电阻（2W）"，"范围"的下拉菜单中选择"自动"。点击"数据记录器"界面，点击左上角的"全部开始"按钮，即可连续记录数据。

（3）数据测试完成后，点击"全部停止"按钮，停止记录数据。点击右下角的"导出"按钮，点击"Excel"格式，跳出"导出设置"窗口，导出路径设置为"E 盘-实验数据-大综合实验-班级文件夹"，点击"确定"，即可导出数据。

（4）实验完毕，关机。

【注意事项】

1. 避免将信号施加到未在使用的电流输入端子。

2. 测试前要先消除电阻测量中存在的与测试引线电阻相关的偏移误差。

第9章 部分物理化学常用数据表

表9.1 法定计量单位

表 9.1-1 SI 基本单位

量 的 名 称	单 位 名 称	单 位 符 号
长度	米	m
质量	千克(公斤)	kg
时间	秒	s
电流	安[培]	A
热力学温度	开[尔文]	K
物质的量	摩[尔]	mol
发光强度	坎[德拉]	cd

表 9.1-2 包括 SI 辅助单位在内的具有专门名称的 SI 导出单位

量 的 名 称	SI 导 出 单 位		
	名 称	符 号	用 SI 基本单位和 SI 导出单位表示
[平面]角	弧 度	rad	$1rad=1m\cdot m^{-1}=1$
立体角	球面度	sr	$1sr=1m^2\cdot m^{-2}=1$
频率	赫[兹]	Hz	$1Hz=1s^{-1}$
力	牛[顿]	N	$1N=1kg\cdot m\cdot s^{-2}$
压力,压强,应力	帕[斯卡]	Pa	$1Pa=1N\cdot m^{-2}$
能[量],功,热量	焦[耳]	J	$1J=1N\cdot m$
功率,辐[射能]通量	瓦[特]	W	$1W=1J\cdot s^{-1}$
电荷[量]	库[仑]	C	$1C=1A\cdot s$
电压,电动势,电位,(电势)	伏[特]	V	$1V=1W\cdot A^{-1}$
电容	法[拉]	F	$1F=1C\cdot V^{-1}$
电阻	欧[姆]	Ω	$1\Omega=1V\cdot A^{-1}$
电导	西[门子]	S	$1S=1\Omega^{-1}$
磁通[量]	韦[伯]	Wb	$1Wb=1V\cdot s$
磁通[量]密度,磁感应强度	特[斯拉]	T	$1T=1Wb\cdot m^{-2}$
电感	享[利]	H	$1H=1Wb\cdot A^{-1}$
摄氏温度	摄氏度	℃	$1℃=1K$
光通量	流[明]	lm	$1lm=1cd\cdot sr$
[光]照度	勒[克斯]	lx	$1lx=1lm\cdot m^{-2}$

表 9.1-3 可与国际单位制单位并用的我国法定计量单位

量的名称	单位名称	单位符号	与 SI 单位的关系
时间	分	min	$1min=60s$
	[小]时	h	$1h=60min=3600s$
	日,(天)	d	$1d=24h=86400s$
[平面]角	度	°	$1°=(\pi/180)rad$
	[角]分	'	$1'=(1/60)°=(\pi/10800)rad$
	[角]秒	″	$1''=(1/60)'=(\pi/64800)rad$

量的名称	单位名称	单位符号	与 SI 单位的关系
体积	升	L(l)	$1L=1dm^3=10^{-3}m^3$
质量	吨	t	$1t=10^3kg$
	原子质量单位	u	$1u\approx1.660540\times10^{-27}kg$
旋转速度	转每分	$r\cdot min^{-1}$	$1r\cdot min^{-1}=(1/60)s^{-1}$
长度	海里	nmile	$1nmile=1852m$(只用于航行)
速度	节	kn	$1kn=1nmile\cdot h^{-1}=(1852/3600)m\cdot s^{-1}$(只用于航行)
能	电子伏	eV	$1eV\approx1.602177\times10^{-19}J$
级差	分贝	dB	
线密度	特[克斯]	tex	$1tex=10^{-6}kg\cdot m^{-1}$
面积	公顷	hm^2	$1hm^2=10^4m^2$

注：1. 升的符号中，小写字母 l 为备用符号。

2. 公顷的国际通用符号为 ha。

表 9.2 水的饱和蒸气压

$t/℃$	p/kPa	$p/mmHg$	$t/℃$	p/kPa	$p/mmHg$
0	0.61129	4.5851	30	4.2455	31.844
5	0.87260	6.5451	31	4.4953	33.718
10	1.2281	9.2115	32	4.7578	35.687
11	1.3129	9.8476	33	5.0335	37.754
12	1.4027	10.521	34	5.3229	39.925
13	1.4979	11.235	35	5.6267	42.204
14	1.5988	11.992	36	5.9453	44.594
15	1.7056	12.793	37	6.2795	47.100
16	1.8185	13.640	38	6.6298	49.728
17	1.9380	14.536	39	6.9969	52.481
18	2.0644	15.484	40	7.3814	55.365
19	2.1978	16.485	45	9.5898	71.930
20	2.3388	17.542	50	12.344	92.588
21	2.4877	18.659	60	19.932	149.50
22	2.6447	19.837	70	31.176	233.84
23	2.8104	21.080	80	47.373	355.33
24	2.9850	22.389	90	70.117	525.92
25	3.1690	23.770	95	84.529	634.02
26	3.3629	25.224	100	101.32	760.00
27	3.5670	26.755	101	104.99	787.49
28	3.7818	28.366	102	108.77	815.84
29	4.0078	30.061			

表 9.3 物质的标准摩尔燃烧焓 (25℃)

化 合 物	$\Delta_c H_m^{\ominus}/(kJ\cdot mol^{-1})$
$CH_4(g)$甲烷	−890.31
$C_2H_2(g)$乙炔	−1299.59
$C_2H_4(g)$乙烯	−1410.97
$C_2H_6(g)$乙烷	−1559.84
$C_3H_8(g)$丙烷	−2219.07

化　合　物	$\Delta_c H_m^{\ominus}/(kJ\cdot mol^{-1})$
$C_4H_{10}(g)$ 正丁烷	−2878.34
$C_6H_6(l)$ 苯	−3267.54
$C_6H_{12}(l)$ 环己烷	−3919.86
$C_7H_8(l)$ 甲苯	−3925.4
$C_{10}H_8(s)$ 萘	−5153.9
$CH_3OH(l)$ 甲醇	−726.64
$C_2H_5OH(l)$ 乙醇	−1366.91
$C_6H_5OH(s)$ 苯酚	−3053.48
$HCHO(g)$ 甲醛	−570.78
$CH_3COCH_3(l)$ 丙酮	−1790.42
$C_2H_5COC_2H_5(l)$ 乙醚	−2730.9
$HCOOH(l)$ 甲酸	−254.64
$CH_3COOH(l)$ 乙酸	−874.54
$C_6H_5COOH(晶)$ 苯甲酸	−3226.7
$C_7H_6O_3(s)$ 水杨酸	−3022.5
$CHCl_3(l)$ 氯仿	−373.2
$CH_3Cl(g)$ 一氯甲烷	−689.1
$CS_2(l)$ 二硫化碳	−1076
$CO(NH_2)_2(s)$ 尿素	−634.3
$C_6H_5NO_2(l)$ 硝基苯	−3091.2
$C_6H_5NH_2(l)$ 苯胺	−3396.2
$C_{12}H_{22}O_{11}$ 蔗糖	−5646.7
$C_5H_9O_4N$ 谷氨酸	−2269.4
$C_3H_5(ONO_2)_3$ 硝化甘油	−1541.4

表 9.4　热电偶分度表

表 9.4-1　铂铑 10-铂热电偶分度表

分度号：LB-3　　　　　　　　　　　　（自由端温度为 0℃）

工作端温度/℃	0	1	2	3	4	5	6	7	8	9
	电势/mV(绝对伏)									
0	0.000	0.005	0.011	0.016	0.022	0.028	0.033	0.039	0.044	0.050
10	0.056	0.061	0.067	0.073	0.078	0.084	0.090	0.096	0.102	0.107
20	0.113	0.119	0.125	0.131	0.137	0.143	0.149	0.155	0.161	0.167
30	0.173	0.179	0.185	0.191	0.198	0.204	0.210	0.216	0.222	0.229
40	0.235	0.241	0.247	0.254	0.260	0.266	0.273	0.279	0.286	0.292
50	0.299	0.305	0.312	0.318	0.325	0.331	0.338	0.344	0.351	0.357
60	0.364	0.371	0.377	0.384	0.391	0.397	0.404	0.411	0.418	0.425
70	0.431	0.438	0.445	0.452	0.459	0.466	0.473	0.479	0.486	0.493
80	0.500	0.507	0.514	0.521	0.528	0.535	0.543	0.550	0.557	0.564
90	0.571	0.578	0.585	0.593	0.600	0.607	0.614	0.621	0.629	0.636
100	0.643	0.651	0.658	0.665	0.673	0.680	0.687	0.694	0.702	0.709
110	0.717	0.724	0.732	0.739	0.747	0.754	0.762	0.769	0.777	0.784
120	0.792	0.800	0.807	0.815	0.823	0.830	0.838	0.845	0.853	0.861
130	0.869	0.876	0.884	0.892	0.900	0.907	0.915	0.923	0.931	0.939
140	0.946	0.954	0.962	0.970	0.978	0.986	0.994	1.002	1.009	1.017
150	1.025	1.033	1.041	1.049	1.057	1.065	1.073	1.081	1.089	1.097

工作端温度/℃	0	1	2	3	4	5	6	7	8	9
	电势/mV(绝对伏)									
160	1.106	1.114	1.122	1.130	1.138	1.146	1.154	1.162	1.170	1.179
170	1.187	1.195	1.203	1.211	1.220	1.228	1.236	1.244	1.253	1.261
180	1.269	1.277	1.286	1.294	1.302	1.311	1.319	1.327	1.336	1.344
190	1.352	1.361	1.369	1.377	1.386	1.394	1.403	1.411	1.419	1.428
200	1.436	1.445	1.453	1.462	1.470	1.479	1.487	1.496	1.504	1.513

表 9.4-2　镍铬-镍硅（镍铬-镍铝）热电偶分度表

分度号：EU-2　　　　　　　　　　　　　　（自由端温度为0℃）

工作端温度/℃	0	1	2	3	4	5	6	7	8	9
	电势/mV(绝对伏)									
−50	−1.86									
−40	−1.50	−1.54	−1.57	−1.60	−1.64	−1.68	−1.72	−1.75	−1.79	−1.82
−30	−1.14	−1.18	−1.21	−1.25	−1.28	−1.32	−1.36	−1.40	−1.43	−1.46
−20	−0.77	−0.81	−0.84	−0.88	−0.92	−0.96	−0.99	−1.03	−1.07	−1.10
−10	−0.39	−0.43	−0.47	−0.51	−0.55	−0.59	−0.62	−0.66	−0.70	−0.74
−0	−0.09	−0.04	−0.08	−0.12	−0.16	−0.20	−0.23	−0.27	−0.31	−0.35
+0	0.00	0.04	0.08	0.12	0.16	0.20	0.24	0.28	0.32	0.36
10	0.40	0.44	0.48	0.52	0.56	0.60	0.64	0.68	0.72	0.76
20	0.80	0.84	0.88	0.92	0.96	1.00	1.04	1.08	1.12	1.16
30	1.20	1.24	1.28	1.32	1.36	1.41	1.45	1.49	1.53	1.57
40	1.61	1.65	1.69	1.73	1.77	1.82	1.86	1.90	1.94	1.98
50	2.02	2.06	2.10	2.14	2.18	2.23	2.27	2.31	2.35	2.39
60	2.43	2.47	2.51	2.56	2.60	2.64	2.68	2.72	2.77	2.81
70	2.85	2.89	2.93	2.94	3.01	3.06	3.10	3.14	3.18	3.22
80	3.26	3.30	3.34	3.39	3.43	3.47	3.51	3.55	3.60	3.64
90	3.68	3.72	3.76	3.81	3.85	3.89	3.93	3.97	4.02	4.06
100	4.10	4.14	4.18	4.22	4.26	4.31	4.35	4.39	4.43	4.47
110	4.51	4.55	4.59	4.63	4.67	4.72	4.76	4.80	4.84	4.88
120	4.92	4.96	5.00	5.04	5.08	5.13	5.17	5.21	5.25	5.29
130	5.33	5.37	5.41	5.45	5.49	5.53	5.57	5.61	5.65	5.69
140	5.73	5.77	5.81	5.85	5.89	5.93	5.97	6.01	6.05	6.09
150	6.13	6.17	6.21	6.25	6.29	6.33	6.37	6.41	6.45	6.49
160	6.53	6.57	6.61	6.65	6.69	6.73	6.77	6.81	6.85	6.89
170	6.93	6.97	7.01	7.05	7.09	7.13	7.17	7.21	7.25	7.29
180	7.33	7.37	7.41	7.45	7.49	7.53	7.57	7.61	7.65	7.69
190	7.73	7.77	7.81	7.85	7.89	7.93	7.97	8.01	8.05	8.09
200	8.13	8.17	8.21	8.25	8.29	8.33	8.37	8.41	8.45	8.49
210	8.53	8.57	8.61	8.65	8.69	8.73	8.77	8.81	8.85	8.89
220	8.93	8.97	9.01	9.06	9.09	9.14	9.18	9.22	9.26	9.30
230	9.34	9.38	9.42	9.46	9.50	9.54	9.58	9.62	9.66	9.70
240	9.74	9.78	9.82	9.86	9.90	9.95	9.99	10.03	10.07	10.11
250	10.15	10.19	10.23	10.27	10.31	10.35	10.40	10.44	10.48	10.52
260	10.56	10.60	10.64	10.68	10.72	10.77	10.81	10.85	10.89	10.93
270	10.97	11.01	11.05	11.09	11.13	11.18	11.22	11.26	11.30	11.34
280	11.38	11.42	11.46	11.51	11.55	11.59	11.63	11.67	11.72	11.76

表 9.4-3　冷端温度为 0℃ 时，铁-康铜合金热电偶（I•C)温度和热电偶等值关系表

温度/℃	电势/mV	温度/℃	电势/mV	温度/℃	电势/mV
−200	−8.27	210	11.55	620	34.45
−190	−8.02	220	12.12	630	35.04
−180	−7.75	230	12.68	640	35.64
−170	−7.46	240	13.23	650	36.24
−160	−7.14	250	13.79	660	36.84
−150	−6.80	260	14.35	670	37.45
−140	−6.44	270	14.90	680	38.06
−130	−6.06	280	15.46	690	38.68
−120	−5.66	290	16.01	700	39.30
−110	−5.25	300	16.56	710	39.93
−100	−4.82	310	17.12	720	40.56
−90	−4.38	320	17.67	730	41.19
−80	−3.93	330	18.22	740	41.83
−70	−3.47	340	18.77	750	42.48
−60	−3.00	350	19.32	760	43.12
−50	−2.52	360	19.87	770	43.77
−40	−2.03	370	20.42	780	44.42
−30	−1.53	380	20.97	790	45.07
−20	−1.03	390	21.52	800	45.72
−10	−0.52	400	22.07	810	46.37
0	0.00	410	22.62	820	47.03
10	0.52	420	23.17	830	47.69
20	1.05	430	23.72	840	48.34
30	1.58	440	24.27	850	49.00
40	2.12	450	24.82	860	49.66
50	2.66	460	25.37	870	50.32
60	3.20	470	25.92	880	50.97
70	3.75	480	26.47	890	51.63
80	4.30	490	27.03	900	52.29
90	4.85	500	27.58	910	52.88
100	5.40	510	28.14	920	53.47
110	5.95	520	28.70	930	54.06
120	6.51	530	29.26	940	54.65
130	7.07	540	29.82	950	55.25
140	7.63	550	30.39	960	55.84
150	8.19	560	30.96	970	56.43
160	8.75	570	31.53	980	57.03
170	9.31	580	32.11	990	57.63
180	9.87	590	33.69	1000	58.22
190	10.43	600	33.27		
200	10.99	610	33.86		

表 9.4-4　冷端温度为 0℃ 时，铜-康铜合金热电偶（G•G)温度和热电偶等值关系表

温度/℃	电势/mV	温度/℃	电势/mV	温度/℃	电势/mV
−200	−5.539	10	0.389	220	10.360
−190	−5.378	20	0.787	230	10.905
−180	−5.204	30	1.194	240	11.445
−170	−5.016	40	1.610	250	12.010
−160	−4.815	50	2.034	260	12.571
−150	−4.602	60	2.467	270	13.136
−140	−4.376	70	2.908	280	13.706
−130	−4.137	80	3.356	290	14.280
−120	−3.886	90	3.812	300	14.859
−110	−3.623	100	4.276	310	15.443
−100	−3.349	110	4.747	320	16.030
−90	−3.063	120	5.225	330	16.621
−80	−2.765	130	5.710	340	17.216
−70	−2.456	140	6.202	350	17.815
−60	−2.137	150	6.700	360	18.418
−50	−1.807	160	7.205	370	19.025
−40	−1.466	170	7.716	380	19.635
−30	−1.114	180	8.233	390	20.248
−20	−0.752	190	8.756	400	20.865
−10	−0.381	200	9.285		
0	0.000	210	9.820		

表 9.5　KCl 标准水溶液的电导率

温度/℃	$1\,mol\cdot L^{-1}$ KCl	$0.1\,mol\cdot L^{-1}$ KCl	$0.02\,mol\cdot L^{-1}$ KCl	$0.01\,mol\cdot L^{-1}$ KCl
0	6.541	0.715	—	0.0776
5	7.414	0.822	—	0.0896
10	8.319	0.933	—	0.1020
15	9.254	1.048	0.2243	0.1147
16	9.443	1.072	0.2294	0.1173
17	9.633	1.095	0.2345	0.1199
18	9.824	1.119	0.2397	0.1225
19	10.016	1.143	0.2449	0.1251
20	10.209	1.167	0.2501	0.1278
21	10.402	1.191	0.2553	0.1305
22	10.594	1.215	0.2606	0.1332
23	10.789	1.239	0.2659	0.1359
24	10.984	1.264	0.2712	0.1386
25	11.180	1.288	0.2765	0.1413
26	11.377	1.313	0.2819	0.1441
27	11.574	1.337	0.2873	0.1468
28	—	1.362	0.2927	0.1496
29	—	1.387	0.2981	0.1524
30	—	1.412	0.3036	0.1552

表 9.6　邻苯二甲酸氢钾缓冲溶液的配制

pH	$0.1\,mol\cdot L^{-1}$ NaOH 的体积 /mL	$0.1\,mol\cdot L^{-1}$ ($=20.4216\,g\cdot L^{-1}$) $KHC_6H_4O_4$ (邻苯二甲酸氢钾)的体积/mL	H_2O	pH	$0.1\,mol\cdot L^{-1}$ NaOH 的体积 /mL	$0.1\,mol\cdot L^{-1}$ ($=20.4216\,g\cdot L^{-1}$) $KHC_6H_4O_4$ (邻苯二甲酸氢钾)的体积/mL	H_2O
2.2	46.70	50.0		4.2	3.75	50.0	
2.4	39.60	50.0		4.4	7.50	50.0	
2.6	32.95	50.0		4.6	12.15	50.0	
2.8	26.42	50.0	稀释	4.8	23.85	50.0	稀释
3.0	20.32	50.0	至	5.0	29.95	50.0	至
3.2	14.70	50.0	100mL	5.2	35.45	50.0	100mL
3.4	9.90	50.0		5.4	39.85	50.0	
3.6	5.97	50.0		5.6	48.00	50.0	
3.8	2.63	50.0		6.0	45.45	50.0	
4.0	0.40	50.0					

注：此表摘自［苏］B. A. 拉宾诺维奇，等著. 简明化学手册. 尹乘烈，等译. 北京：化学工业出版社，1983：544-545.

表 9.7　25℃时水溶液中一些电极的标准(还原)电极电势

电　极	电 极 反 应	$E^{\ominus}/V$
	对阳离子可逆的电极	
$Li^+ \mid Li$	$Li^+ + e^- \rightleftharpoons Li$	-3.045
$Rb^+ \mid Rb$	$Rb^+ + e^- \rightleftharpoons Rb$	-2.925
$K^+ \mid K$	$K^+ + e^- \rightleftharpoons K$	-2.924
$Ba^{2+} \mid Ba$	$Ba^{2+} + 2e^- \rightleftharpoons Ba$	-2.90
$Sr^{2+} \mid Sr$	$Sr^{2+} + 2e^- \rightleftharpoons Sr$	-2.89
$Ca^{2+} \mid Ca$	$Ca^{2+} + 2e^- \rightleftharpoons Ca$	-2.76
$Na^+ \mid Na$	$Na^+ + e^- \rightleftharpoons Na$	-2.7109
$Mg^{2+} \mid Mg$	$Mg^{2+} + 2e^- \rightleftharpoons Mg$	-2.375
$Mn^{2+} \mid Mn$	$Mn^{2+} + 2e^- \rightleftharpoons Mn$	-1.092

续表

电　极	电　极　反　应	$E^{\ominus}/V$
对阳离子可逆的电极		
$Zn^{2+}\mid Zn$	$Zn^{2+}+2e^-\Longrightarrow Zn$	-0.7628
$Cr^{3+}\mid Cr$	$Cr^{3+}+3e^-\Longrightarrow Cr$	-0.74
$Fe^{2+}\mid Fe$	$Fe^{2+}+2e^-\Longrightarrow Fe$	-0.409
$Cd^{2+}\mid Cd$	$Cd^{2+}+2e^-\Longrightarrow Cd$	-0.4026
$Co^{2+}\mid Co$	$Co^{2+}+2e^-\Longrightarrow Co$	-0.28
$Ni^{2+}\mid Ni$	$Ni^{2+}+2e^-\Longrightarrow Ni$	-0.23
$Sn^{2+}\mid Sn$	$Sn^{2+}+2e^-\Longrightarrow Sn$	-0.1364
$Pb^{2+}\mid Pb$	$Pb^{2+}+2e^-\Longrightarrow Pb$	-0.1263
$H^+\mid H_2$	$H^++e^-\Longrightarrow\frac{1}{2}H_2$	0.000
$Cu^{2+}\mid Cu$	$Cu^{2+}+2e^-\Longrightarrow Cu$	0.3402
$Cu^+\mid Cu$	$Cu^++e^-\Longrightarrow Cu$	0.522
$Hg_2^{2+}\mid 2Hg$	$Hg_2^{2+}+2e^-\Longrightarrow 2Hg$	0.7961
$Ag^+\mid Ag$	$Ag^++e^-\Longrightarrow Ag$	0.7996
$Hg^{2+}\mid Hg$	$Hg^{2+}+2e^-\Longrightarrow Hg$	0.851
$Au^+\mid Au$	$Au^++e^-\Longrightarrow Au$	1.68
对阴离子可逆的电极		
$Te^{2-}\mid Te$	$Te+2e^-\Longrightarrow Te^{2-}$	-0.92
$Se^{2-}\mid Se$	$Se+2e^-\Longrightarrow Se^{2-}$	-0.78
$S^{2-}\mid S$	$S+2e^-\Longrightarrow S^{2-}$	-0.508
$SO_4^{2-},PbSO_4(固)\mid Pb$	$PbSO_4(固)+2e^-\Longrightarrow Pb+SO_4^{2-}$	-0.356
$I^-,AgI(固)\mid Ag$	$AgI(固)+e^-\Longrightarrow Ag+I^-$	-0.1519
$Br^-,AgBr(固)\mid Ag$	$AgBr(固)+e^-\Longrightarrow Ag+Br^-$	0.0713
$Cl^-,AgCl(固)\mid Ag$	$AgCl(固)+e^-\Longrightarrow Ag+Cl^-$	0.2223
$OH^-,H_2O\mid O_2$	$\frac{1}{2}O_2+H_2O+2e^-\Longrightarrow 2OH^-$	0.401
$I^-\mid I_2$	$\frac{1}{2}I_2(固)+e^-\Longrightarrow I^-$	0.535
$Br^-\mid Br_2$	$\frac{1}{2}Br_2(液)+e^-\Longrightarrow Br^-$	1.065
$Cl^-\mid Cl_2$	$\frac{1}{2}Cl_2(气)+e^-\Longrightarrow Cl^-$	1.3583
$F^-\mid F_2$	$\frac{1}{2}F_2(气)+e^-\Longrightarrow F^-$	2.87
氧化还原电极		
$Pt\mid Cr^{2+},Cr^{3+}$	$Cr^{3+}+e^-\Longrightarrow Cr^{2+}$	-0.41
$Pt\mid Sn^{2+},Sn^{4+}$	$Sn^{4+}+2e^-\Longrightarrow Sn^{2+}$	0.15
$Pt\mid Cu^+,Cu^{2+}$	$Cu^{2+}+e^-\Longrightarrow Cu^+$	0.158
$Pt\mid MnO_2,MnO_4^-,OH^-$	$MnO_4^-+2H_2O+3e^-\Longrightarrow MnO_2+4OH^-$	0.588
$Pt\mid 氢醌.醌,H^+$	$C_6H_4O_2+2H^++2e^-\Longrightarrow C_6H_4(OH)_2$	0.6665
$Pt\mid Fe^{2+},Fe^{3+}$	$Fe^{3+}+e^-\Longrightarrow Fe^{2+}$	0.770
$Pt\mid Tl^+,Tl^{3+}$	$Tl^{3+}+2e^-\Longrightarrow Tl^+$	1.247
$Pt\mid PbSO_4,PbO_2,H_2SO_4$	$PbO_2+4H^++SO_4^{2-}+2e^-\Longrightarrow PbSO_4+2H_2O$	1.685

表 9.8　不同温度下水-空气的界面张力

温度/℃	表面张力 $\sigma \times 10^3/(N \cdot m^{-1})$	温度/℃	表面张力 $\sigma \times 10^3/(N \cdot m^{-1})$	温度/℃	表面张力 $\sigma \times 10^3/(N \cdot m^{-1})$
0	75.64	19	72.90	30	71.18
5	74.92	20	72.75	35	70.38
10	74.22	21	72.59	40	69.56
11	74.07	22	72.44	45	68.74
12	73.93	23	72.28	50	67.91
13	73.78	24	72.13	55	67.05
14	73.64	25	71.97	60	66.18
15	73.49	26	71.82	70	64.42
16	73.34	27	71.66	80	62.61
17	73.19	28	71.50	90	60.75
18	73.05	29	71.35	100	58.85

表 9.9　不同温度下水的黏度

温度/℃	η/cP	温度/℃	η/cP	温度/℃	η/cP
0	1.7921	21	0.9810	33	0.7523
10	1.3077	22	0.9579	34	0.7371
11	1.2713	23	0.9358	35	0.7225
12	1.2363	24	0.9142	40	0.6560
13	1.2028	25	0.8937	45	0.5988
14	1.1709	26	0.8737	50	0.5494
15	1.1404	27	0.8545	55	0.5064
16	1.1111	28	0.8360	60	0.4688
17	1.0828	29	0.8180	70	0.4061
18	1.0559	30	0.8007	80	0.3565
19	1.0299	31	0.7840	90	0.3165
20	1.0050	32	0.7679	100	0.2838

注：$1cP = 10^{-3} Pa \cdot s$。

表 9.10　不同温度下水的密度

温度/℃	密度/$(kg \cdot L^{-1})$	温度/℃	密度/$(kg \cdot L^{-1})$	温度/℃	密度/$(kg \cdot L^{-1})$
15	0.999099	21	0.997992	27	0.996512
16	0.998943	22	0.997770	28	0.996232
17	0.998774	23	0.997538	29	0.995944
18	0.998595	24	0.997296	30	0.995646
19	0.998405	25	0.997044		
20	0.998203	26	0.996783		

参 考 文 献

［ 1 ］ 北京大学化学系物理化学教研室. 物理化学实验. 4 版. 北京：北京大学出版社，2002.

［ 2 ］ 刘衍光. 物理化学与胶体化学实验. 上海：复旦大学出版社，1989.

［ 3 ］ 唐典勇，张元勤，刘凡，等. 计算机辅助物理化学实验. 2 版. 北京：化学工业出版社，2014.

［ 4 ］ 清华大学化学系物理化学实验编写组. 物理化学实验. 北京：清华大学出版社，1991.

［ 5 ］ 吴肇亮，蔺五正，杨国华，等. 物理化学实验. 东营：石油大学出版社，1990.

［ 6 ］ 复旦大学等. 物理化学实验. 3 版. 北京：高等教育出版社，2004.

［ 7 ］ ［日］千原秀昭. 物理化学实验. 沈鹤柏，郎佩珍，李永孚，等译. 北京：高等教育出版社，1987.

［ 8 ］ 武汉大学化学与环境科学院. 物理化学实验. 2 版. 武汉：武汉大学出版社，2012.

［ 9 ］ 刘晓霞，王军，何荣桓，等. 电化学应用基础. 北京：科学出版社，2021.

［10］ 古凤才，肖衍繁. 基础化学实验教程. 北京：科学出版社，2000.

［11］ 李元高. 物理化学实验研究方法. 长沙：中南大学出版社，2003.

［12］ 韦波，李玉红. 基础化学实验：物理化学部分. 南京：南京大学出版社，2014.

［13］ 肖明耀. 实验误差估计与数据处理. 北京：科学出版社，1981.

［14］ 毛宏丹. 误差与数据处理. 北京：化学工业出版社，2008.

［15］ 宋淑娥. 基础化学实验（Ⅲ）——物理化学实验. 3 版. 北京：化学工业出版社，2019.